누구나 쉽게 할 수 있는 프로그래밍 Scratch

스크래치

정덕현 저

이 스프라이트를 클릭했을 때
순간이동 시작! 을(를) 2 초동안 말하기
순간이동 방송하고 기다리기
100 번 반복하기
15 도 돌기
소용돌이 효과를 5 만큼 바꾸기
크기를 -1 만큼 바꾸기
만약 배경 이름 = 입체공간 라면
배경을 바다 (으)로 바꾸기
아니면
배경을 입체공간 (으)로 바꾸기
100 번 반복하기
15 도 돌기
소용돌이 효과를 -5 만큼 바꾸기
크기를 1 만큼 바꾸기
순간이동 성공! 을(를) 2 초동안 말하기

클릭했을 때
x: 140 y: 80 로 이동하기
크기를 85 % 로 정하기
초(십단위) 을(를) 없음 로 정하기
무한 반복하기
만약 초(십단위) = 가(이) 아니다 라면
초(십단위) 을(를) 로 정하기
모양을 초(십단위) + 1 (으)로 바꾸기
나 자신 복제하기

복제되었을 때
0.2 초 동안 x: 140 y: 0 으로 움직이기
초(십단위) = 가(이) 아니다 까지 기다리기
0.4 초 동안 x: 140 y: -160 으로 움직이기
이 복제본 삭제하기

DIGITAL BOOKS since 1999
www.digitalbooks.co.kr

저자 약력

정 덕 현 dhggg0410@naver.com

- 고려대학교 졸업
- 소프트웨어교육연구소 대표
- NIPA(정보통신산업진흥원), 경기콘텐츠진흥원,
- 안랩, 삼성전자, 코스콤, GS SHOP 등에서 강의
- 소프트웨어 교육 선도학교 교사 연수 강의
- 한국저작권협회 소프트웨어 교육 자문

[스크래치 프로젝트 모음] : https://scratch.mit.edu/studios/1395038/

| 만든 사람들 |

기획 IT · CG 기획부 | **진행** 양종엽 | **집필** 정덕현 | **편집 디자인** studio Y | **표지 디자인** 김진

| 책 내용 문의 |

도서 내용에 대해 궁금한 사항이 있으시면,
디지털북스 홈페이지의 게시판을 통해서 해결하실 수 있습니다.

디지털북스 홈페이지 : www.digitalbooks.co.kr
디지털북스 페이스북 : www.facebook.com/ithinkbook
디지털북스 카페 : cafe.naver.com/digitalbooks1999
디지털북스 이메일 : digital@digitalbooks.co.kr
저자 이메일 : dhggg0410@naver.com

| 각종 문의 |

영업관련 hi@digitalbooks.co.kr
기획관련 digital@digitalbooks.co.kr
전화번호 02 447-3157~8

머리말

소프트웨어 교육의 입문과정으로 스크래치(Scratch)를 선택하는 것은 이제 하나의 공식으로 자리잡은 듯합니다. 스크래치를 배우려는 학생은 물론이고 학교나 단체, 기업 등에서도 관련 교육에 대한 문의가 많아지고 있습니다. 이런 스크래치의 인기를 반영하듯 관련 도서의 출간도 점차 증가하고 있습니다. 출간을 앞두고 있는 도서 또한 상당수입니다. 이런 상황에서 필자는 스스로에게 다음과 같은 질문을 반복할 수밖에 없었습니다. '이미 많은 책이 존재하는데 굳이 또 다른 책이 필요한 것인가?' 이 책의 집필 과정 동안 끈질기게 필자를 괴롭혔던 질문이었습니다. 이 질문에 대한 명쾌한 대답을 할 수 없다면 이 책 또한 존재의 이유를 잃고 말 것입니다.

필자가 내린 결론은 '현장을 담자'라는 것입니다. 실제 수업이 이루어지는 수업 현장의 목소리를 담아낼 수 있어야 콘텐츠로서의 존재 이유를 가질 수 있다고 확신했기 때문입니다. 현장을 외면한 채 책상 위에서만 만들어진 콘텐츠는 명확한 한계를 가질 수밖에 없습니다. 실제 수업 현장은 생각하는 것만큼 이상적이지 않습니다. 한 반에 모인 학생들의 수준은 너무나도 다양하고, 수업 장소의 컴퓨터 사양은 만족스럽지 못한 경우가 대부분입니다. 오류는 늘 생각지도 못했던 부분에서 발생하며, 학생들의 다양한 요구를 만족시켜주기에 교사의 역량은 한정적일 수밖에 없습니다. 이런 상황에서 현장을 벗어나 책상에서 만들어진 콘텐츠를 가지고 학생들이 있는 현장으로 들어갈 수는 없을 것입니다.

필자는 직접 수업 현장을 누비며 얻은 다양한 경험과 노하우를 본 도서에 담아내고자 노력하였습니다.

❶ '프로젝트 만들기'와 '프로젝트 업그레이드 하기'를 구분하여 섹션을 구성함으로써 다양한 수준의 학생들이 수업에 참여할 수 있도록 하였습니다. ❷ 무작정 따라하기가 아닌 논리적 단계에 따라 프로젝트를 완성할 수 있도록 설명 순서를 고려하였습니다. ❸ '정리하기' 부분을 추가하여 완성한 프로젝트를 정리하고 복습할 수 있도록 하였습니다. ❹ '학생 Tip'을 통해 실제 학생들이 어려워하는 부분이나 착각할 수 있는 부분들을 짚어주었습니다. ❺ '선생님 Tip'을 통해서는 수업 시 주의해야 하는 부분이나 좀 더 심화된 이해가 필요한 부분을 보충 설명하였습니다. ❻ 프로젝트에 사용된 모든 이미지는 스크래치에서 제공하는 이미지로만 구성하여 실제 수업에서도 직접 만들 수 있도록 하였습니다. ❼ 구어체 표현을 사용하여 학생들이 좀 더 친근하게 느끼며 수업에 참여할 수 있도록 하였습니다.

많은 노력에도 불구하고 여전히 현장의 목소리를 온전히 담아내지 못한 것에 대한 아쉬움이 남습니다. 하지만 책에 담긴 그 노력의 흔적이 수업 현장의 선생님들과 학생들에게 조금이나마 도움이 될 수 있기를 희망해 봅니다. 또한 이 책이 나오기까지 도움을 주신 많은 분들에게 감사의 마음을 전합니다. 늘 감사의 마음은 글로 다 표현하지 못하는 것임을 알면서도 또 다시 한 줄의 글로 감사를 대신하는 제 자신이 부끄러울 따름입니다.

정 덕 현

CONTENTS

Chapter3
특수기능을 응용한 프로그래밍 132

Chapter4
어려운 프로그래밍 도전하기 236

CHAPTER 01

스크래치 시작하기

스크래치는 미국 MIT 미디어랩에서 만든 교육용 프로그래밍 언어(Educational Programming Language)입니다. 컴퓨터에게 어떤 일을 시키기 위해서는 컴퓨터가 알아들을 수 있는 언어로 프로그램을 만들어야 하죠. 컴퓨터가 알아들을 수 있는 컴퓨터의 언어로 프로그램을 만드는 일을 '프로그래밍'이라고 합니다. 사실 이 프로그래밍은 전문적인 지식과 기술을 갖추어야만 할 수 있는 어려운 일입니다. 그런데 프로그래밍을 처음 시작하는 학생들도 쉽게 배울 수 있도록 만든 것이 바로 스크래치입니다. 쉬울 뿐만 아니라 재미있게 프로그래밍을 할 수 있습니다. 함께 시작해볼까요?

Section 01 스크래치와 만나기

Section 02 스크래치와 친해지기

스크래치와 만나기

UNIT 01

회원가입하기

01 스크래치는 인터넷에 접속하여 무료로 사용할 수 있습니다. 인터넷 주소창에 스크래치 사이트 주소(scratch.mit.edu)를 입력해볼까요?

올바르게 입력했다면 다음과 같은 화면이 등장합니다. 이제 여러분들은 이곳에서 게임도 만들 수 있고, 애니메이션도 만들 수 있습니다.

02 스크래치를 사용하기 전에 먼저 회원가입을 하도록 할게요. 물론 회원가입을 하지 않고도 스크래치를 이용할 수 있지만 여러 가지 불편한 점이 많아요. 회원가입을 하면 편리한 기능들을 많이 활용할 수 있습니다.

스크래치 화면에서 오른쪽 위에 위치한 '스크래치 가입' 메뉴를 클릭해 봅시다.

03

'스크래치 가입' 메뉴를 누르면 왼쪽 화면이 등장합니다.

회원가입을 하기 위해서는 몇 가지 단계가 필요해요. 그 첫 번째 단계가 바로 사용자 이름과 비밀번호를 입력하는 것입니다. '스크래치 사용자 이름 입력'에는 평소 자주 사용하는 아이디를 입력합니다. '비밀번호 입력'과 '비밀번호 확인'에는 사용할 비밀번호를 입력합니다. 아이디와 비밀번호를 입력했다면 다음 단계로 넘어가 볼까요?

학생 TIP

'스크래치 사용자 이름 입력'에는 반드시 영문으로 된 아이디를 입력해야 합니다. 한글로 된 아이디를 입력하면 다음과 같은 경고 문구가 등장해요. 영어로 입력해야 한다는 말은 나오지 않지만 영어로 된 아이디를 입력하면 경고 문구가 사라집니다. 아이디는 3~20글자로만 입력해야 한다는 점도 기억해두세요.

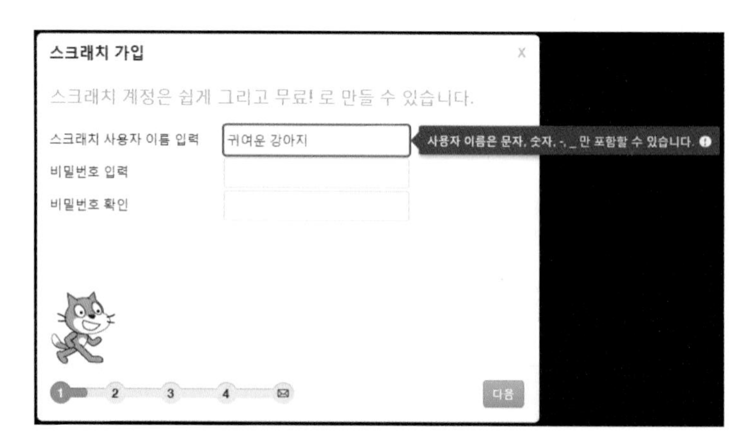

선생님 TIP

초등학교 저학년 학생들의 경우에는 자신이 입력한 아이디와 비밀번호를 잊어버리는 경우가 많습니다. 수업 시작 전 미리 메모지를 나누어주고 자신의 아이디와 비밀번호를 적어두도록 지도해주세요.
아이디를 정하는 데 어려움을 겪는 학생들도 있을 수 있습니다. 평소 사용하는 아이디를 이미 다른 사람이 사용 중인 경우도 종종 있습니다. 이런 경우에는 자신의 이름의 영문 이니셜(문자)과 생일의 날짜(숫자)를 조합하는 방법을 추천해주세요.

04

다음 단계는 생년월일과 성별, 국가를 입력하는 것입니다. 자신이 태어난 월과 년도를 찾아서 선택합니다. 자신에게 맞는 성별도 선택해 주세요. 국가는 모두 영어로 적혀있습니다. 'South Korea'를 찾아서 선택해 주세요. 이제 두 번째 단계도 완료되었습니다.

선생님 TIP

국가를 선택할 때 'South Korea'를 찾기가 쉽지 않습니다. 국가는 영어 알파벳 순서로 배열되어 있는데 S 순서에 South Korea가 없기 때문이지요. South Korea는 알파벳 K 순서에 가서 찾아야합니다. North Korea와 South Korea가 나란히 배열되어 있습니다. 국가를 선택할 때 이 점을 학생들에게 미리 알려주어서 학생들이 혼란스러워하지 않도록 해주세요.

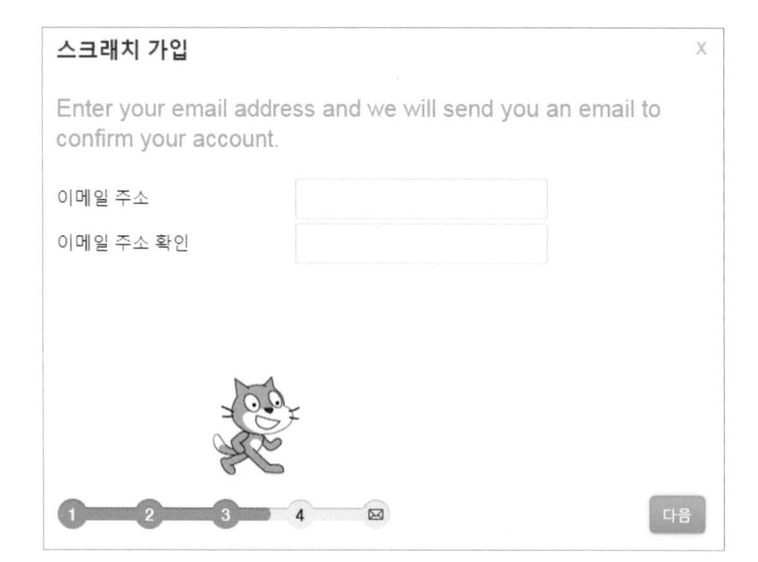

05 세 번째 단계는 이메일 주소를 입력하는 것입니다. 자신이 사용하는 이메일 주소를 입력해 주세요. '이메일 주소 확인'에는 위에서 입력한 이메일 주소를 동일하게 한 번 더 입력해 주면 됩니다. 이메일 주소는 이후에 다른 기능을 사용할 때도 필요하기 때문에 사용하고 있는 주소를 정확하게 입력해야 합니다.

선생님 TIP

자신의 이메일 주소를 가지고 있지 않은 학생들이 있을 수 있어요. 어린 학생들은 미리 부모님의 이메일 주소를 적어올 수 있도록 안내해주세요. 앞에서 입력한 학생의 생년월일이 어린 나이일 경우 '부모님 또는 보호자 이메일 주소'를 입력하도록 나옵니다.

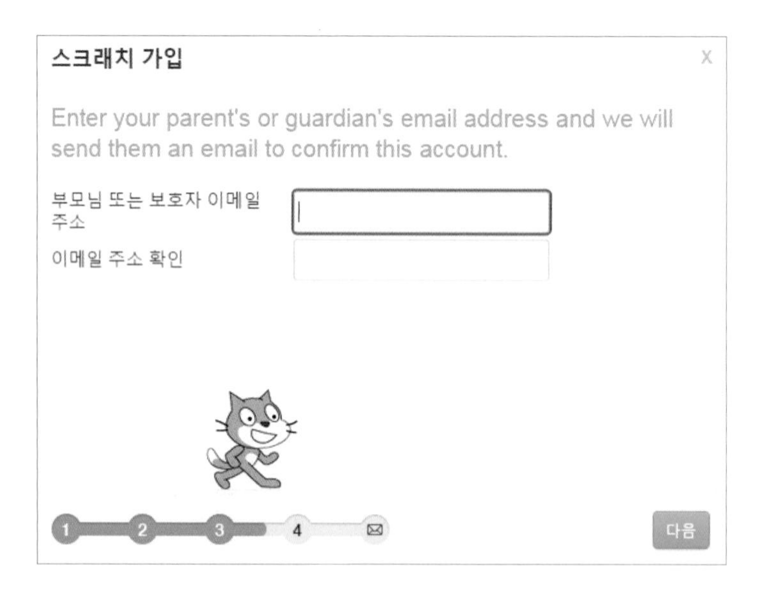

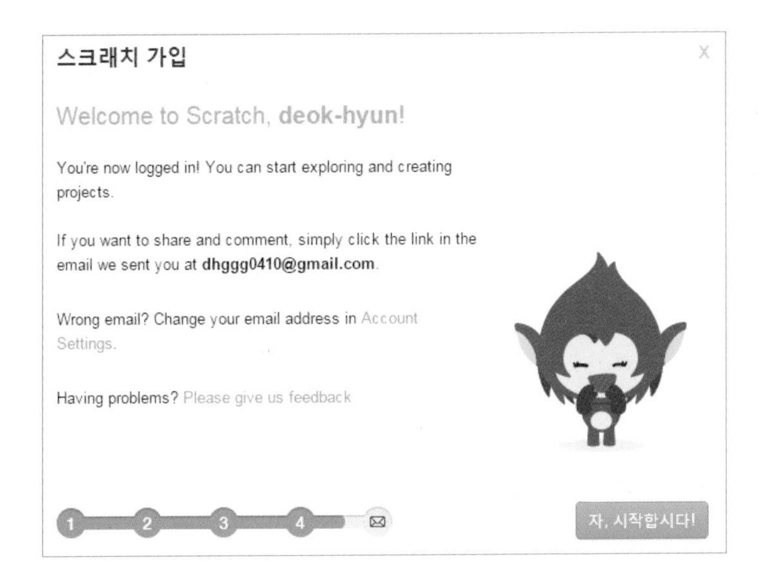

06 자, 이제 스크래치 회원가입이 완료되었습니다. 자신이 입력한 이메일로 확인 메시지가 전송되었다고 나오네요.

이제 마지막으로 자신의 이메일로 가서 스크래치가 보낸 메일을 확인해주면 됩니다.

07 가입할 때 입력한 이메일에 접속하면 다음과 같은 메일이 와 있습니다. '이메일 주소 확인하기' 버튼을 눌러주세요. 이제 스크래치를 시작하기 위한 모든 준비가 완료되었습니다.

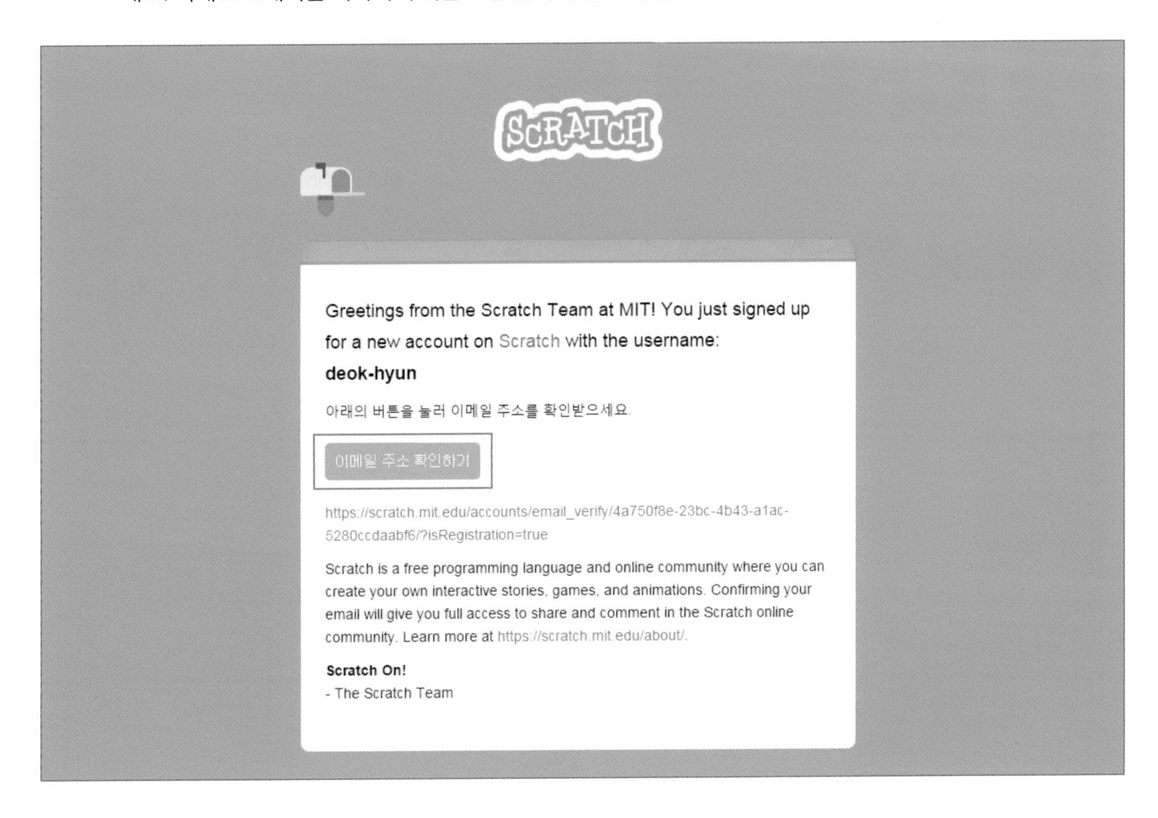

UNIT 02

스크래치 둘러보기

01 스크래치 사이트에서 로그인을 하면 다음과 같은 화면이 나타납니다. 각 부분을 살펴볼까요?

❶ 메뉴영역 : 항목별 메뉴와 검색, 사용자 정보 등을 모아놓은 부분입니다. 각 메뉴에 대해서는 다시 알아보도록 하겠습니다.

❷ 공지사항 : 스크래치 관련 소식이나 업데이트 사항, 자신이 팔로우(follow)하고 있는 사용자와 스튜디오에 관한 소식을 알려주는 부분입니다.

❸ 프로젝트 및 스튜디오 모음 : 각 주제별로 다양한 프로젝트와 스튜디오를 모아서 보여주는 영역입니다. 최근 프로젝트와 인기 프로젝트 등을 한번에 볼 수 있습니다.

학 생 TIP

프로젝트는 스크래치에서 만든 작품 하나하나를 가리키는 말입니다. 그리고 이 프로젝트를 여러 개 모아놓은 공간을 스튜디오라고 합니다. 여러분들도 자신만의 스튜디오를 만들어서 자신이 직접 만든 프로젝트를 모아놓을 수 있습니다. 팔로우(follow)라는 것은 특정 사용자나 스튜디오를 즐겨찾기에 추가하여 쉽게 접근할 수 있도록 하는 기능입니다. 자신이 만든 스튜디오를 팔로우하는 사람들이 많아진다는 것은 그 스튜디오의 인기가 높아진다는 뜻이겠죠.

02 메뉴영역을 좀 더 자세히 알아보도록 할까요? 맨 왼쪽에는 스크래치 로고가 나옵니다. 이 부분을 클릭하면 스크래치 사이트의 메인 화면으로 이동합니다.

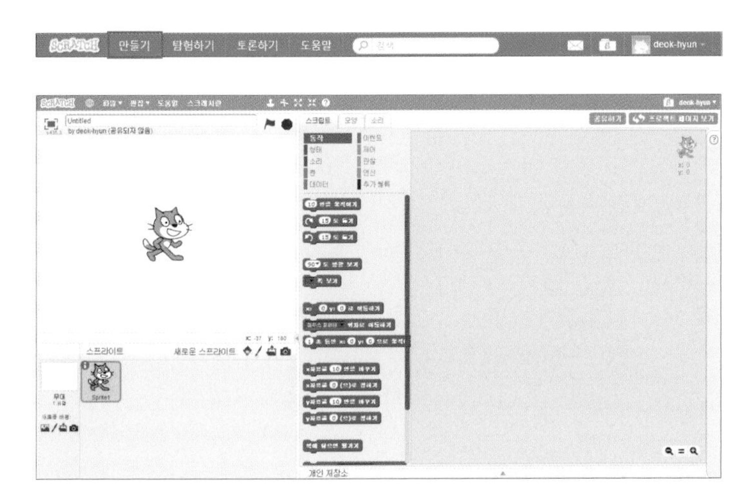

03 다음으로 만들기 메뉴가 있습니다. 만들기 메뉴를 클릭하면 프로젝트를 만들 수 있는 프로젝트 창으로 이동합니다. 프로젝트 창은 왼쪽과 같이 구성되어 있습니다. (이 부분에 대해서는 section2에서 좀 더 자세히 알아보도록 하죠.)

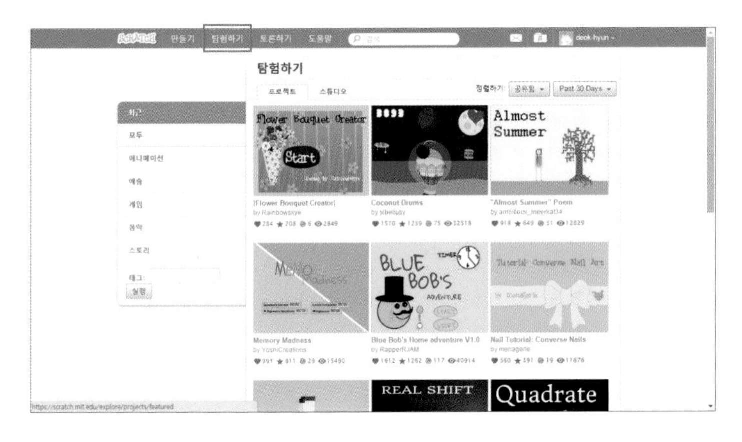

04 탐험하기 메뉴를 클릭해볼까요? 탐험하기 메뉴에서는 다양한 주제로 분류된 프로젝트와 스튜디오를 구경할 수 있습니다. 다른 나라의 친구들이 만들어 놓은 각종 게임과 애니메이션, 예술, 음악 등 다양한 프로젝트를 마음껏 구경하고 직접 실행해볼 수 있지요.

05

토론하기 메뉴를 살펴볼 차례입니다. 토론하기에서는 스크래치를 사용하면서 궁금했던 점들이나 프로젝트를 만드는 방법 등에 대해서 친구들과 의견을 나눌 수 있습니다. 모두 영어로만 되어 있어서 부담스럽나요? 아래로 이동하면 각 언어별로 토론 내용을 모아놓은 메뉴가 나옵니다. 여기에서 한국어를 클릭하면 우리나라 친구들과 의견을 나눌 수 있겠죠?

06

스크래치에 대해 좀 더 자세히 알고 싶다면 도움말 메뉴를 클릭해보세요. 스크래치에 대한 소개와 스크래치를 처음 시작하는 사람들을 위한 초보자 가이드 등을 볼 수 있습니다. 아직은 한국어 번역을 제공하지 않는 영어 자료들이 많으니 주의해서 보기 바랍니다.

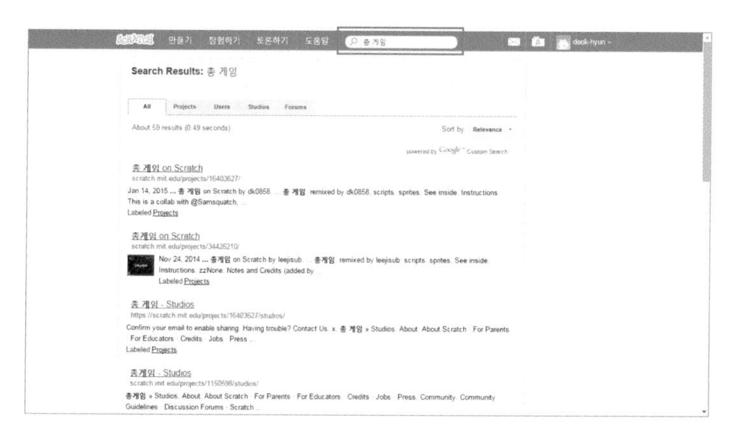

07

도움말 오른쪽에 있는 검색 부분이 보이나요? 여기에 찾고자 하는 프로젝트의 이름을 입력하면 원하는 결과를 얻을 수 있습니다. '총 게임'이라고 입력을 해볼게요. 총 게임과 관련된 많은 프로젝트와 스튜디오가 나타나네요. 이렇게 원하는 주제나 제목을 입력하면 쉽게 프로젝트나 스튜디오를 찾을 수 있습니다.

08

메시지 버튼( )을 클릭해 봅시다. 메시지 창이 나타나네요. 여기에서는 내가 만든 프로젝트에 다른 사람이 올린 댓글이나 공지사항 등의 메시지를 확인할 수 있습니다. 자신이 만든 프로젝트가 많아질수록 댓글이나 알림도 많아지고 메시지도 점점 많아지겠네요.

09

내 작업실 버튼( )을 클릭하면 다음과 같이 내 작업실 화면이 나타납니다. 여기에서는 내가 만든 프로젝트와 내 스튜디오를 관리할 수 있죠. 아직은 프로젝트가 없지만 이제 곧 프로젝트로 넘쳐나는 공간이 될 겁니다.

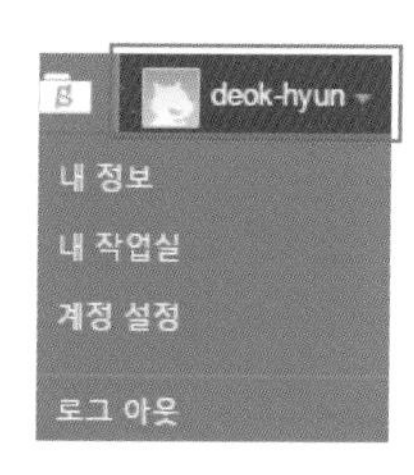

10

메뉴영역 오른쪽에 있는 아이디(deok-hyun) 부분을 클릭해 볼까요? 다음과 같은 보조창이 나타납니다. 내 정보에서는 사용자의 개인정보를 확인할 수 있습니다. 내 작업실은 앞에서 살펴본 내 작업실 버튼( )과 동일한 기능입니다. 계정설정은 비밀번호, 이메일 등을 변경할 수 있는 화면으로 이동합니다. 마지막 로그아웃을 클릭하면 로그인 상태에서 벗어나 사용자가 없는 상태로 돌아가겠죠?

UNIT 03

오프라인 에디터

01 스크래치는 인터넷이 연결되어 있는 온라인 상태에서만 이용할 수 있을까요? 그렇다면 인터넷이 연결되어 있지 않은 교실에서는 사용할 수 없을까요? 그렇지 않습니다. 오프라인 에디터를 설치하면 인터넷 연결 없이도 스크래치를 즐길 수 있습니다. 스크래치 사이트의 메인 화면에서 맨 아래로 이동해보세요. 지원 메뉴에 '오프라인 에디터' 글자가 보이나요? 그 부분을 클릭합니다.

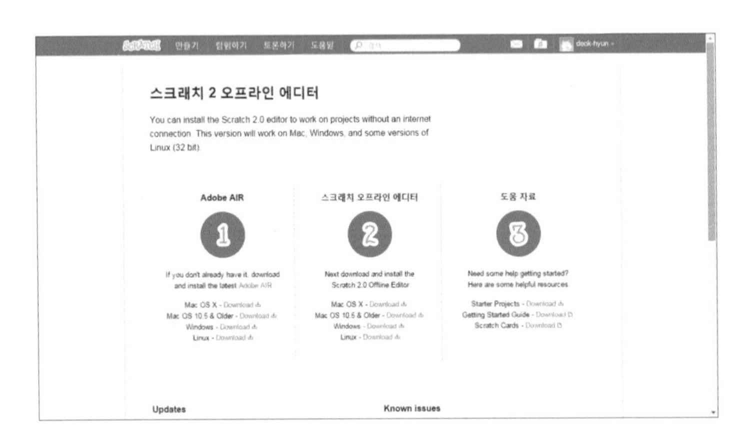

02 스크래치 2 오프라인 에디터라는 화면이 나타났습니다. 여러분이 사용하게 될 스크래치는 2.0버전입니다. 그래서 스크래치 2라고 되어 있는 것이죠. 오프라인 에디터를 설치하기 전에 먼저 Adobe AIR를 설치해야 합니다. 사용하는 컴퓨터의 운영체제에 맞는 Adobe AIR 파일을 다운받습니다.

Adobe AIR와 오프라인 에디터는 사용하는 컴퓨터의 운영체제에 맞는 파일을 다운받아 설치해야 합니다. Mac / Windows / Linux 등 다양한 운영체제를 지원하고 있으니 꼭 정확한 파일을 선택하여 사용합니다.

03

Adobe AIR : download를 클릭하면 파일을 다운받을 수 있는 Adobe 사이트로 이동합니다. 먼저 '지금 다운로드' 버튼을 클릭해 다음 단계로 넘어가세요.

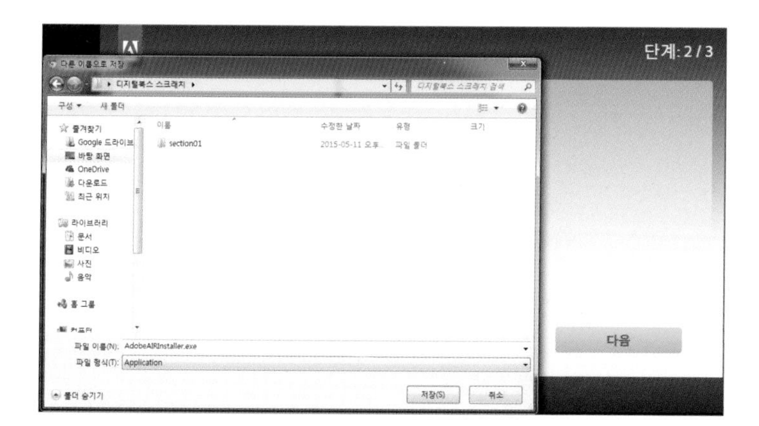

04

다음 단계로 넘어가면 파일을 다운로드하기 위해 저장할 위치를 선택합니다. 저장할 위치를 선택한 후 저장 버튼을 클릭하면 설치 파일이 다운로드 됩니다.

05

설치 파일을 실행하면 Adobe AIR가 컴퓨터에 설치됩니다.

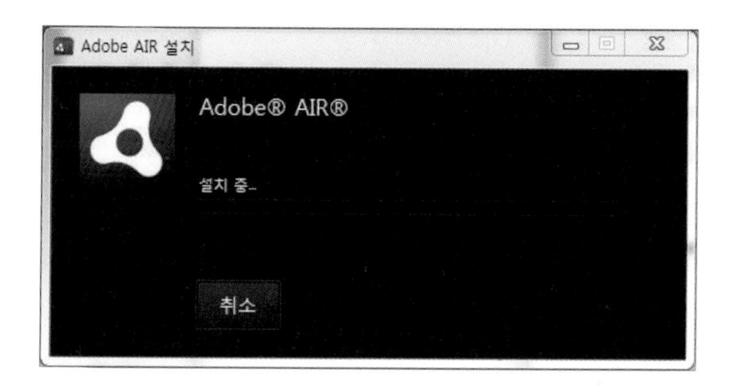

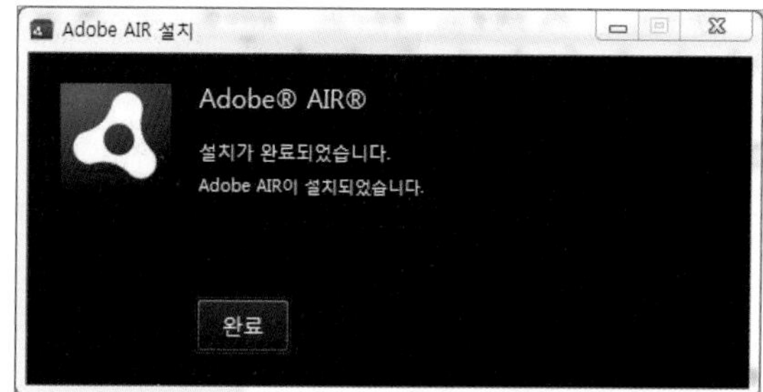

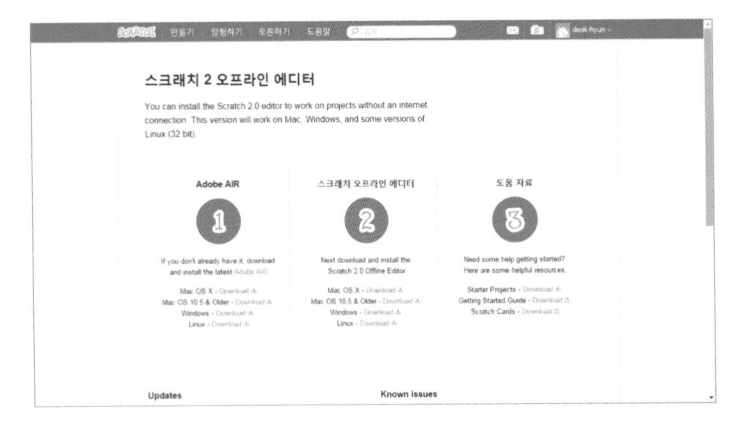

06 다시 스크래치 사이트로 돌아와 이번에는 오프라인 에디터를 설치할 차례입니다. 운영체제에 맞는 오프라인 에디터 파일을 다운로드합니다. 설치 파일을 저장할 위치를 선택하고 저장 버튼을 누르면 되겠네요.

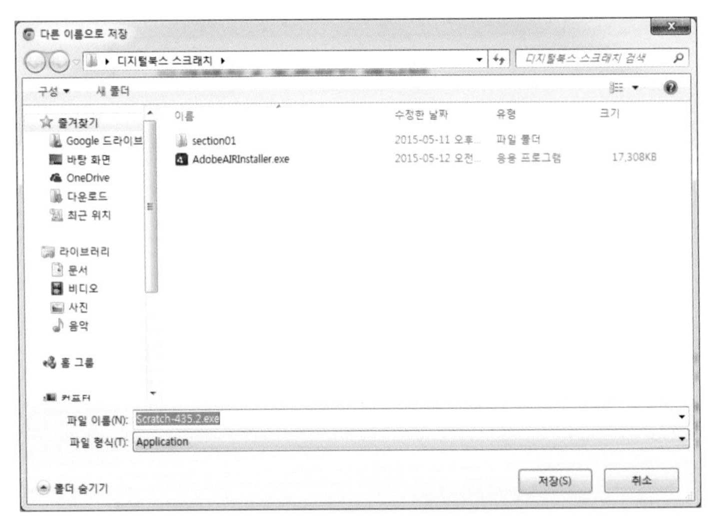

07 다운받은 파일을 실행하면 왼쪽과 같이 설치를 시작합니다.

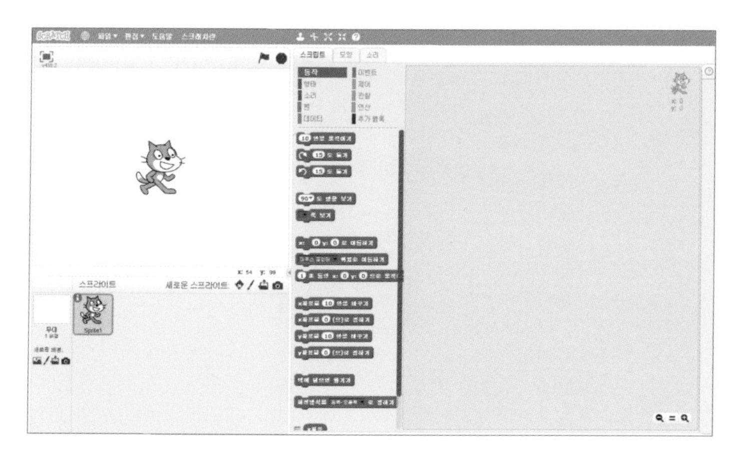

08 설치가 완료되면 오프라인 에디터가 실행됩니다. 실행된 화면을 보니 온라인 사이트에서 '만들기' 메뉴를 클릭했을 때 등장한 프로젝트 창과 유사하네요. 이렇게 오프라인 에디터를 설치하면 인터넷 환경과 상관없이 스크래치를 즐길 수 있습니다.

선생님 TIP

수업 전 교실 환경을 확인하여 온라인 사이트를 사용하여 수업을 진행할 것인지 오프라인 에디터를 사용하여 수업을 진행할 것인지를 결정해야 합니다. 만약 온라인 환경에서 수업을 진행하더라도 만약의 상황을 대비해 미리 준비한 USB에 오프라인 에디터 설치 파일을 다운받아 놓아주세요. 수업 도중 인터넷이 끊기는 상황이 발생할 수도 있기 때문이죠.

스크래치와 친해지기

UNIT 01

기본개념 익히기

01 스크래치를 시작하는 사람이라면 먼저 알아두어야 할 기본 개념들이 있습니다. 먼저 '스프라이트'입니다. 스프라이트는 우리가 명령을 내려 움직이거나 소리를 내도록 만들 대상이라고 할 수 있죠. 귀여운 동물이 될 수도 있고, 물건이 될 수도 있습니다. 여러분을 닮은 사람일 수도 있겠네요.

02 스크래치에서는 많은 스프라이트를 제공하고 있습니다. 여러분들은 주제에 맞게 원하는 스프라이트를 선택하여 프로젝트를 만들 수 있는 것이죠. 스크래치에서 제공하는 스프라이트 이외에도 여러분이 가지고 있는 사진 파일을 불러와 스프라이트로 활용할 수도 있어요. 여러분 얼굴이 찍힌 사진 파일을 불러와 스프라이트로 사용하면 더 재미있는 프로젝트가 만들어 지겠죠?

03 스프라이트에 대해서 알아봤는데요, 스프라이트가 있다면 이들이 움직일 수 있는 공간이 필요하겠죠? 그것이 바로 무대입니다. 무대 위에서 스프라이트가 여러 가지 동작을 하게 되는 것이죠.

04 스크래치에서는 스프라이트처럼 여러 가지 무대 그림을 제공하고 있어요. 이것을 '배경'이라고 합니다. 여러분들은 어떤 배경을 사용해 무대를 꾸미고 싶나요? 마음에 드는 배경을 선택해 사용할 수 있습니다. 물론 여러분들이 직접 찍은 사진 파일을 불러와 무대의 배경으로 사용할 수도 있어요.

```
클릭했을 때
x: -102 y: -94 로 이동하기
무한 반복하기
  만약 오른쪽 화살표 키를 눌렀는가? 라면
    x좌표를 10 만큼 바꾸기
    다음 모양으로 바꾸기
  만약 왼쪽 화살표 키를 눌렀는가? 라면
    x좌표를 -10 만큼 바꾸기
    다음 모양으로 바꾸기
```

05 스프라이트와 무대가 준비되었다면, 이제 여러분들이 스프라이트와 무대에 명령을 내릴 일만 남았네요. 그런데 어떻게 해야 스프라이트나 무대에 명령을 내릴 수 있을까요? 원래 컴퓨터에게 명령을 내리기 위해서는 어려운 컴퓨터 용어를 알아야만 합니다. 하지만 스크래치에서는 블록을 결합해 명령을 내릴 수 있어요. 이렇게 명령을 내릴 수 있도록 결합되어 있는 블록을 '스크립트'라고 합니다.

06 하나의 스프라이트는 여러 개의 블록 결합을 동시에 가지고 있을 수 있습니다. 스크립트는 이것들을 모두 합쳐 부르는 말입니다. 또 여러 개의 스프라이트가 있다면 각각의 스프라이트는 자신만의 스크립트를 가지고 있어요. 고양이 스프라이트가 가지고 있는 스크립트와 원숭이 스프라이트가 가지고 있는 스크립트는 다른 것이지요.

```
클릭했을 때
숨기기
0.5 부터 3 사이의 난수 초 기다리기
무한 반복하기
    x: -240 부터 240 사이의 난수 y: 180 로 이동하기
    그래픽 효과 지우기
    보이기
    y좌표 < -170 까지 반복하기
        y좌표를 -7 만큼 바꾸기
        소용돌이 효과를 -7 만큼 바꾸기
```

```
클릭했을 때
무한 반복하기
    만약 외계인 에 닿았는가? 라면
        숨기기
        점수 을(를) 1 만큼 바꾸기
        점수 획득! 방송하기
```

07 자, 앞에 배운 내용을 복습해볼까요? 명령을 내려 움직이거나 소리를 내는 대상은 스프라이트라고 했어요. 그리고 이 스프라이트가 있는 공간을 무대라고 했습니다. 스프라이트에게 명령을 내리는 블록 결합을 스크립트라고 했고요. 모두 잘 이해할 수 있겠죠?

```
클릭했을 때
x: -102 y: -94 로 이동하기
무한 반복하기
    만약 오른쪽 화살표 키를 눌렀는가? 라면
        x좌표를 10 만큼 바꾸기
        다음 모양으로 바꾸기
    만약 왼쪽 화살표 키를 눌렀는가? 라면
        x좌표를 -10 만큼 바꾸기
        다음 모양으로 바꾸기
```

연극		스크래치
등장인물	=	스프라이트
무대	=	무대
대본	=	스크립트

08 아직도 어렵다구요? 그럼 좀 더 쉽게 이해할 수 있도록 연극을 떠올려봅시다. 연극에서 대사를 하고 행동을 하는 인물은 스크래치의 스프라이트와 비슷하다고 할 수 있겠죠. 연극의 무대는 스크래치의 무대와 비슷하고요. 그럼 연극에서 각 등장인물들이 대사를 하고 행동하도록 적혀있는 대본은 스크래치의 무엇과 비슷할까요? 네 바로 스크립트입니다. 좀 더 확실하게 이해가 되었나요?

선생님 TIP

스크래치의 스프라이트는 연극의 등장인물은 물론 소품과도 유사하다고 할 수 있습니다. 연극의 소품을 스크래치에서 표현하기 위해서는 스프라이트를 사용해야 하기 때문이죠. 이 부분은 스크래치를 학습하다 보면 자연스럽게 이해할 수 있는 부분이니 지금은 간단하게만 설명하도록 하는 것이 좋습니다.

UNIT 02

프로젝트 창 살펴보기

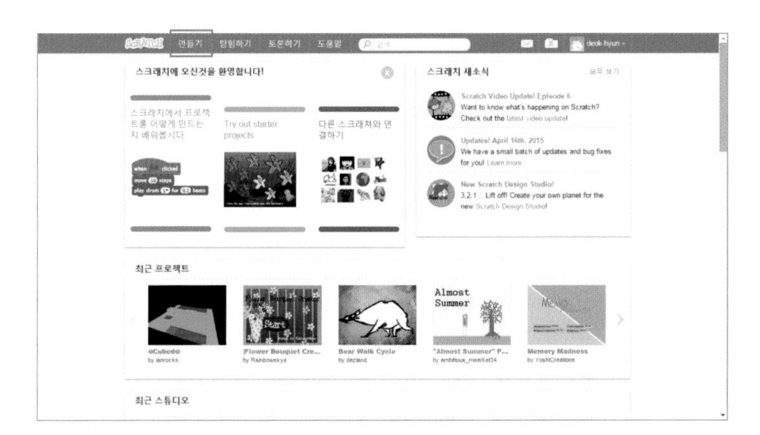

01 이제 프로젝트를 만들기 위한 프로젝트 창이 어떻게 되어 있는지 알아볼 차례입니다. 스크래치 사이트의 메인 화면에서 위쪽 메뉴 영역에 있는 '만들기'를 클릭합니다.

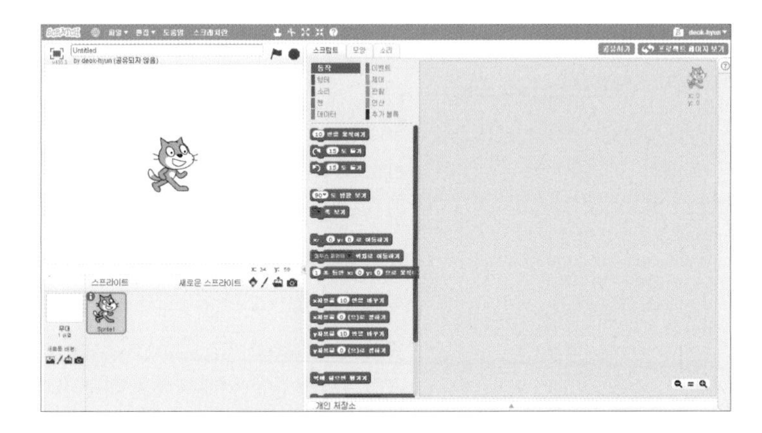

02 왼쪽과 같이 프로젝트 창이 등장했습니다. 여러분들이 스크래치를 하면서 가장 많이 사용하게 될 곳입니다. 이렇게 프로젝트 창으로 들어오는 순간 새로운 프로젝트 하나가 만들어지는 것입니다. 먼저 왼쪽에는 커다란 고양이 한 마리가 서 있고, 중간에는 블록들이 나열되어 있네요. 오른쪽에는 빈 공간이 보입니다. 이제 여기저기를 함께 둘러보면서 자세히 알아볼까요?

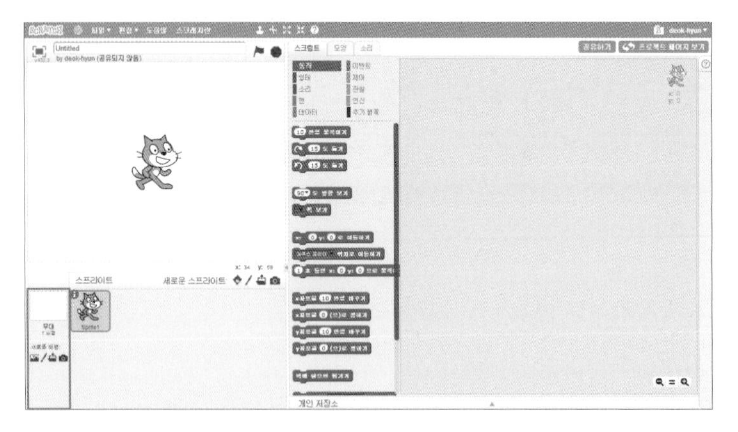

03 먼저 살펴볼 곳은 무대 창입니다. 무대는 스프라이트가 있는 공간이라고 설명했었죠? 무대 창에서는 이 무대가 지금 어떤 모습인지 알아볼 수 있습니다. 무대에 새로운 배경을 추가할 수도 있어요. 무대에 대해서 무언가 변화를 주려고 한다면 이 무대 창을 먼저 확인해야 합니다.

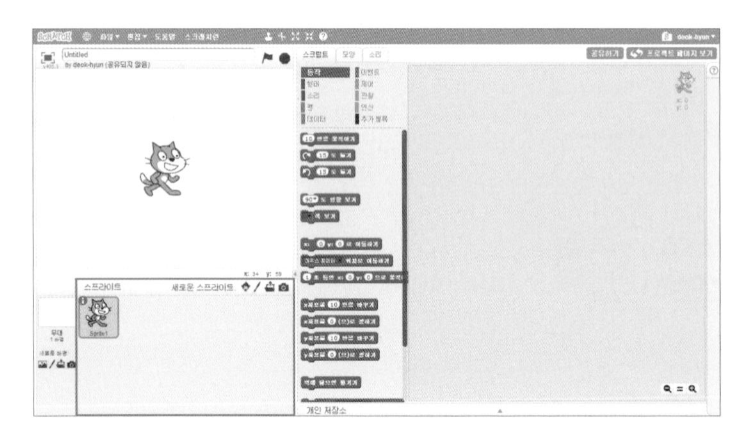

04 무대 창 오른쪽에 있는 부분은 스프라이트 창입니다. 무대 위에서 명령에 따라 움직이거나 소리내는 대상을 바로 스프라이트라고 설명 했었죠. 스프라이트 창에는 현재 이 프로젝트에서 사용하고 있는 스프라이트 목록이 나타납니다. 지금은 고양이 스프라이트 하나만 사용하고 있어서 스프라이트 목록에도 하나만 나타나네요.

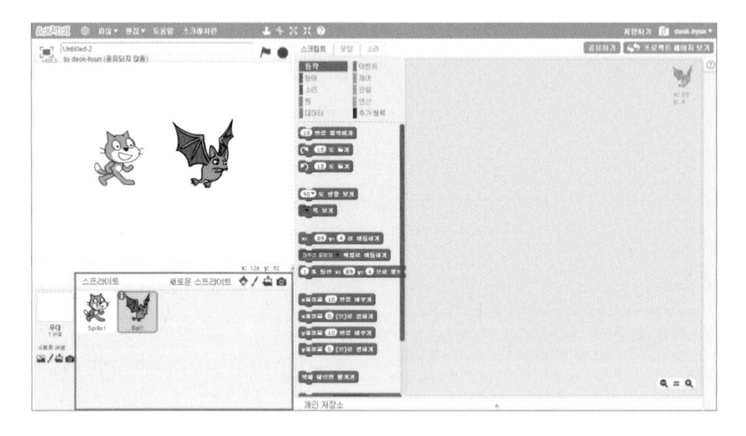

05 이제 프로젝트에 박쥐 스프라이트를 추가하여 2개의 스프라이트가 되었습니다. 스프라이트 창에도 스프라이트 목록이 하나 더 늘어났네요. 이렇게 스프라이트 창에서는 현재 사용하고 있는 스프라이트와 관련된 일들을 할 수 있습니다. 스프라이트를 추가하는 방법 등은 뒤에서 배울 예정이니 조금만 기다려 주세요.

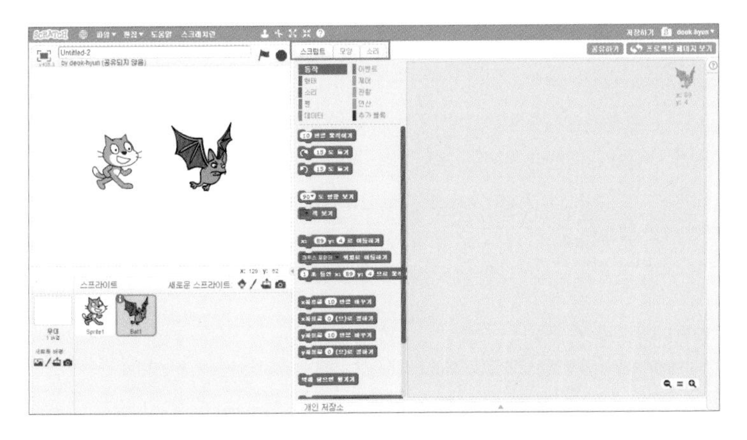

06 스프라이트 창 오른쪽 위에는 3가지의 탭이 있습니다. '스크립트 탭', '모양 탭', '소리 탭'입니다. 먼저 스크립트 탭을 살펴보죠. 스크립트는 앞에서 살펴본 것처럼 스프라이트에게 명령을 내리는 블록 결합입니다. 스크립트 탭 아래에 여러 블록들이 보이죠? 동작부터 추가블록까지 10개의 카테고리에 각각의 블록이 나열되어 있습니다. 이곳이 바로 블록 모음입니다.

07 블록 모음에 있는 블록을 옮겨 오른쪽에서 결합하여 스크립트를 만들 수 있습니다. 블록이 결합되는 공간이 바로 스크립트 창입니다.

08 스크립트 탭을 살펴보았으니 다음 모양 탭을 살펴보도록 하겠습니다. 모양은 스프라이트의 형태를 의미합니다. 하나의 스프라이트는 여러 개의 모양을 가질 수 있지요. 모양 탭에서는 스프라이트가 가지고 있는 모양들을 확인할 수 있습니다. 물론 새로운 모양을 추가할 수도 있어요. 오른쪽에 있는 그림판에서는 모양을 수정하거나 새로운 모양을 직접 그릴 수도 있으니 나중에 함께 도전해볼까요?

학 생 TIP

하나의 스프라이트는 여러 개의 모양을 가질 수 있습니다. 고양이 스프라이트는 2가지의 모양을 가지고 있네요. 앞의 08번 그림에서 스프라이트 창을 보면 고양이 스프라이트 주변이 파란색 테두리로 되어 있습니다. 고양이 스프라이트가 선택되어 있다는 표시랍니다. 그럼 무대를 선택하면 어떻게 될까요? 다음과 같이 무대가 파란색 테두리로 바뀝니다. 그런데 무대를 선택하니, 모양 탭이 사라지고 배경 탭이 나타났습니다. 네 맞아요. 스프라이트의 형태는 모양이라고 하고, 무대의 형태는 배경이라고 합니다. 스프라이트는 여러 개의 모양을 가질 수 있고, 무대는 여러 개의 배경을 가질 수 있는 것이죠. 두 가지의 차이를 기억해 두도록 합시다.

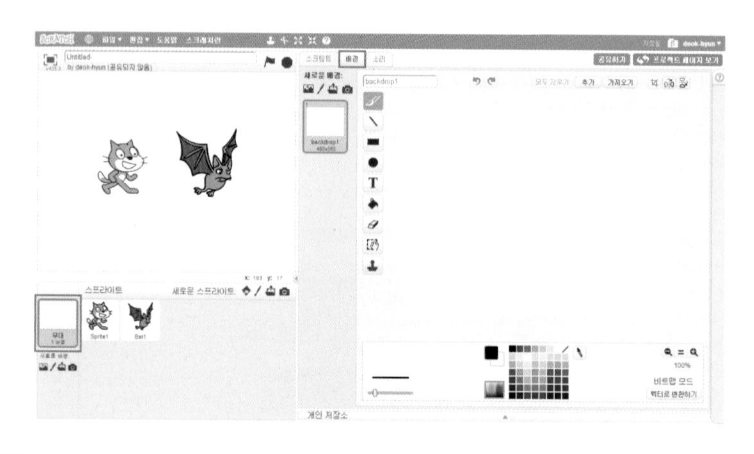

09 세 번째 탭인 소리 탭을 살펴보겠습니다. 각 스프라이트마다 자신만의 소리를 가질 수 있습니다. 소리 탭에서는 선택된 스프라이트나 무대에 현재 등록되어 있는 소리를 확인할 수 있어요. 새로운 소리를 등록하는 것도 가능하죠. 오른쪽에 있는 소리 편집 창에서는 등록된 소리를 변형할 수 있는 편집 작업을 할 수 있습니다.

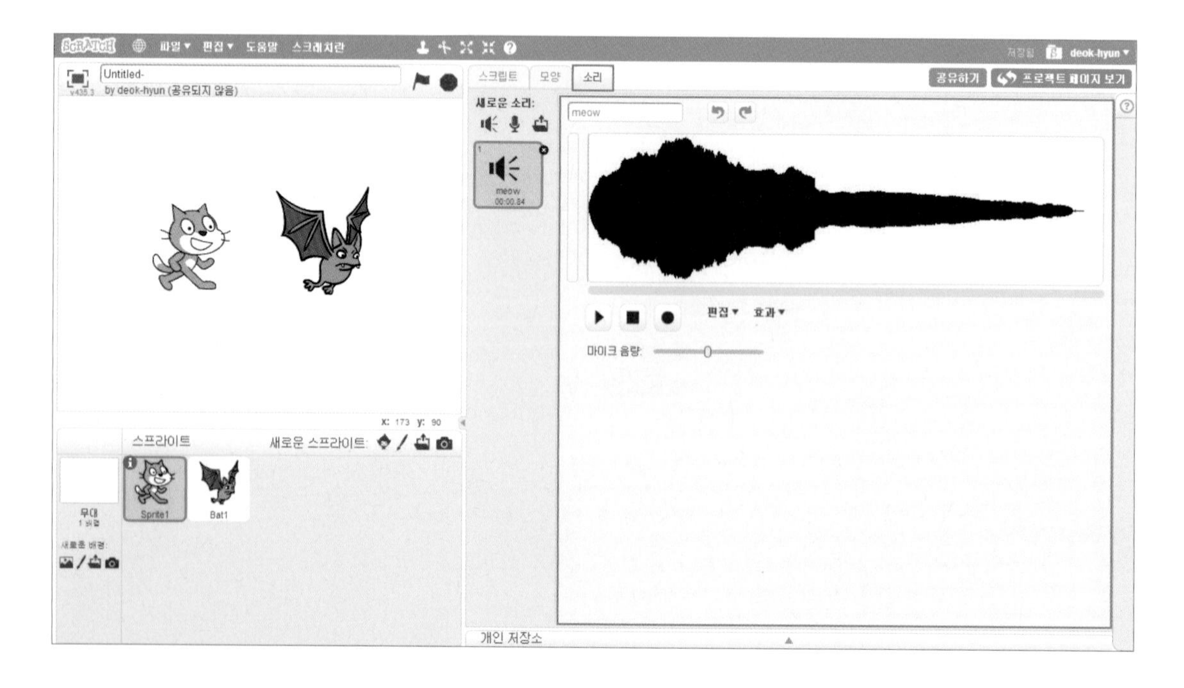

10 실행 창을 살펴보도록 할게요. 실행 창은 왼쪽에 위치하고 있어요. 스프라이트와 무대, 그리고 스프라이트와 무대에 속한 스크립트가 합쳐져서 나타나는 결과가 표시되는 곳입니다. 등장인물과 무대, 대본이 조화를 이루어 하나의 연극이 되었던 것 기억하나요? 마찬가지로 스프라이트와 무대, 스크립트가 조화롭게 어우러져 하나의 프로젝트가 완성되고 그 결과물을 확인할 수 있는 곳이 바로 실행 창입니다.

11 실행 창의 위에는 전체화면 버튼과 프로젝트 이름, 시작 버튼, 중지 버튼이 차례로 있어요. 전체화면 버튼을 누르면 전체화면 모드로 변경됩니다. 전체화면 모드에서는 실행 창을 좀 더 크게 볼 수 있어요. 일반화면 버튼을 누르면 일반화면 모드로 돌아옵니다.

12 프로젝트 창의 위쪽에는 메뉴바와 툴바가 위치해 있습니다. 메뉴바에서는 사용할 언어를 선택하거나 파일 저장하기, 불러오기, 편집기능 등을 선택할 수 있어요. 툴바에서는 복사하기, 잘라내기, 확대하기, 축소하기 기능 등을 사용할 수 있어요. 이 내용들은 뒷 부분에서 천천히 공부해보도록 할게요.

UNIT 03

프로젝트 구성 이해하기

01 '프로젝트는 단순히 스프라이트와 무대, 그리고 스크립트가 합쳐져서 이루어지는 것이야'라고 이해한다면 앞으로 스크래치가 어려워질 수도 있습니다. 조금 더 생각해야 될 부분이 있기 때문이죠. 프로젝트 창을 살펴보면서 프로젝트를 구성하고 있는 내부의 구조에 대해 자세히 알아보도록 합시다.

프로젝트 = 스프라이트 + 무대 + 스크립트 ?

02 앞에서 프로젝트의 결과물을 보여주는 곳이 실행 창이라고 설명했어요. 또 실행 창은 스프라이트와 무대, 스크립트가 조화롭게 어우러져 나타나는 결과라고 했죠. 그런데 다시 그게 아니라니 좀 혼란스럽나요? 하나씩 살펴보도록 할게요.

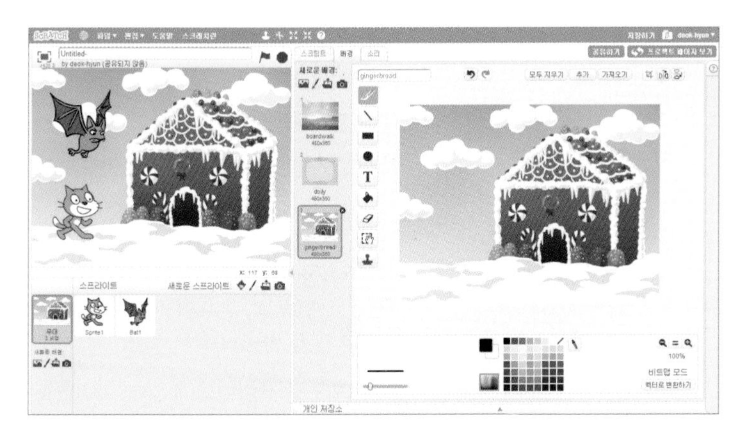

03 먼저 프로젝트에서 무대는 1개만 존재해요. 어? 아까 분명 여러 개의 무대가 있는 것을 본 기억이 있다고요? 아니에요. 무대는 1개뿐이고, 무대가 여러 개의 배경을 가지고 있는 것이죠. 다시 연극을 떠올려 볼까요? 연극에서도 1개의 무대가 있고, 그 안에서 장면에 따라 계속 뒤의 배경이 바뀌죠. 스크래치도 비슷해요. 무대라는 대상이 1개 존재하고, 그 안에 여러 개의 배경이 있어서 필요에 따라 배경을 변경하는 것이랍니다.

선생님 TIP

'새로운 스프라이트를 추가한다'는 말은 자주 쓰이지만 무대에서는 '새로운 무대를 추가한다'라는 말을 사용하지 않습니다. '새로운 배경을 추가한다'가 맞는 표현입니다. 무대는 1개만 존재하니까요. 무대는 공간을 표현하는 개념이고, 배경은 그 공간이 어떤 모습인지를 나타내는 개념입니다. 학생들은 종종 무대와 배경의 차이를 이해하지 못하거나 혼동합니다. 이 부분에 조금 더 주의해 주세요.

04 무대도 스크립트와 소리를 가지고 있습니다. 스크립트 탭과 소리 탭을 클릭해 확인해 볼까요? 그런데 한 가지 주의해야 할 점이 있어요. 무대는 스프라이트만큼 많은 블록을 가지고 있지 않아요. 예로 동작 블록 카테고리를 클릭해봅시다. 사용 가능한 블록이 없다고 하네요. 동작 블록 카테고리는 움직임을 나타내는 블록을 모아놓은 곳인데, 무대는 움직일 수 없기 때문에 사용할 수 있는 블록이 없다고 하는 것이죠. 이처럼 무대에서는 사용할 수 있는 블록이 한정되어 있습니다.

05 무대가 스크립트-배경-소리를 가지고 있었던 것처럼 스프라이트는 스크립트-모양-소리를 가지고 있습니다. 각각의 탭을 클릭해서 확인해 보도록 하죠. 무대와 다른 점이 있다면 배경 대신 모양이라는 말을 사용한다는 점이죠. 또한 무대는 1개만 존재하는데, 스프라이트는 여러 개가 있을 수 있다고 설명했습니다. 각각의 스프라이트는 자신만의 스크립트-모양-소리를 가지고 있어요.

06 새로운 스프라이트를 추가하기 위해서는 스프라이트 창에서 새로운 스프라이트에 있는 아이콘을 클릭하면 됩니다. 하지만 특정 스프라이트의 모양을 추가하기 위해서는 모양 탭을 클릭한 후 새로운 모양에 있는 아이콘을 클릭해 주어야 하죠. 둘의 차이를 이해했나요? 새로운 스프라이트를 추가하는 것은 아예 새로운 등장인물을 만들어 내는 것이고, 새로운 모양을 추가하는 것은 이미 존재하고 있는 등장인물에게 새로운 모습을 하나 더 만들어 주는 것입니다. 혼동하지 않도록 기억해 두세요.

학 생 TIP

스프라이트 창에는 프로젝트에 등록된 스프라이트가 나열되어 있어요. 모양 탭에는 선택한 스프라이트의 모양들이 나열되어 있죠. 스프라이트 그림 밑에는 스프라이트 이름이 적혀 있습니다. 모양 탭의 모양 그림 밑에는 스프라이트 이름과는 다른 이름이 적혀있죠? 이것은 각 모양의 이름입니다. 하나의 스프라이트가 여러 가지 모양을 가지고 있고, 그 각각의 모양은 자신만의 이름을 가지고 있어요. 모양 그림 왼쪽에 보면 조그맣게 숫자도 쓰여 있습니다. 각각의 모양은 이름뿐만 아니라 번호도 가지고 있습니다.

07 이제 앞에서 이야기 한 것들을 정리해보도록 할게요. 하나의 프로젝트는 하나의 무대와 여러 개의 스프라이트를 가지고 있습니다. 아, 물론 하나의 스프라이트만 가지고 있을 수도 있겠죠. 그리고 무대는 자신만의 스크립트와 배경, 소리를 가지고 있어요. 각각의 스프라이트도 자신만의 스크립트와 모양, 소리를 가지고 있어요. 이제 전체적인 구조가 그려지나요?

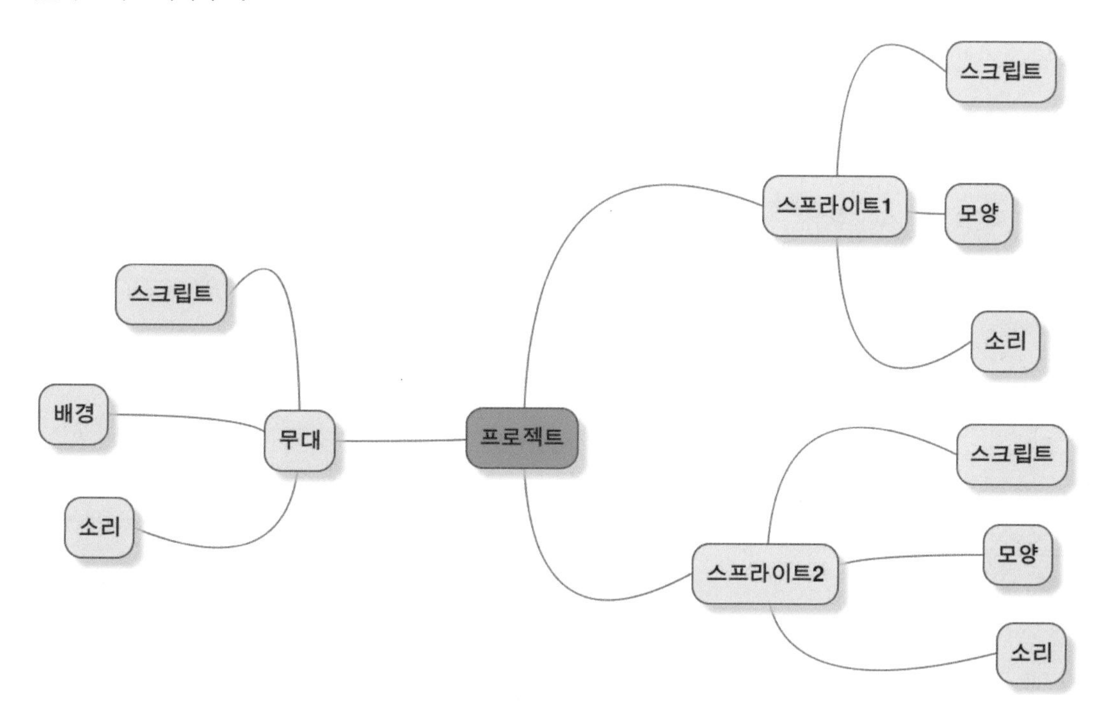

08 맨 처음에 한 이야기를 다시 해 볼게요. 프로젝트는 무대와 스프라이트, 스크립트가 어우러져서 이루어진다고 했었죠? 정확하게 이야기 한다면 프로젝트는 무대와 스프라이트가 조화를 이루어 만들어지는 것입니다. 무대는 스크립트와 배경, 소리가 만나 만들어지고요. 스프라이트는 스크립트와 모양, 소리가 만나 만들어지는 것이죠. 이제 이해가 되었나요? 한 가지 더 이야기 한다면, 그렇기 때문에 스프라이트1에서 스크립트를 수정했다고 해도, 스프라이트2의 스크립트는 아무런 변화가 없어요. 스프라이트1의 스크립트와 스프라이트2의 스크립트는 완전히 다른 것이기 때문이죠.

UNIT 04

블록의 결합 I

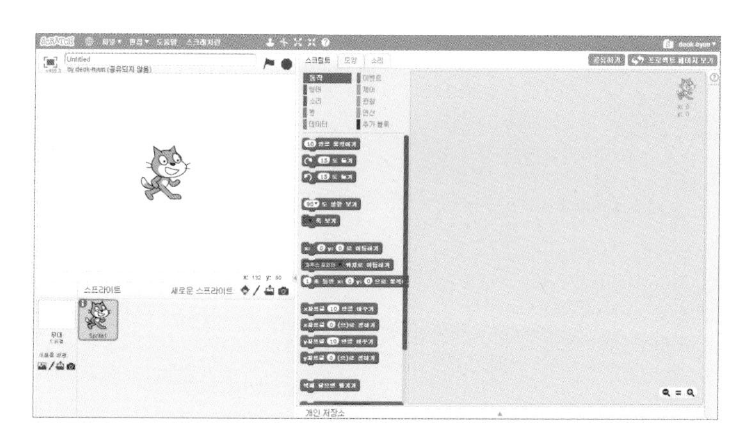

01 이제 직접 블록을 움직여 결합해 보도록 할게요. 스크래치 사이트의 메인 화면에서 만들기를 클릭해 새로운 프로젝트를 시작해봅시다.

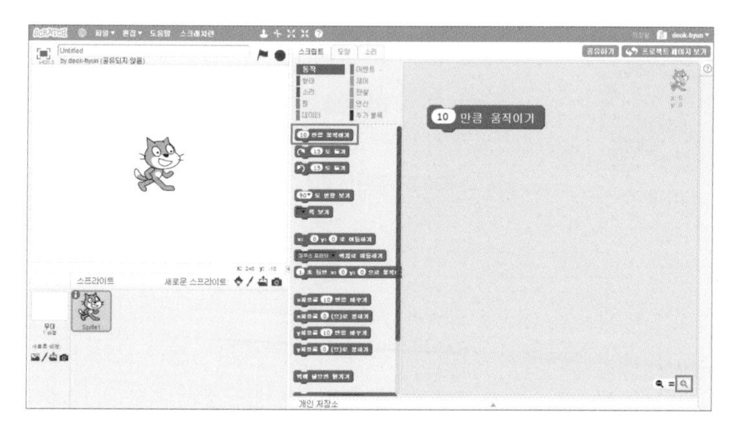

02 동작 블록 카테고리에서 첫 번째에 있는 10 만큼 움직이기 블록을 클릭한 후, 클릭한 상태에서 오른쪽 스크립트 창으로 가져오도록 합니다. 스크립트 창으로 옮겨왔다면 클릭했던 손을 떼어보죠. 스크립트 창에 가져온 블록이 자리를 잡았습니다. 블록 크기가 너무 작다면 스크립트 창 오른쪽 아래에 있는 돋보기( ) 아이콘을 클릭해 주세요. 잘 보이도록 블록 크기가 커져요.

학생 TIP

블록 모음은 장난감 블록이 가득 들어있는 상자라고 생각하면 됩니다. 우리는 이 장난감 블록 상자에서 원하는 블록을 밖으로 가져와 멋진 장난감을 만들죠. 여러분들도 블록 모음에서 원하는 블록을 가져와 스크립트 창에서 블록을 결합해서 멋진 스크립트를 만드는 것이라고 생각하면 이해하기가 쉬울 거예요.

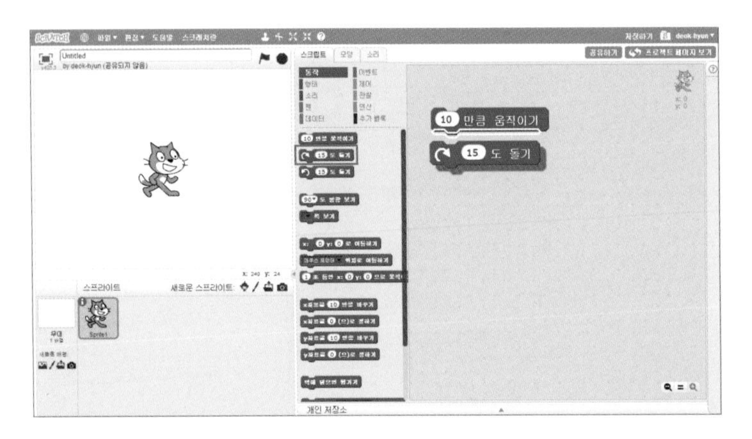

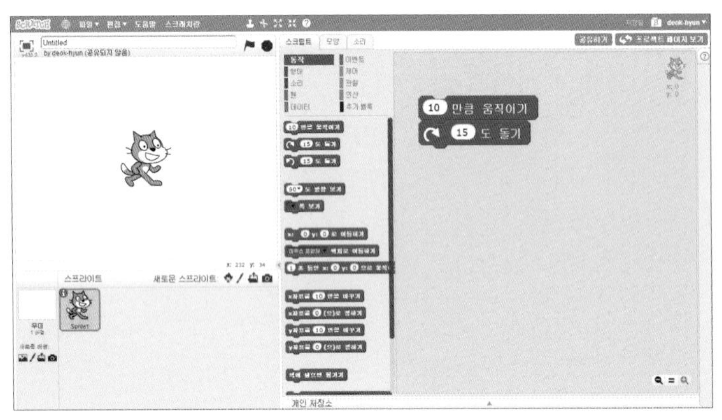

03 이제 다른 블록을 가져와 앞에서 가져온 블록과 결합할 차례입니다. 동작 블록 카테고리의 두 번째에 있는 [15 도 돌기]를 스크립트 창으로 가져올게요. 먼저 가져온 [10 만큼 움직이기] 밑으로 가져가니 두 블록이 만나는 부분에 흰색 테두리가 나타났습니다. 이때 클릭하고 있던 손가락을 놓으면 두 블록이 '착' 붙어버려요. 마치 자석이 붙는 것처럼 말이죠. 두 블록을 결합할 때는 이 흰색 테두리가 생기는 것을 확인하고 결합해야 합니다.

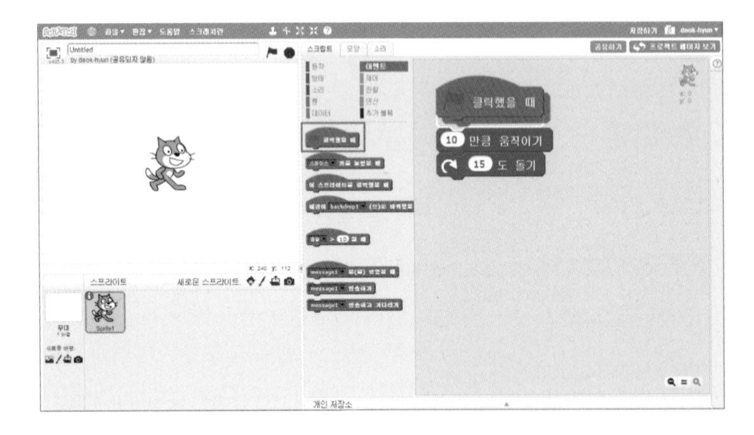

04 이번에는 이벤트 블록 카테고리에 가서 첫 번째에 있는 [클릭했을 때]를 스크립트 창으로 가져와 볼게요. 이번에는 블록 결합의 위쪽에 연결합니다. 이번에도 흰색 테두리가 생기는 것을 확인해야겠죠? 근데 이 블록은 조금 특이하게 생겼네요. 앞에서 연결한 블록은 사각형과 비슷한 모양이었는데 이 블록은 위가 둥근 모양이네요. 잘 확인해두세요. 잠시 후에 더 자세히 알아볼게요.

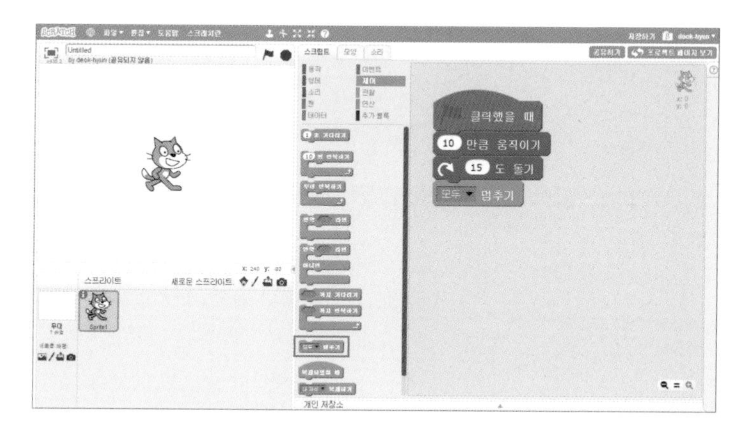

05

이번에는 제어 블록 카테고리로 이동해 모두 ▼ 멈추기 를 스크립트 창으로 가져옵니다. 블록 결합의 가장 아래에 연결해볼게요. 흰색 테두리를 확인한 후 연결하는 거 잊지 않았죠? 이번 블록은 자세히 보면 앞의 블록과 조금 차이점이 있습니다. 사각형과 비슷한 모양이긴 한데 아래 부분이 평평하네요. 앞에 나왔던 블록은 무언가 또 연결할 수 있도록 튀어나온 부분이 있었는데 이번 블록은 그렇지 않아요. 왜 그런지 살펴보도록 하죠.

06

우리는 지금까지 서로 다른 형태의 3가지 블록을 살펴보았습니다. 세 가지 블록은 블록 결합 여부에 따라 시작 블록, 중간 블록, 종료 블록으로 구분됩니다.

❶ 시작 블록(모자 블록) : 자신의 위에는 다른 블록을 결합할 수 없고 아래로만 다른 블록을 결합할 수 있다.

❷ 쌓기 블록 : 자신의 위와 아래에 모두 다른 블록을 결합할 수 있다.

❸ 종료 블록 : 자신의 위에는 다른 블록을 결합할 수 있지만 아래에는 다른 블록을 결합할 수 없다.

❶ 시작 블록(모자 블록)

❷ 쌓기 블록

❸ 종료 블록

UNIT 05

블록의 결합 II

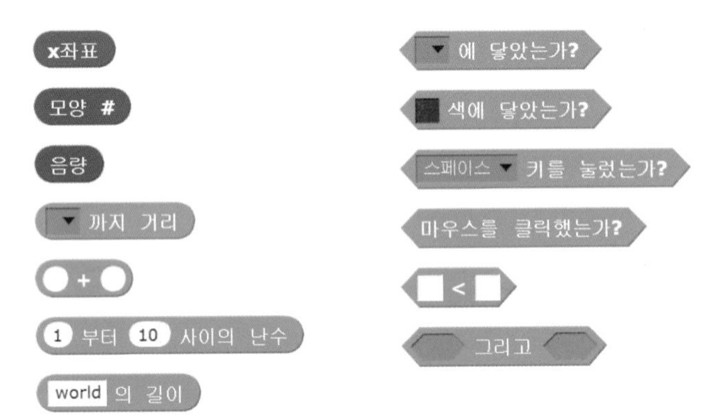

01 블록들을 살펴보면 앞에서 말한 3가지 종류의 블록 이외에도 다른 형태의 블록을 찾을 수 있습니다. 둥근 형태의 블록과 육각형 형태의 뾰족한 블록이 있죠. 이런 블록들은 다른 블록과 위나 아래로 연결하는 블록이 아닙니다. 어떤 블록의 속에 결합하는 블록이죠. 이런 블록을 합쳐서 '결합 블록(리포터 블록)'이라고 부릅니다.

02 결합 블록은 어떤 값을 출력하는 블록입니다. 둥근 결합 블록은 숫자나 문자 값을 출력합니다. 둥근 결합 블록을 하나 골라 더블 클릭해 볼까요? 숫자나 문자가 말풍선으로 나타나는 것을 확인할 수 있네요. 육각 결합 블록은 참(true) 또는 거짓(false) 값을 출력합니다. 육각 결합 블록을 골라 더블 클릭하면 말풍선에 참(true)이나 거짓(false)이 나타나는 것을 확인할 수 있어요.

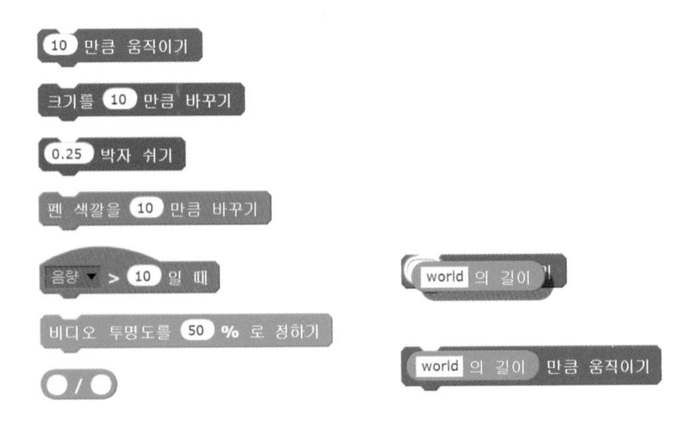

03 둥근 결합 블록은 어디에 결합할 수 있을까요? 네, 둥근 모양의 빈 칸에 결합할 수 있습니다. 둥근 결합 블록을 둥근 모양의 빈 칸에 가까이 가져가면 흰색 테두리가 나타납니다. 흰색 테두리는 블록을 결합할 수 있다는 신호라고 설명했던 것 기억하죠? 흰색 테두리가 나타났을 때 마우스 클릭을 해제하면 '착'하고 결합됩니다.

04 그런데 둥근 결합 블록이 둥근 모양의 빈 칸에만 결합 가능한 것이 아니에요. 사각형의 빈 칸에도 결합할 수 있습니다. 정리하면 둥근 결합 블록은 둥근 모양의 빈 칸과 사각형의 빈 칸에 모두 결합할 수 있어요.

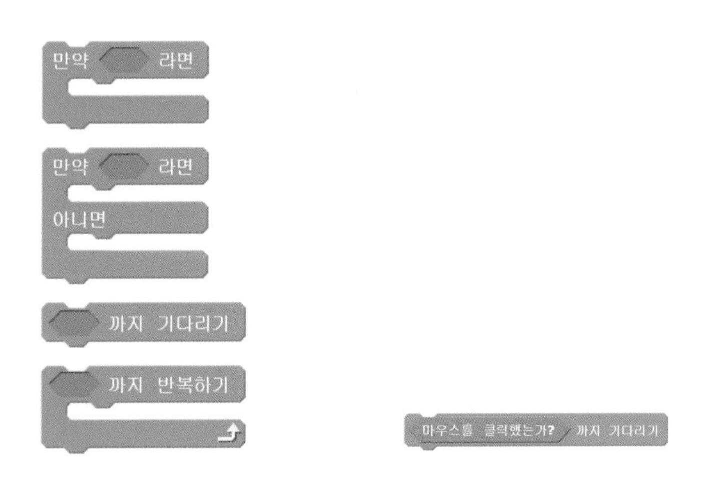

05 이번에는 육각 결합 블록을 살펴볼까요? 이 블록은 어디에 결합할 수 있을까요? 네, 당연히 육각형의 빈 칸에 결합할 수 있겠네요.

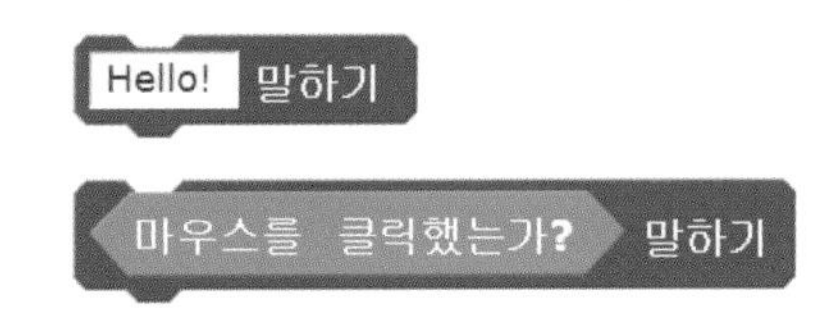

06 그런데 육각 결합 블록도 사각형의 빈 칸에 결합할 수 있습니다. 모양만 봐서는 안 될 것 같은데도 잘 결합되네요. 사각형 빈 칸은 둥근 결합 블록도, 육각 결합 블록도 모두 결합할 수 있는 만능 빈 칸이라고 할 수 있겠네요.

CHAPTER

02

프로그래밍의 세계로!

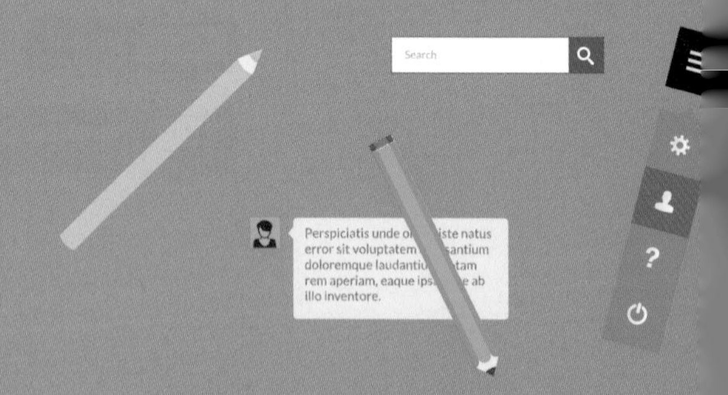

앞에서 스크래치에 대한 기본적인 내용을 함께 학습했습니다. 이제 여러분들이 직접 자신만의 작품을 만들어볼 차례입니다. 첫 프로그래밍을 시작하는 것이죠. 너무 어렵게 생각하거나 두려워할 필요는 없습니다. 블록을 하나하나 연결하다보면 어느새 근사한 프로젝트가 완성되기 때문이죠. 모두 마음의 준비가 되었나요? 미디어아트 작품에서부터 게임, 응용 프로그램까지 다양한 프로젝트를 만들어봅시다.

Section 03 고양이 마법사의 분신술

Section 04 동물농장

Section 05 고양이를 피해 도망쳐라

Section 06 아날로그 시계

고양이 마법사의 분신술

UNIT 01

프로젝트 살펴보기

웹 주소 : https://scratch.mit.edu/projects/63086740/

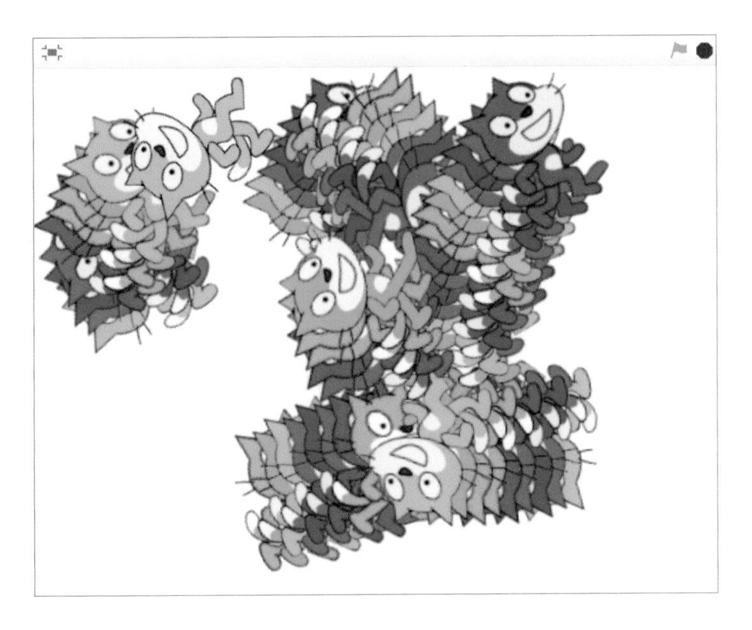

01 이제 드디어 첫 프로그램(프로젝트)을 만들 차례입니다. 내 손으로 직접 프로그램을 만들 수 있다니, 벌써 두근거리지 않나요? 그럼 이번 시간에 함께 만들어 볼 프로젝트를 살펴보도록 하겠습니다. 이번 프로젝트의 제목은 '고양이 마법사의 분신술'입니다. 일단 프로젝트를 함께 살펴보도록 하죠.

02 이번 프로젝트의 주인공은 고양이 스프라이트입니다. 고양이 한 마리가 이곳저곳을 막 돌아다니네요. 어, 그런데 특이한 점이 하나 있어요. 고양이의 색깔이 계속 변하네요. 노란색인 고양이가 파란색으로도 변했다가, 빨간색으로 변했다가, 초록색으로도 변하고. 아~ 그래서 고양이 마법사인가 보네요. 어떻게 하면 스프라이트의 색깔이 이렇게 계속 변할 수 있을지 고민해봅시다.

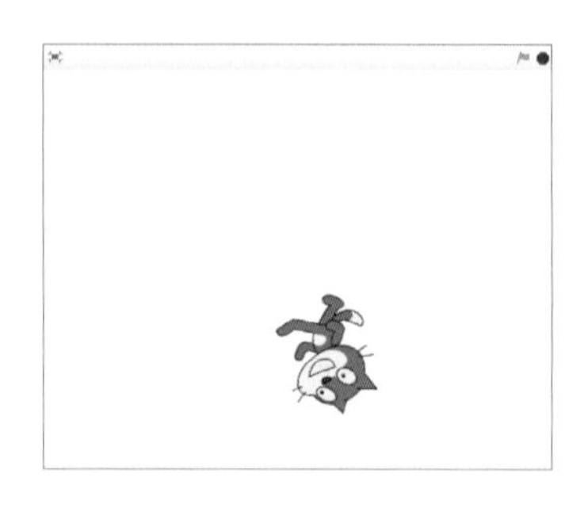

03 그런데 고양이가 색깔만 변하는 게 아니었어요. 움직이기도 하네요. 앞으로 걸어가면서 옆으로 방향을 조금씩 회전하기도 해요. 화면 끝에 닿으면 다시 방향을 바꿔 이동하기도 하고요. 정말 고양이가 쉴 새 없이 바쁘게 움직이네요.

04 고양이가 움직일 때 발 모양이 바뀌는 걸 보았나요? 두 발을 막 휘저으며 마치 고양이가 바쁘게 뛰어가는 듯한 모습이 연출되고 있어요. 모양이 바뀌는 효과는 어떻게 만들어 낼까요? 이것도 함께 고민해봅시다. 이 효과를 잘 이용하면 더 멋진 것도 만들어 낼 수 있을지도 몰라요.

05 고양이가 쉬지 않고 '계속' 무엇인가를 하고 있어요. 모양도 계속 바뀌고, 색깔도 계속 바뀌고, 앞으로 움직이는 것도, 방향을 바꾸는 것도 계속 하고 있습니다. 이렇게 무언가를 계속하도록 하는 기능이 필요하겠네요. 쉬지 않고 계속해서 하도록 하는 그 비밀을 함께 풀어 보도록 해요.

06 프로젝트가 실행되는 도중에 키보드의 's' 버튼을 눌러봅시다. 고양이가 분신술을 쓰는 것처럼 또 다른 고양이들이 화면에 나타나죠. 's' 버튼을 누를 때마다 새로운 고양이가 생겨나고 있어요. 정말 신기하네요. 이렇게 생겨난 고양이들을 지우고 싶다고요? 그럴 때는 'c' 버튼을 누르면 됩니다. 어때요? 원래 고양이만 남고 다른 고양이들이 모두 사라지네요. 어떤 버튼을 누를 때만 원하는 변화가 나타나는 프로젝트. 함께 도전해볼까요?

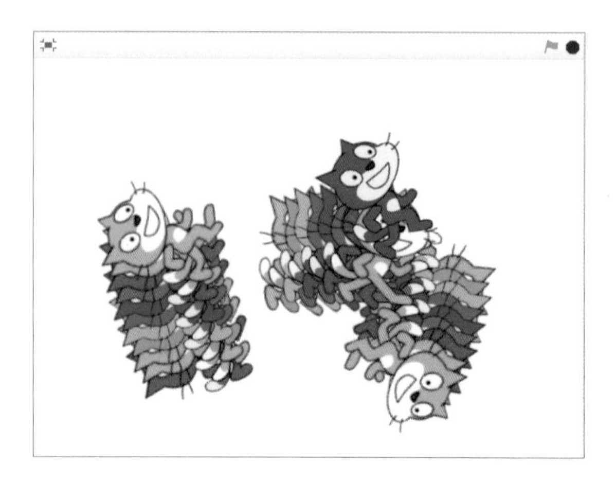

UNIT 02

프로젝트 만들기

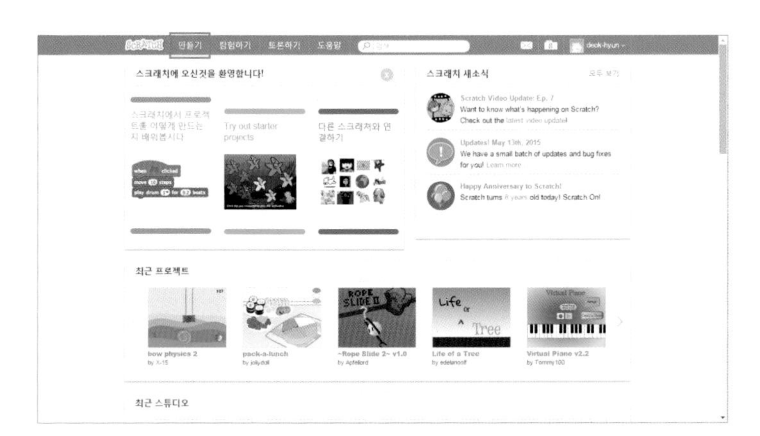

01 스크래치 사이트에 들어가 자신의 아이디로 로그인합니다. 이제 첫 프로젝트 만들기를 위한 준비가 모두 끝났습니다. 왼쪽 위에 있는 만들기 메뉴를 눌러 프로젝트 창으로 이동해볼까요? 여러분들과 함께 만들 모든 프로젝트는 만들기 메뉴를 클릭해서 이동하는 프로젝트 창에서 시작하도록 하겠습니다.

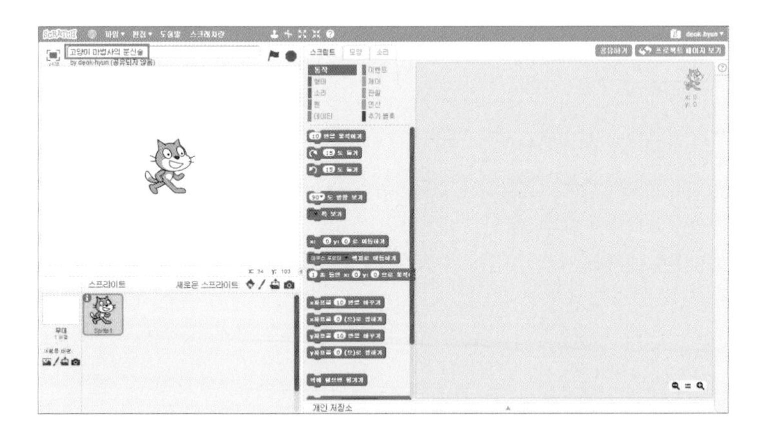

02 프로젝트 창으로 이동하니 고양이 스프라이트가 보이네요. 프로젝트 창은 항상 이런 상태로 시작됩니다. 먼저 프로젝트의 제목을 수정해보도록 하죠. 왼쪽 위의 제목 입력하는 곳에 가서 프로젝트의 제목을 '고양이 마법사의 분신술'로 수정하도록 할까요?

선생님 TIP

모든 학생들이 프로젝트의 제목을 꼭 동일하게 할 필요는 없습니다. 자신이 정하고 싶은 제목을 입력하여 각자의 프로젝트를 만들어 갈 수 있도록 지도해주세요.

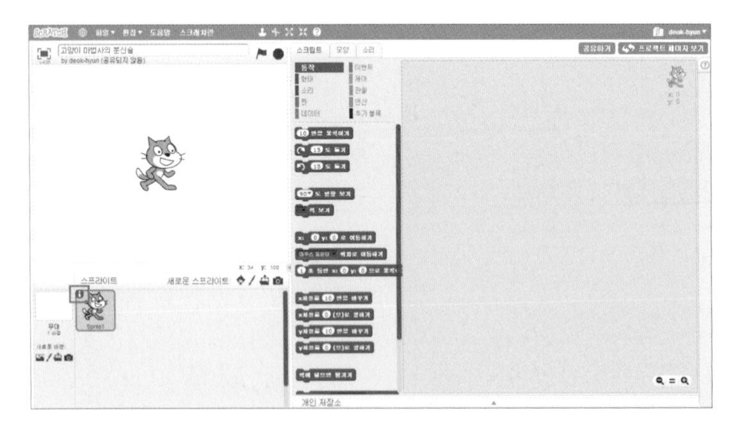

03

프로젝트 이름을 원하는 것으로 바꾸었다면, 이제 스프라이트의 이름도 바꾸어 볼까요? 현재 'Sprite1'로 되어 있는 스프라이트의 이름을 '고양이'로 바꾸어 봅시다. 어떻게 해야할까요? 스프라이트 창에서 보면 현재 선택되어 있는 스프라이트가 파란색 테두리로 표시된다고 했었던 것 기억나나요? 선택된 스프라이트의 파란색 테두리 왼쪽 위에 ⓘ 아이콘을 클릭하세요. 스프라이트 정보 창으로 이동합니다.

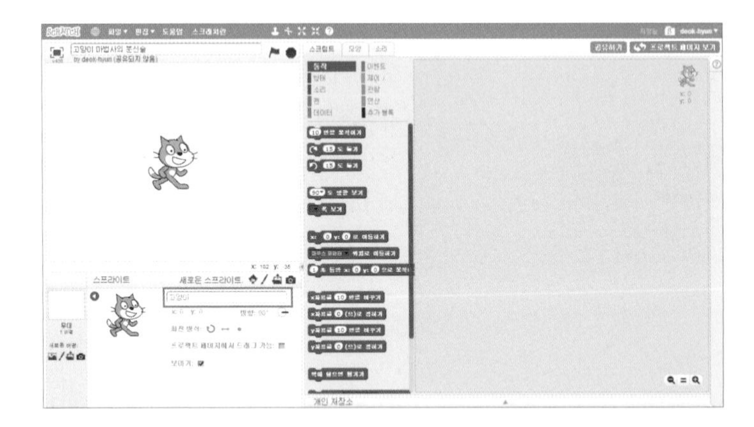

04

스프라이트 정보 창에서 맨 위쪽에 스프라이트 이름을 입력할 수 있는 공간이 있어요. 이곳에 원하는 스프라이트 이름을 입력하면 됩니다.

선생님 TIP

프로젝트 이름은 학생들이 다양하게 정해도 괜찮지만, 스프라이트 이름을 동일하게 하는 것이 좋습니다. 스프라이트 이름이 반영되는 블록들이 있기 때문이죠. 학생들이 스크래치에 익숙해지면 상관없지만 처음에는 스프라이트의 이름을 통일해서 배워나갈 수 있도록 해주세요.

'스프라이트 정보 창' 이해하기

스프라이트 정보 창에서는 선택한 스프라이트에 관한 다양한 정보들을 볼 수 있습니다. 여기에서는 각 부분의 명칭과 기능만을 간단하게 소개하도록 하겠습니다. 좌표나 방향, 회전방식 등에 대한 설명은 이후 필요한 부분에서 자세히 안내하도록 하죠.

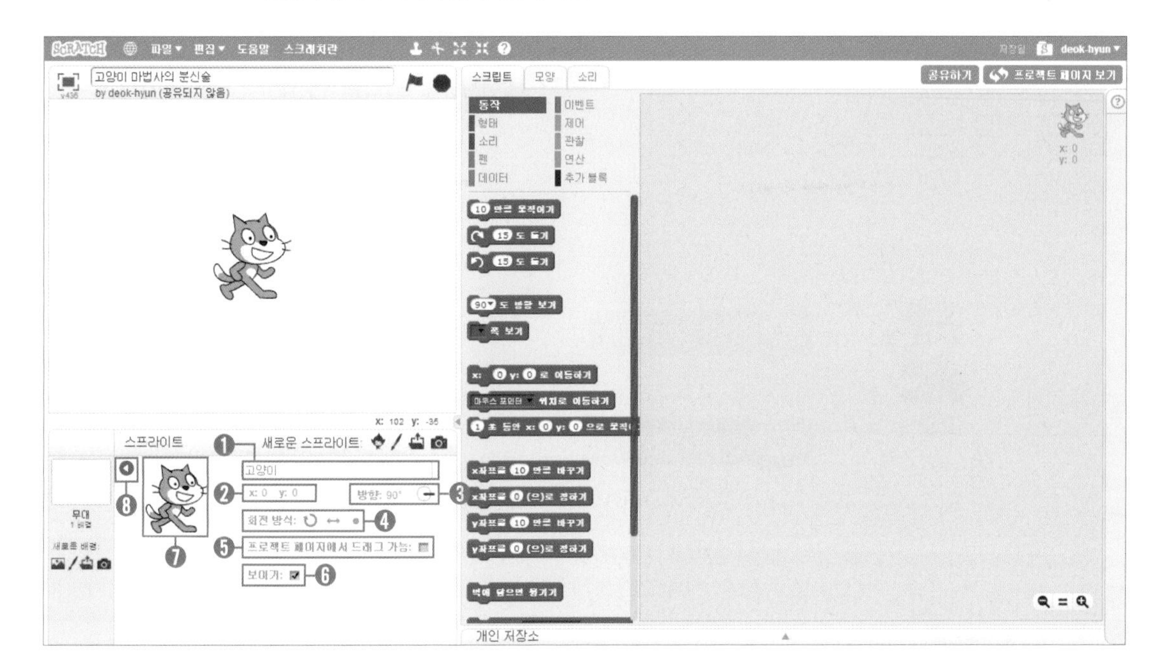

❶ **스프라이트 이름** : 현재 스프라이트의 이름을 보여줍니다. 원하는 이름을 입력하면, 스프라이트의 이름이 변경됩니다.

❷ **스프라이트 위치 좌표** : 스프라이트의 현재 위치를 좌표값으로 표시합니다. 스프라이트의 위치가 변경되면 스프라이트의 위치 좌표값도 변경됩니다.

❸ **스프라이트 방향** : 스프라이트의 현재 방향값을 표시합니다.

❹ **스프라이트 회전방식** : 스프라이트의 회전방식을 표시합니다. 회전하기, 좌-우 회전하기, 회전하지 않기 등 3가지의 회전방식 중 하나를 선택할 수 있습니다.

❺ **드래그 가능 표시** : 프로젝트 페이지나 전체화면 보기 모드에서 스프라이트를 마우스로 드래그 할 수 있는지를 표시합니다. 체크박스의 표시가 없다면 드래그가 불가능합니다.

❻ **보이기 표시** : 스프라이트의 상태를 '보이기'로 할 것인지 '숨기기'로 할 것인지를 결정합니다. 체크박스의 표시가 있다면 '보이기' 상태입니다.

❼ **스프라이트 모양** : 스프라이트의 현재 모양상태를 썸네일 이미지로 표시합니다.

❽ **돌아가기** : 돌아가기 아이콘을 클릭하면 스프라이트 창으로 돌아갑니다.

고양이

05 이제 본격적으로 스크립트를 만들어보도록 할게요. 동작 블록 카테고리를 선택합니다. 선택한 블록 카테고리의 배경색이 변경되는 것을 확인해주세요. 가장 첫 번째에 있는 10 만큼 움직이기 를 드래그해 스크립트 창으로 옮겨놓습니다. 옮긴 후 블록을 더블 클릭해 볼까요? 어때요? 고양이 스프라이트가 조금씩 움직이는 게 보이나요?

고양이

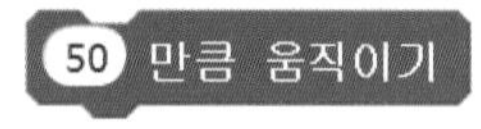

06 이제 10 만큼 움직이기 블록 안의 숫자를 다른 숫자로 바꾸어서 해봅시다. 좀 더 큰 숫자인 '100'을 입력하고 더블 클릭해 보세요. 어떤가요? 고양이 스프라이트가 더 많이 움직이죠? 입력된 숫자가 클수록 더 많이 움직입니다.

학생 TIP

10 만큼 움직이기 는 입력한 숫자만큼 스프라이트가 움직이도록 하는 블록입니다. 그럼 스프라이트는 어느 방향으로 움직일까요? 스프라이트가 현재 설정되어 있는 방향으로 움직입니다. 스프라이트의 방향은 스프라이트 정보 창에서 확인할 수 있어요. 현재 스프라이트의 방향이 90도로 설정되어 있다면 오른쪽으로 움직이고, -90도로 설정되어 있다면 왼쪽으로 움직입니다. 스프라이트의 방향은 위쪽-오른쪽-아래쪽-왼쪽의 순서로 0도~90도~180도~270도로 정해져있어요. 아래 그림을 보면 더 이해가 쉽겠죠? 위쪽-왼쪽-아래쪽-오른쪽으로 순서로 0도~-90도~-180도~-270도로 표현할 수도 있습니다. 방향은 앞으로도 계속 나오게 될 중요한 개념이니 잘 알아두도록 해요.

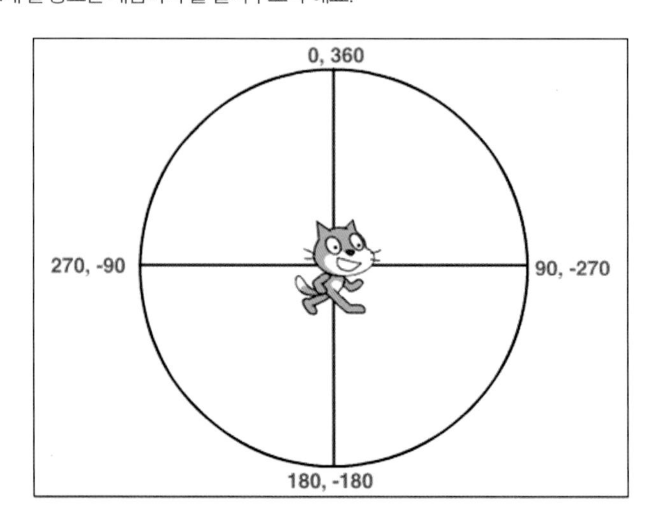

07 이번에는 15 도 돌기 를 드래그하여 연결합니다. 연결된 블록을 더블클릭해 볼까요? 움직이기와 돌기가 함께 실행되는 것을 확인할 수 있나요? 이렇게 블록이 연결되어 있는 상태에서 더블클릭을 하면 두 블록이 차례로 실행되는 것을 확인할 수 있어요. 15 도 돌기 의 숫자를 마음대로 바꾸어 보면 회전하는 정도가 달라지네요. 숫자가 커질수록 더 많이 회전하게 됩니다.

선생님 TIP

두 블록이 연결된 상태에서 블록을 실행하게 되면, 실행 속도가 빨라서 실행 순서를 눈으로 확인하기 어려울 수 있습니다. 이럴 때에는 중간에 제어 블록 카테고리에 있는 1 초 기다리기 를 삽입하여 실행 순서를 눈으로 확인할 수 있도록 해주세요. 블록의 순서를 바꾸면서 실행 순서를 체크하는 것도 좋습니다. 이렇게 하면 프로그래밍의 기본원리인 '순차적 실행'에 대해 잘 이해할 수 있습니다. 순차적 실행은 순서에 맞춰 차례대로 명령어가 실행되는 것을 의미합니다. 명령어의 순서가 바뀌면 실행 순서도 거기에 맞게 바뀌는 것을 의미하죠.

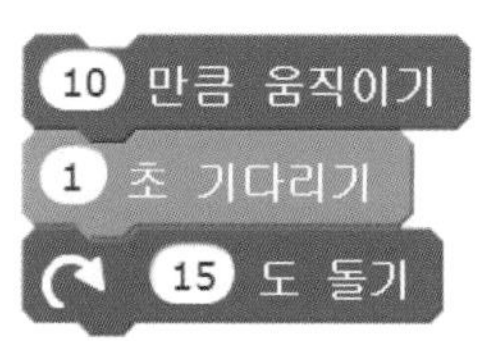

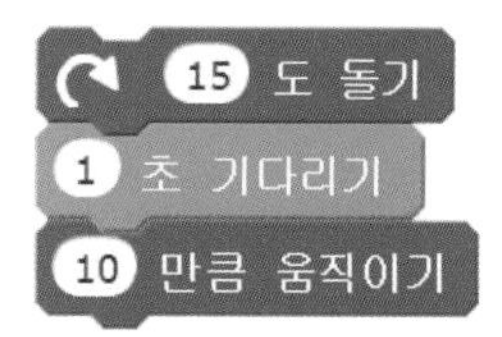

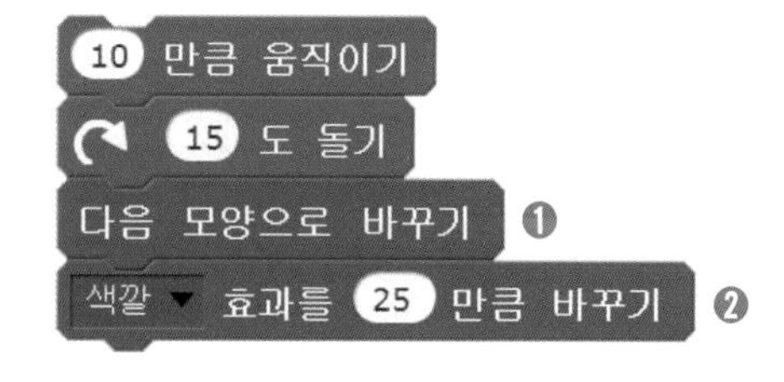

08 움직이는 것과 방향 도는 것이 완성되었으니 색깔 변화와 모양 변화를 만들어 보도록 하죠. 색깔과 모양을 변화시킬 수 있는 블록은 어떤 블록 카테고리에 있을까요? 10개의 블록 카테고리를 살펴보니 '형태 블록 카테고리'가 눈에 확 들어오네요.

❶ 스프라이트의 모양을 현재 모양에서 다음에 등록되어 있는 모양으로 변경합니다.

❷ 스프라이트에 25만큼의 색깔 효과를 주어, 스프라이트의 색깔을 변경합니다.

학 생 TIP

고양이

모양 탭을 누르면 현재 스프라이트에 등록되어 있는 모양의 종류를 확인할 수 있습니다. 고양이 스프라이트에는 2가지 모양이 등록되어 있네요. 각 모양 왼쪽에는 번호가 써 있습니다. 이것을 '모양 번호'라고 합니다. 다음 모양으로 바꾸기 를 실행하면 현재 선택된 모양을 다음 번호의 모양으로 변경합니다. 만약 현재 선택된 모양이 1번 모양이라면, 다음 모양으로 바꾸기 를 실행한 후에는 2번 모양으로 변경되겠죠?

고양이

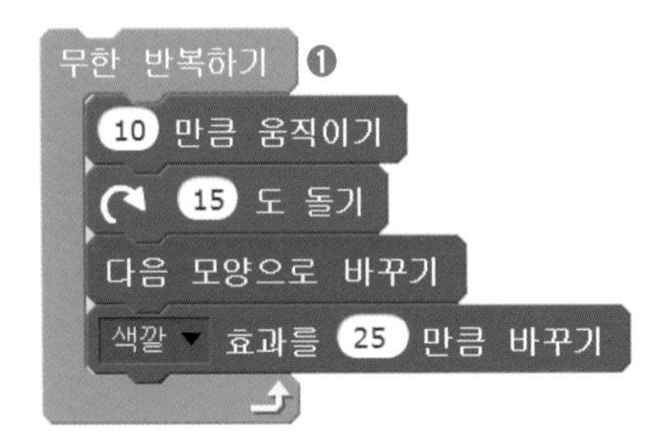

09 움직이는 것과 방향 도는 것, 모양 바꾸기와 색깔 바꾸기까지 모두 만들었습니다. 그런데 계속해서 블록을 실행시키기 위해 더블클릭을 반복할 수는 없겠죠? 우리가 직접 블록을 계속 실행시키지 않아도 반복해서 블록을 실행시켜줄 기능이 필요합니다. 다른 블록들을 반복해서 실행시켜줄 블록은 없을까요?

❶ 감싸고 있는 다른 블록을 끊임없이 계속 반복 실행하도록 해주는 블록입니다. 이렇게 반복하기 블록을 사용하여 만들어지는 명령문을 반복문이라고 합니다.

학 생 TIP

어떤 블록이든 결합할 때는 하얀색 테두리가 나타나는 것을 확인한 후에 결합해야 합니다. 테두리를 확인하지 않고 결합하면 원하는 모양으로 결합되지 않을 수도 있기 때문이죠.

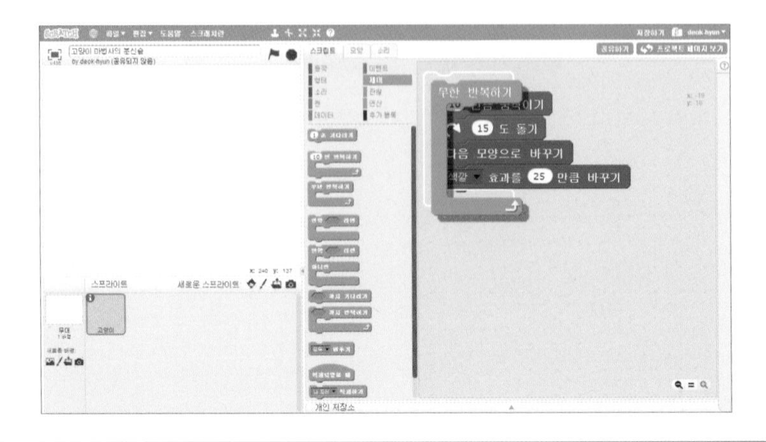

학생 TIP

반복문이란?

반복문은 주어진 조건에 따라 특정 명령어를 반복해서 실행하는 것을 의미합니다. 동일한 작업을 반복해서 실행해야 할 때 사용하면 편리합니다. 반복문에서는 반복을 실행하기 위한 조건과 조건에 따라 실행하게 될 반복 내용을 구성하는 것이 중요해요.

❶ 반복 조건 : 반복문을 실행하기 위한 조건을 체크합니다.

❷ 반복 내용 : 조건에 따라 반복 실행할 명령어가 입력됩니다.

반복문을 만들 수 있는 블록은 총 3가지입니다.

❶ 반복 조건에 숫자가 입력됩니다. 입력한 숫자만큼 반복 내용을 실행합니다.

❷ 반복 조건이 '무한'으로 끊임없이 계속해서 반복 내용을 실행합니다.

❸ 반복 조건이 '참(True)'이면 반복 내용을 실행하지 않고, '거짓(False)'이면 반복 내용을 실행합니다.

```
무한 반복하기
    10 만큼 움직이기
    ↻ 2 도 돌기 ❶
    다음 모양으로 바꾸기
    색깔 ▼ 효과를 25 만큼 바꾸기
    벽에 닿으면 튕기기 ❷
```

10 같은 자리에서만 빙글빙글 도는 고양이가 무대 전체를 돌아다니도록 하려면 어떻게 해야 할까요? 무대 끝 부분에 닿으면 다시 반대쪽으로 돌아서 움직이도록도 함께 만들어 봅시다.

❶ 각도의 변화값을 조금 적게 변경하면 고양이 스프라이트가 무대 전체를 이동할 수 있게 됩니다.

❷ 무대의 끝 부분에 스프라이트가 닿으면 방향을 바꾸도록 하는 블록이에요.

고양이

11

고양이의 움직임은 원하는 대로 만들어 졌네요. 이제 키보드의 's' 버튼을 누르면 자신과 동일한 고양이를 만들어내도록 하려고 합니다.

❶ 키보드의 's'버튼을 누르면 자신과 동일한 고양이를 만들어내기 위해서는 조건에 따라 어떤 명령어를 실행하기 위한 블록이 필요해요. 이 블록을 사용해 조건문을 만들 수 있습니다.

학생 TIP

조건문이란?

조건문은 주어진 조건에 따라 특정 명령어의 실행여부를 결정합니다. 조건에 맞으면 명령어를 실행하고, 맞지 않으면 실행하지 않거나 다른 명령어를 실행하는 것이지요. 반복문과 마찬가지로 조건문에서도 조건과 실행 내용을 나누어 이해하는 것이 중요합니다.

❶ 실행 조건 : 조건문을 실행하기 위한 조건을 체크합니다.

❷ 실행 내용 : 조건에 따라 실행할 명령어가 입력됩니다.

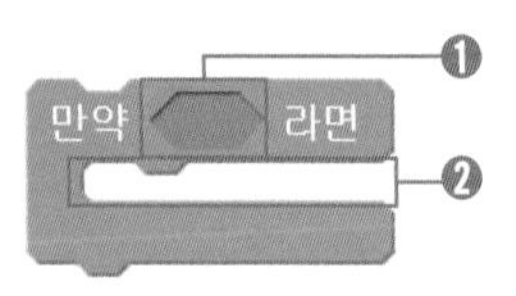

조건문을 만들 수 있는 블록은 총 2가지입니다.

❶ 실행 조건이 '참(True)'이면 결합된 명령어가 실행됩니다. '거짓(False)'이면 결합된 명령어를 실행하지 않습니다.

❷ 실행 조건이 '참(True)'이면 위 부분에 결합된 명령어가 실행됩니다. '거짓(False)'이면 아래 부분에 결합된 명령어를 실행합니다.

고양이

```
무한 반복하기
  10 만큼 움직이기
  ↻ 2 도 돌기
  다음 모양으로 바꾸기
  색깔 ▼ 효과를 25 만큼 바꾸기
  벽에 닿으면 튕기기
  만약 s ▼ 키를 눌렀는가? 라면   ❶
    도장찍기 ❷
```

12 이제 조건문의 나머지 부분을 완성해 볼까요?

❶ 관찰 블록 카테고리에서 [스페이스 ▼ 키를 눌렀는가?]를 드래그해 조건문의 조건 부분에 결합합니다. 선택항목(▼)을 클릭해 '스페이스'를 's'로 바꿔주세요.

❷ 펜 블록 카테고리에서 드래그해 결합합니다. 이 블록을 사용하면 동일한 스프라이트를 여러 개 만들어 낼 수 있어요.

고양이

```
무한 반복하기
  10 만큼 움직이기
  ↻ 2 도 돌기
  다음 모양으로 바꾸기
  색깔 ▼ 효과를 25 만큼 바꾸기
  벽에 닿으면 튕기기
  만약 s ▼ 키를 눌렀는가? 라면
    도장찍기
  만약 c ▼ 키를 눌렀는가? 라면 ❶
    지우기 ❷
```

13 도장찍기를 완성했다면 도장찍기로 생겨난 스프라이트를 지우는 기능도 필요하겠죠?

❶ 조건문을 하나 더 만들면 되겠네요. 조건 부분에서는 키보드의 'c' 버튼을 눌렀는지 체크하도록 해줍니다.

❷ 조건이 만족했을 때는 도장찍기로 나타난 스프라이트가 사라지도록 해야겠네요. 펜 블록 카테고리에서 필요한 블록을 찾아 결합합니다.

학 생 TIP

[도장찍기] 는 현재 스프라이트의 모양이나 색깔 그대로를 실행 창에 도장찍듯이 찍어내는 기능입니다. 마치 동일한 스프라이트가 하나 더 생긴 것과 같은 효과가 나타나게 되죠. 하지만 도장찍기로 생겨난 스프라이트는 혼자서 움직이거나 색깔이 변하거나 하지는 않아요. [지우기] 를 사용해 만들어진 스프라이트를 지울 수는 있지만 하나씩 지울 수는 없습니다. 모든 도장찍기 스프라이트가 동시에 사라지게 됩니다.

선생님 TIP

조건문을 어려워하는 학생이 있다면 조건문을 삭제하고, 아래와 같이 스크립트를 구성할 수도 있습니다. 조건문을 사용하지 않고 이벤트 블록 카테고리에 있는 시작블록(모자블록)을 사용하여 동일한 효과가 나타나도록 만들었습니다. 기능상으로는 동일하지만 조건문보다는 반응 속도와 실행 속도가 조금 느리다는 단점이 있지요. 직접 스크립트를 구성하여 비교해보면 속도의 차이를 바로 느낄 수 있습니다.

고양이

```
[깃발] 클릭했을 때 ❶
무한 반복하기
    10 만큼 움직이기
    ↻ 2 도 돌기
    다음 모양으로 바꾸기
    색깔 ▼ 효과를 25 만큼 바꾸기
    벽에 닿으면 튕기기
    만약 s ▼ 키를 눌렀는가? 라면
        도장찍기
    만약 c ▼ 키를 눌렀는가? 라면
        지우기
```

14 결합된 블록을 더블클릭하는 것 말고 블록을 실행시키는 다른 방법은 없을까요?

❶ 이벤트 블록 카테고리에서 이 블록을 찾아 맨 위에 결합해보세요. 이제 더블클릭을 하지 않아도 실행 창 윗 부분의 [깃발] 를 클릭하면 스크립트가 실행됩니다.

학 생 TIP

블록을 실행하는 방법은 두 가지입니다.

❶ 블록 더블 클릭하기

❷ 시작 블록(모자 블록) 활용하기

일반적으로 프로젝트를 만들 때에는 시작 블록을 활용하여 스크립트를 구성합니다.

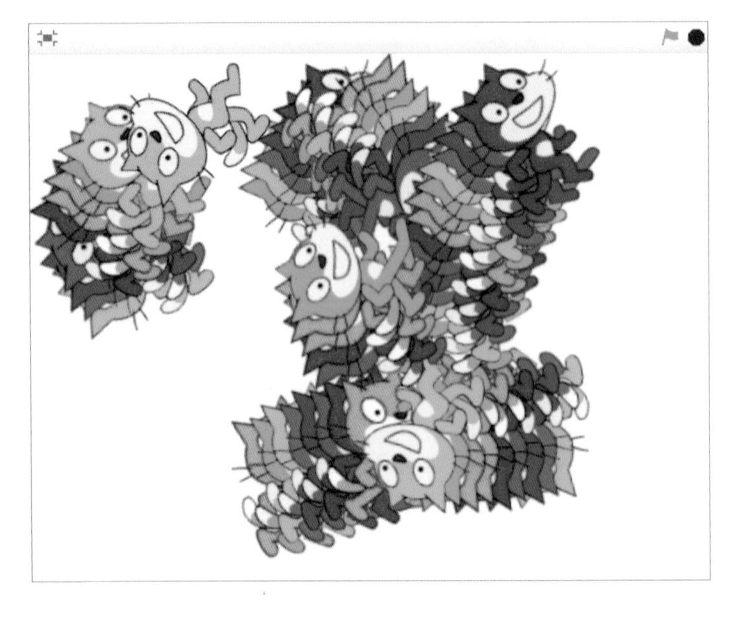

15 이제 원하는 프로젝트가 완성되었습니다.

UNIT 03

프로젝트 업그레이드 하기

웹 주소 : https://scratch.mit.edu/projects/63313642/

01 고양이 스프라이트 하나만 움직이니 조금 허전하다구요? 그럼 친구를 한 명 더 만들어서 프로젝트를 업그레이드 시켜보도록 하겠습니다.

02 먼저 스프라이트를 추가해야겠네요. 스프라이트를 추가하기 위해서는 스프라이트 창 위에 있는 새로운 스프라이트 메뉴에서 저장소에서 스프라이트 선택( ) 아이콘을 클릭합니다. 새로운 스프라이트를 선택할 수 있는 스프라이트 저장소가 나타납니다. 여기에서 원하는 스프라이트를 선택하면 되겠네요. 박쥐를 한번 선택해 볼까요?

새로운 스프라이트를 추가하는 방법은 4가지가 있습니다. 함께 살펴보도록 하죠.

❶ 저장소에서 스프라이트 선택( ) : 스크래치에서 제공하는 기본 스프라이트를 추가할 수 있습니다. 클릭하면 스프라이트 저장소가 나타납니다.

❷ 새 스프라이트 색칠(/) : 새로운 스프라이트를 직접 그려서 추가할 수 있습니다. 클릭하면 그림판이 나타납니다.

❸ 스프라이트 파일 업록드하기( ) : 자신이 가지고 있는 그림 파일을 직접 업로드하여 스프라이트를 추가할 수 있습니다.

❹ 카메라로부터 새 스프라이트 만들기( ) : 컴퓨터용 카메라나 웹캠을 활용하여 직접 사진을 찍어 새 스프라이트로 추가할 수 있습니다. 카메라 기능이 없는 컴퓨터에서는 사용할 수 없습니다.

03

스프라이트가 추가되었습니다. 먼저 스프라이트를 선택하고 스프라이트 정보 창에 들어가 스프라이트의 이름을 'Bat1'에서 '박쥐'로 변경하도록 할까요?

04 앗 그런데 박쥐 스프라이트를 클릭하니 열심히 만들어 놓은 스크립트가 모두 사라졌네요? 너무 놀라지 마세요. 고양이 스프라이트를 선택하면 스크립트가 그대로 남아있으니까요. 어떻게 된 일일까요? Section2에서 설명했던 내용을 떠올려 보겠습니다. 프로젝트는 여러 개의 스프라이트와 무대로 구성된다고 했어요. 또 각 스프라이트는 스크립트, 모양, 소리로 구성되죠. 즉, 각각의 스프라이트는 자신만의 스크립트와 모양, 소리를 가지고 있어요. 고양이 스프라이트는 자신만의 스크립트를 가지고 있고, 박쥐도 자신만의 스크립트를 가지고 있는 것이죠. 그럼 이제 왜 박쥐 스프라이트에는 스크립트가 하나도 없는 지 이해할 수 있겠죠?

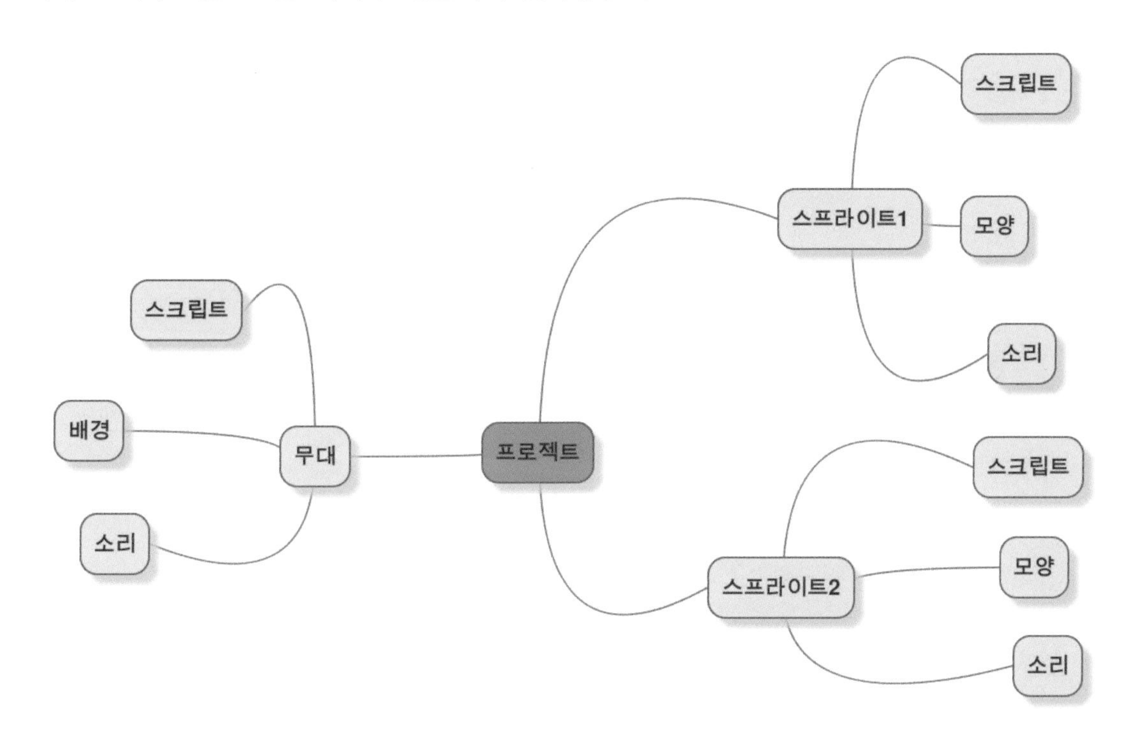

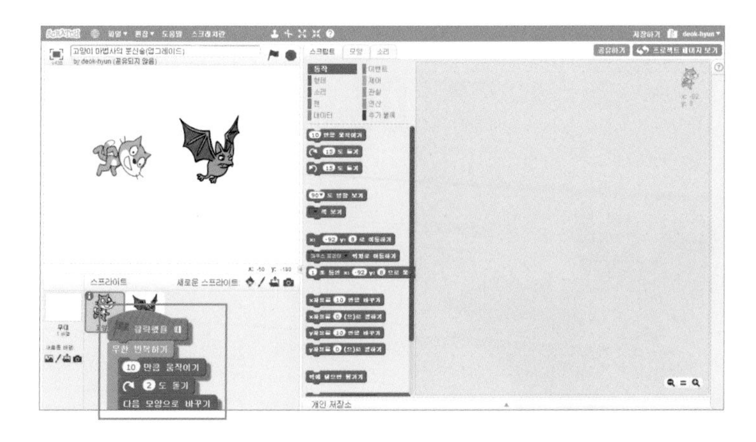

05 박쥐 스프라이트에도 고양이 스프라이트와 동일한 스크립트를 만들어 봅시다. 그런데 너무 오래 걸릴 것 같다고요? 귀찮다는 친구도 있네요. 그럼 좀 더 쉽게 동일한 스크립트를 만드는 방법을 배워보도록 할게요. 먼저 고양이 스프라이트를 선택하고, 만들어져 있는 스크립트를 드래그해서 박쥐 스프라이트 쪽으로 옮겨보세요. 그 상태에서 클릭한 손가락을 놓으면 스크립트가 박쥐 스프라이트에도 그대로 복사된답니다. 단, 드래그해서 옮길 때 마우스 포인터가 박쥐 위에 있을 때 손가락을 놓아주어야 잘 옮겨집니다.

박쥐

```
클릭했을 때
무한 반복하기
  10 만큼 움직이기
  ↻ 2 도 돌기
  다음 모양으로 바꾸기
  색깔 ▾ 효과를 25 만큼 바꾸기
  벽에 닿으면 튕기기
  만약 s ▾ 키를 눌렀는가? 라면
    도장찍기
  만약 c ▾ 키를 눌렀는가? 라면
    지우기
```

06 박쥐 스프라이트에도 고양이 스프라이트와 동일한 스크립트가 만들어졌네요. 프로젝트를 실행하면 고양이와 박쥐가 무대를 돌아다니고 있습니다. 's' 버튼을 누르면 두 스프라이트에서 모두 도장찍기가 실행되고, 'c' 버튼을 누르면 지우기가 함께 실행됩니다.

박쥐

```
클릭했을 때
무한 반복하기
  10 만큼 움직이기
  ↻ 2 도 돌기
  다음 모양으로 바꾸기
  색깔 ▾ 효과를 25 만큼 바꾸기
  벽에 닿으면 튕기기
  만약 a ▾ 키를 눌렀는가? 라면   ❶
    도장찍기
  만약 b ▾ 키를 눌렀는가? 라면   ❷
    지우기
```

07 고양이 스프라이트와 박쥐 스프라이트가 동시에 도장찍기를 실행하지 않고 각각 다르게 실행하도록 하려면 어떻게 해야할까요?

❶ 조건문에 있는 조건 부분을 다른 버튼으로 바꾸어 주면 도장찍기가 동시에 실행되지 않습니다.

❷ 조건문에 있는 조건 부분을 다른 버튼으로 바꾸면 지우기도 각각 실행되겠네요.

08 업그레이드 된 프로젝트가 완성되었습니다.

UNIT 04

정리하기

고양이

```
클릭했을 때 ❶
무한 반복하기 ❷
    10 만큼 움직이기 ❸
    ↻ 2 도 돌기 ❹
    다음 모양으로 바꾸기 ❺
    색깔 ▼ 효과를 25 만큼 바꾸기 ❻
    벽에 닿으면 튕기기 ❼
    만약 s ▼ 키를 눌렸는가? 라면 ❽
        도장찍기
    만약 c ▼ 키를 눌렸는가? 라면 ❾
        지우기
```

❶ 스크립트를 시작하기 위해서는 시작 블록(모자 블록)을 이용합니다.

❷ 끝나지 않고 계속해서 내부의 블록들을 반복 실행합니다.

❸ 스프라이트의 방향이 설정된 곳으로 입력한 숫자만큼 이동합니다.

❹ 스프라이트의 방향을 입력한 숫자만큼 변경합니다.

❺ 스프라이트의 현재 모양을 다음 번호의 모양으로 변경합니다.

❻ 스프라이트에 색깔 효과를 주어, 스프라이트의 색깔을 변화시킵니다.

❼ 무대의 끝 부분에 닿았을 경우 스프라이트의 방향을 전환합니다.

❽ 조건을 체크하여 조건을 만족할 경우, 도장찍기 효과를 실행합니다.

❾ 조건을 체크하여 조건을 만족할 경우, 지우기 효과를 실행합니다.

SECTION

04

동물농장

UNIT 01

프로젝트 살펴보기

웹 주소 : https://scratch.mit.edu/projects/63824882/

01 이번 섹션에서 함께 만들어 볼 프로젝트의 제목은 '동물농장' 입니다. 제목처럼 많은 동물들이 등장하죠. 고양이, 말, 여우, 강아지, 오리, 새 등 6마리의 동물이 등장합니다.

02 프로젝트를 시작하면 6마리의 동물들이 무대의 이곳저곳을 돌아다닙니다. 무대의 불특정한 위치로 옮겨갔다가 몇 초 후 다른 위치로 옮겨가네요. 규칙적이지 않은 이런 움직임은 어떻게 표현할 수 있을까요?

03 이번 프로젝트에는 무대의 배경도 등장합니다. 동물들이 많이 등장하니 넓은 들판이 배경으로 등장하면 좋겠죠? 들판을 뛰어다니는 동물들을 상상해 볼까요?

04 움직이는 동물 중 마음에 드는 동물을 선택해 클릭해봅시다. 스프라이트의 색깔이 바뀌면서 소리가 나죠? 깃발 버튼을 클릭하는 것이 아니라 스프라이트를 클릭해서 스크립트를 실행하려면 어떻게 해야 할까요? 색깔이 바뀌는 것은 section03에서도 다루었던 기능이니 쉽게 완성할 수 있을 것 같네요. 그런데 소리를 내기 위해서는 어떻게 해야할까요?

05 색깔이 변하고 소리를 마친 후에는 다시 원래 상태로 돌아왔네요. 이렇게 색깔이 변한 뒤에 다시 원래 상태로 돌아오는 것은 어떻게 해야 할까요? 또 색깔이 변하는 것 말고, 다른 효과가 나타나도록 할 수는 없을까요?

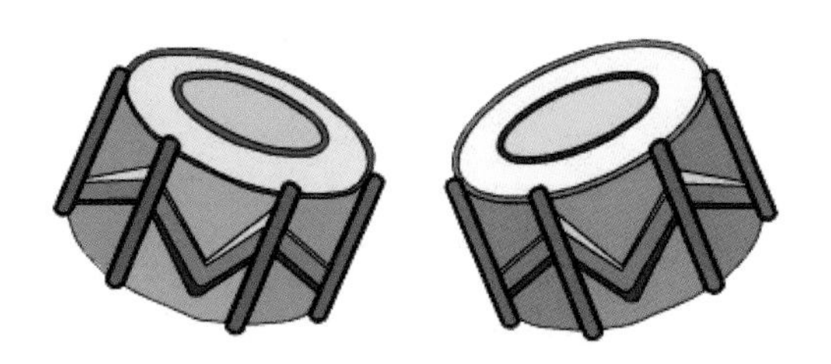

06 이렇게 동물 소리 이외에 다른 악기 소리나 음악이 나오도록 할 수는 없을까요? 스크래치를 활용해서 악기를 연주하도록 하는 것도 가능할까요? 함께 고민해 보도록 해요.

UNIT 02

프로젝트 만들기

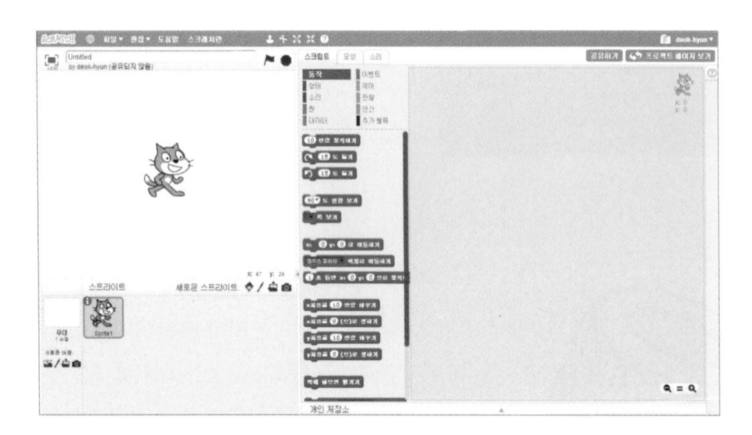

01 새로운 프로젝트를 만들기 위해서는 스크래치 사이트에서 '만들기' 메뉴를 클릭하는 것 잊지 않았죠? 프로젝트 창이 나타나면 프로젝트를 만들기 위한 준비 끝!

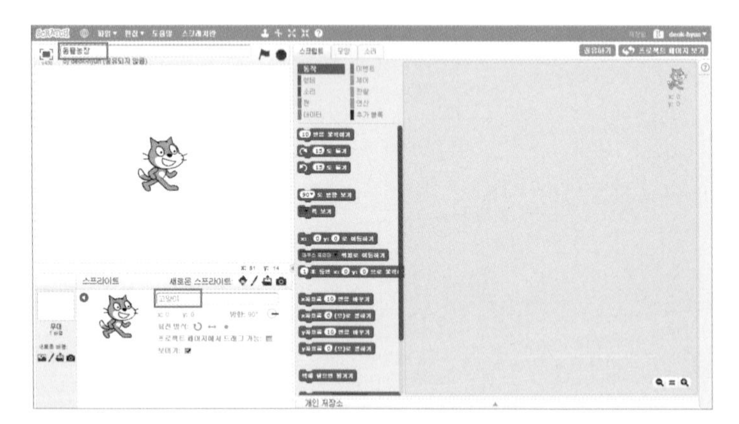

02 프로젝트 제목과 스프라이트의 이름을 수정합니다. 스프라이트의 이름은 스프라이트 정보 창에서 수정하는 것도 기억하고 있겠죠?

03 먼저 고양이 스프라이트가 쉬지 않고 무대의 이곳저곳을 옮겨 다니도록 만들어 볼까요? 멈추지 않고 반복해서 무엇을 한다고 할 때 사용하는 블록을 찾아봅시다.

❶ 프로젝트를 시작했을 때 스크립트를 실행하기 위한 블록이 필요합니다.

❷ 멈추지 않고 계속해서 반복하기 위해 반복문을 만들어야겠죠? 반복문을 만들 수 있는 3가지 블록 중 어떤 블록이 적합한 지 고민해보도록 해요.

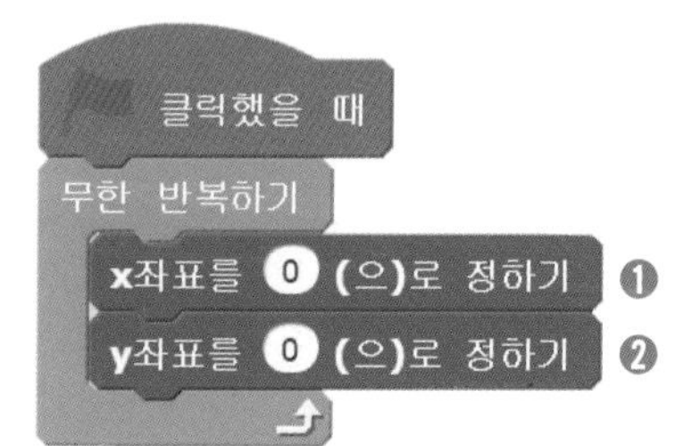

04 반복문의 안쪽에 반복해서 실행할 내용을 결합해야 겠네요. 무대를 옮겨다니는 기능을 추가해야 하는데, 움직이는 것이니 동작 블록 카테고리에서 찾아보는 것이 좋겠어요.

❶ 왼쪽과 오른쪽을 옮겨다니기 위해 필요한 블록입니다. '바꾸기'가 아닌 '정하기' 블록을 사용한 것에 주의하세요.

❷ 위쪽과 아래쪽을 옮겨다니기 위해 필요한 블록입니다. '바꾸기'가 아닌 '정하기' 블록을 사용한 것에 주의하세요.

학생 TIP

무대의 좌표와 스프라이트의 이동

스프라이트의 이동을 표현하기 위해서는 무대의 구조를 먼저 이해해야 합니다. 무대는 좌표로 표현해요. 좌표는 위치를 알아보기 쉽도록 수로 표현한 것이죠. 왼쪽과 오른쪽을 표현하는 좌표를 X좌표라고 하고, 위쪽과 아래쪽을 표현하는 좌표를 Y좌표라고 해요. 스크래치의 무대는 X좌표와 Y좌표의 조합으로 위치를 표현하는 것이죠.

X좌표의 범위는 −240 ~ +240이고, Y좌표의 범위는 −180 ~ +180입니다. 가운데 점의 좌표는 X : 0, Y : 0이라고 할 수 있죠.

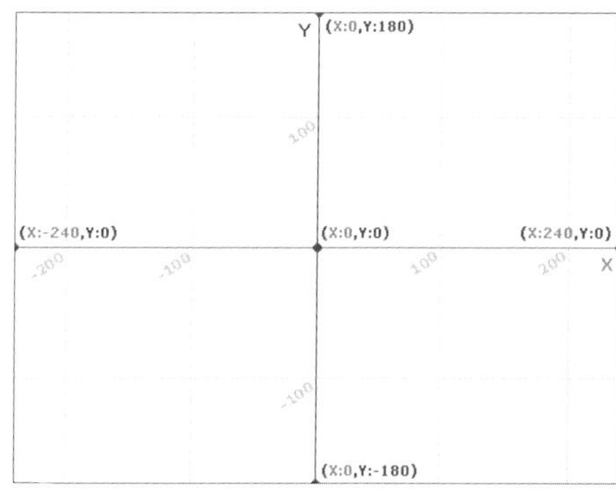

스프라이트는 이 좌표를 활용해서 이동할 수 있어요. 몇 가지 예를 살펴보면서 이해해보도록 할게요. 빨간 점 모양의 스프라이트를 좌표를 사용해서 이동시켜봅시다.

❶ 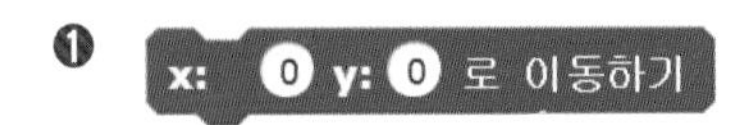

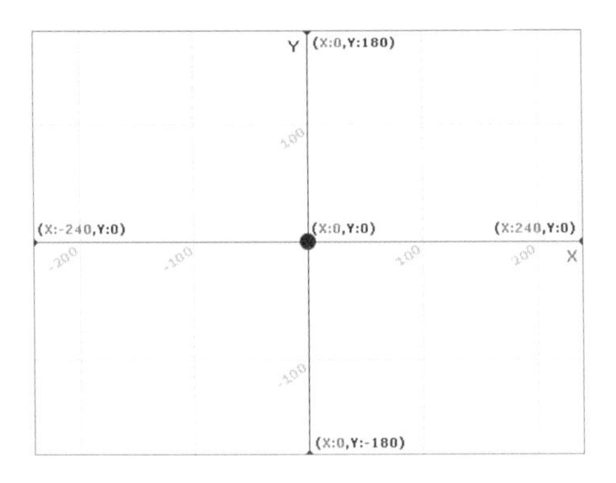

❷ x: 100 y: 100 로 이동하기

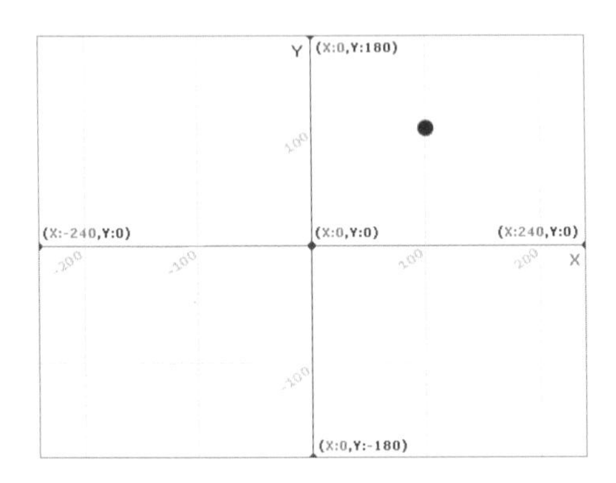

❸ x: -150 y: 50 로 이동하기

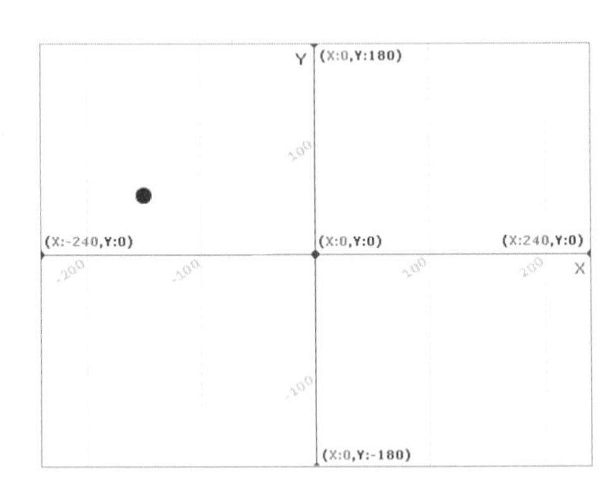

❹ x: 200 y: -100 로 이동하기

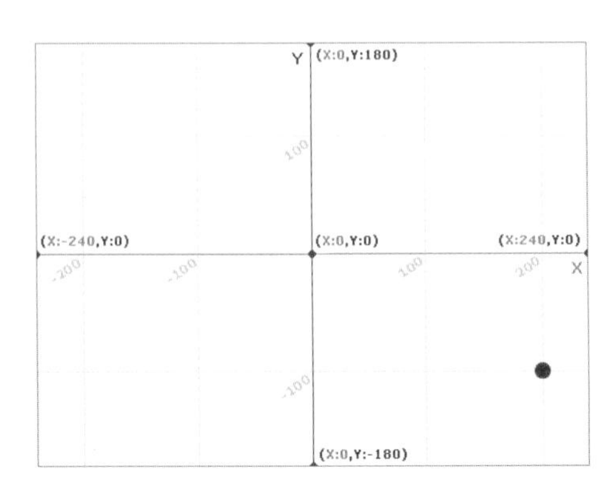

❺ 

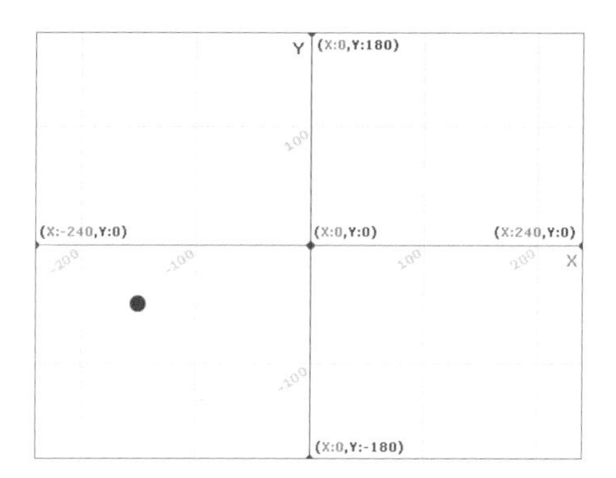

선생님 TIP

초등학생 수준에서는 아직 학습하지 않은 좌표 개념이 어렵게 느껴질 수 있습니다. 비유적인 설명과 다양한 예시를 통해서 학생들이 충분히 이해할 수 있도록 해주어야 합니다. 또한 마이너스(-)라는 개념도 아직 학습하지 않았기 때문에 이 부분에 대한 보충설명도 필요합니다.

학 생 TIP

'정하기'와 '바꾸기'의 차이는?

스프라이트의 이동에서 좌표 정하기와 좌표 바꾸기 2종류의 블록이 있습니다. 이 둘은 어떤 차이가 있을까요?

정하기는 스프라이트의 현재 위치와 상관없이 입력된 좌표로 이동하는 것을 의미합니다. 반면에 바꾸기는 스프라이트의 현재 위치를 중심으로 입력된 숫자만큼 변동되는 것을 의미하죠. 가장 중요한 것은 현재 위치와 관계가 있는가 없는가의 문제입니다. 예를 들어서 설명해볼까요? 각 블록을 실행할 때마다 빨간 점 모양의 스프라이트가 어디로 이동하는지 살펴보도록 하죠.

```
x: 0 y: 0 로 이동하기
1 초 기다리기
x좌표를 100 만큼 바꾸기
1 초 기다리기
y좌표를 100 만큼 바꾸기
1 초 기다리기
x좌표를 -100 (으)로 정하기
1 초 기다리기
y좌표를 -100 (으)로 정하기
1 초 기다리기
x좌표를 100 만큼 바꾸기
y좌표를 100 만큼 바꾸기
```

❶ X : 0, Y : 0의 위치로 이동한다.

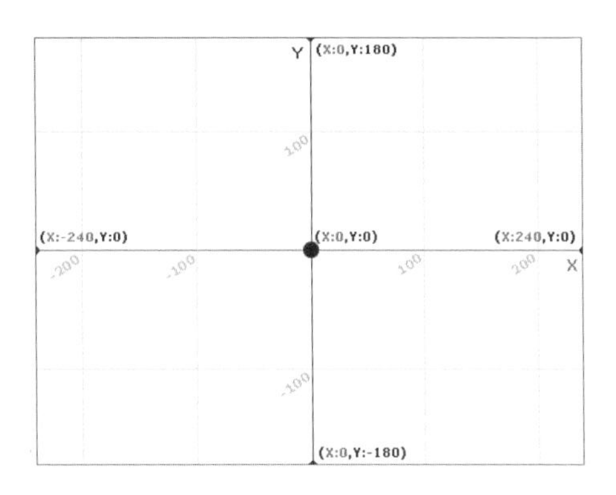

❷ 현재 위치에서 X좌표를 100 바꾸기 하여 X : 100, Y : 0으로 이동한다.(Y좌표는 변화 없다.)

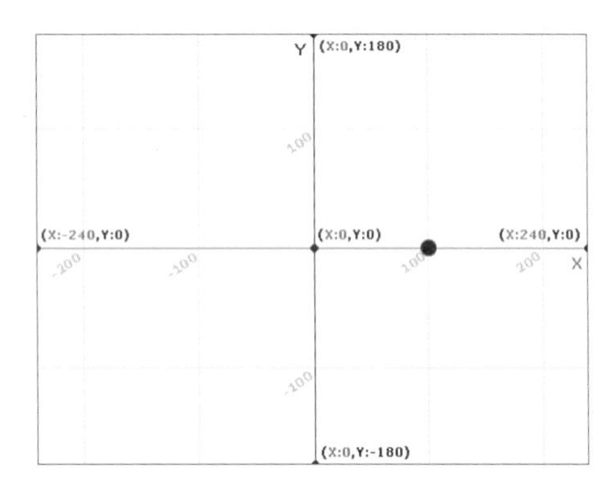

❸ 현재 위치에서 Y좌표를 100 바꾸기 하여 X : 100, Y : 100으로 이동한다.(X좌표는 변화 없다.)

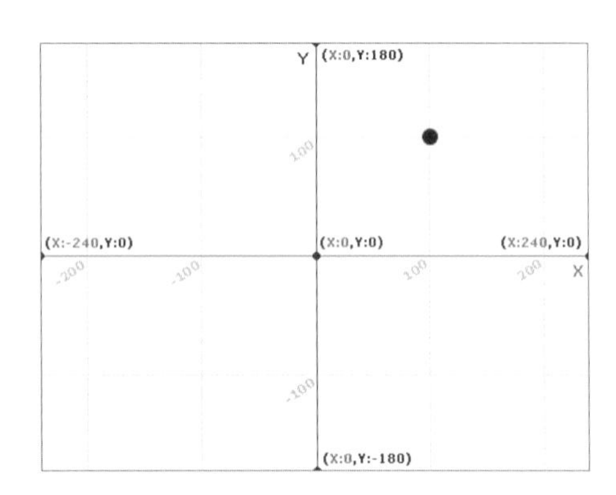

❹ 현재 위치와 상관없이 X좌표를 −100으로 정하기 하여 X : −100, Y : 100으로 이동한다.(Y좌표는 변화 없다.)

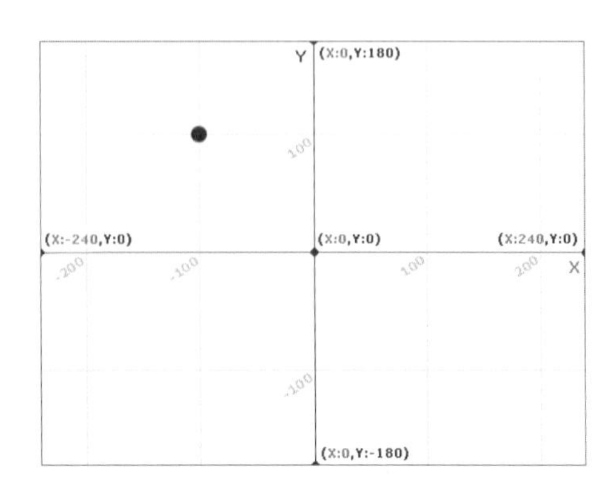

❺ 현재 위치와 상관없이 Y좌표를 -100으로 정하기 하여 X : -100, Y : -100으로 이동한다.(X좌표는 변화 없다.)

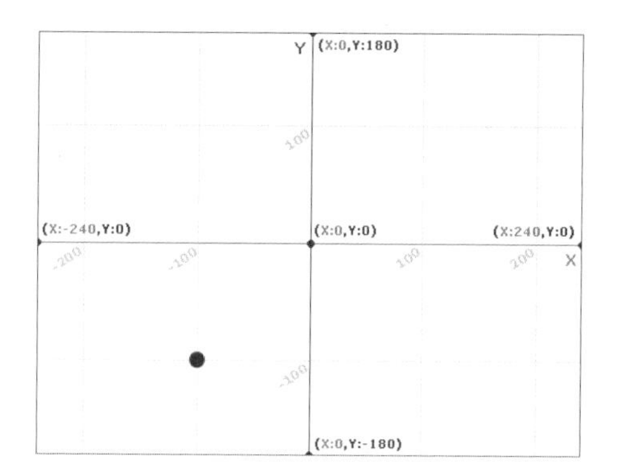

❻ 현재 위치에서 X좌표를 100 바꾸기, Y좌표를 100 바꾸기하여 X : 0, Y : 0으로 위치로 이동한다.

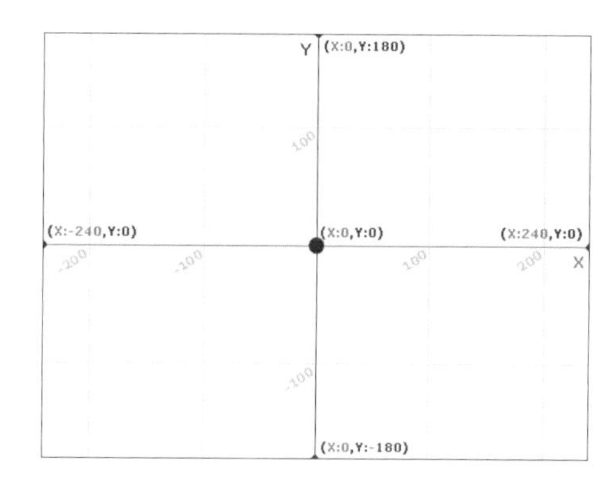

선생님 TIP

[x: 0 y: 0 로 이동하기] 와 [x좌표를 0 (으)로 정하기] [y좌표를 0 (으)로 정하기] 는 실행결과가 동일합니다. 스프라이트의 현재 위치와 상관없이 항상 X : 0, Y : 0의 위치로 이동합니다. 반면에 [x좌표를 100 만큼 바꾸기] 와 [100 만큼 움직이기] 는 다릅니다. [x좌표를 100 만큼 바꾸기] 는 스프라이트의 현재 위치에서 무조건 오른쪽(X좌표의 양의 방향)으로 100만큼 이동하지만, [100 만큼 움직이기] 는 스프라이트의 방향이 어디로 설정되어 있는가에 따라서 이동하는 방향이 달라질 수 있습니다. 따라서 [x좌표를 100 만큼 바꾸기] 와 같은 결과를 얻기 위해서는 [90 도 방향 보기] [100 만큼 움직이기] 와 같이 방향도 함께 지정해 주어야 합니다. 정하기와 바꾸기는 많은 학생들이 혼동하는 부분입니다. 또한 움직이기 블록과 방향과의 관계를 생각하지 않고 스크립트를 구성하여 오류가 발생하기도 합니다. 이 부분에 대한 명확한 이해가 선행되어야 오류사항을 바로잡고 학생들에게 충분한 설명을 해줄 수 있습니다.

고양이

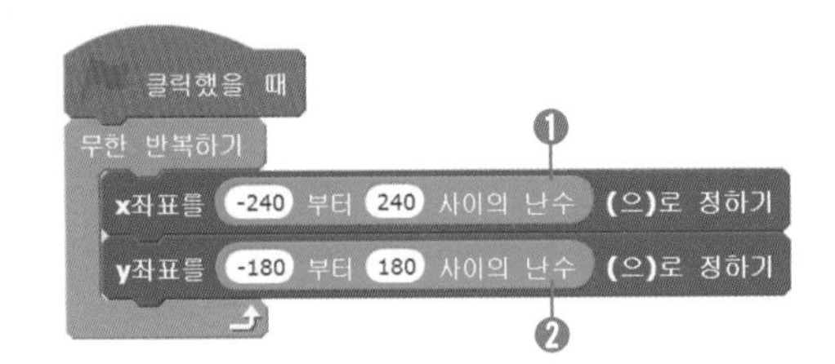

06 고양이가 무대 중 임의의 위치를 옮겨 다닐 수 있도록 하려면 어떻게 해야할까요? 연산 블록 카테고리에서 활용할 수 있는 블록을 찾아봅시다.

❶ 난수 블록을 활용하여 X좌표의 범위(-240 ~ +240)내에서 무대 위를 이동할 수 있도록 합니다.

❷ 난수 블록을 활용하여 Y좌표의 범위(-180 ~ +180)내에서 무대 위를 이동할 수 있도록 합니다.

학 생 TIP

난수란 무엇일까?

난수라는 단어가 조금 낯설죠? 난수는 무엇일까요? 난수는 임의의 수를 의미해요. 여러분들에게 익숙한 단어인 랜덤과 동일한 의미죠. [1 부터 10 사이의 난수] 블록을 사용하면 1부터 10사이에서 임의의 수가 하나 선택돼요. 1, 2, 3, 4, 5, 6, 7, 8, 9, 10 중의 하나의 수가 선택되어 나오는 것이죠. 난수를 사용할 때는 주사위를 떠올리세요. 주사위를 던지면 1~6 사이의 수 중 하나가 선택되죠? 그것과 동일한 원리입니다. [1 부터 10 사이의 난수] 는 1부터 10까지 쓰여있는 10면 주사위를 던진 것이라고 생각하면 이해하기가 쉽죠?

학 생 TIP

[x좌표를 -240 부터 240 사이의 난수 (으)로 정하기]
[y좌표를 -180 부터 180 사이의 난수 (으)로 정하기] 를 다르게 표현할 수 있을까요? 그렇죠.

[x: -240 부터 240 사이의 난수 y: -180 부터 180 사이의 난수 로 이동하기] 를 사용해도 결과는 동일해요. 자신이 사용하고 싶은 블록을 써서 스크립트를 완성해 나가세요.

고양이

```
클릭했을 때
무한 반복하기
  x좌표를 -240 부터 240 사이의 난수 (으)로 정하기
  y좌표를 -180 부터 180 사이의 난수 (으)로 정하기
  2 초 기다리기 ❶
```

07 여기까지 완성된 스크립트를 실행해보니 고양이가 너무 빠르게 무대를 옮겨다니고 있네요. 고양이가 한 번 움직이면 몇 초간 쉬었다가 다른 위치로 이동하도록 할 수 없을까요?

❶ 제어 블록 카테고리에서 이 블록을 찾아 결합한 후, 적당한 시간(초)을 입력해주세요.

고양이

이 스프라이트를 클릭했을 때 ❶

meow ▾ 재생하기 ❷

08 이제 스프라이트를 클릭하면, 스프라이트의 색깔이 변하면서 소리가 나도록 만들어보려고 해요. 색깔을 변화시키기 전에 동물소리가 나는 것 먼저 도전해 볼까요? 소리를 내기 위해서는 소리 블록 카테고리를 찾아봐야 하겠죠?

❶ 새로운 스크립트를 실행시키기 위해 이벤트 블록 카테고리에 있는 시작 블록(모자 블록)을 사용했어요. 스프라이트를 클릭하면 스크립트가 실행되는 것이죠.

❷ 재생하기 블록을 사용하면 등록된 소리가 나오도록 명령을 내릴 수 있어요.

학생 TIP

원하는 소리를 재생하는 방법

meow ▾ 재생하기 블록을 사용하면 스프라이트가 가지고 있는 소리를 재생할 수 있어요. 중요한 점은 '스프라이트가 가지고 있는 소리', 즉 스프라이트에 등록된 소리만 재생할 수 있다는 점이죠. meow ▾ 재생하기 블록에서 ▾를 클릭해볼까요? '고양이 울음소리(meow)' 하나만 선택할 수 있네요. 그럼 고양이 스프라이트가 다른 소리를 내기 위해서는 어떻게 해야할까요? 새로운 소리 파일을 등록해주면 됩니다.

새로운 소리 파일을 등록하려면?

고양이 스프라이트를 선택하고 소리 탭을 클릭해봅시다. 소리 탭에서는 현재 등록되어 있는 소리 파일을 확인할 수 있어요. 역시 앞에서 확인한 것처럼 '고양이 울음소리(meow)' 파일 하나만 등록되어 있네요. 그럼 다른 소리 파일들은 어떻게 등록하는지 살펴보도록 하죠. 소리 파일은 총 3가지 방법을 통해 등록할 수 있습니다.

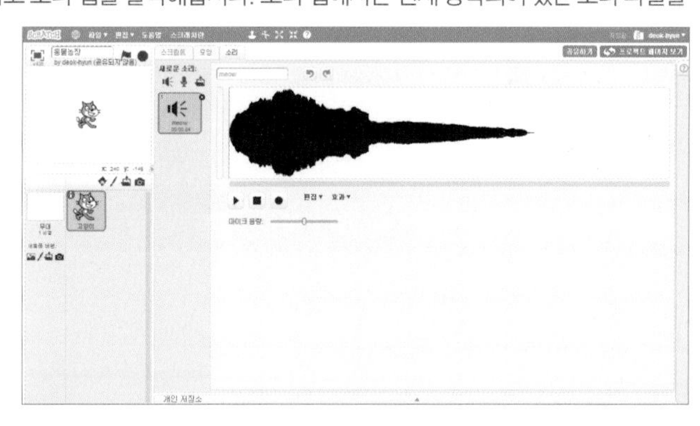

❶ 저장소에서 소리 선택(🔈) : 저장소에서 스프라이트를 추가했던 것처럼 소리 파일도 저장소에서 선택할 수 있어요. 아이콘을 클릭하면 각종 소리 파일이 있는 소리 저장소가 나타납니다.

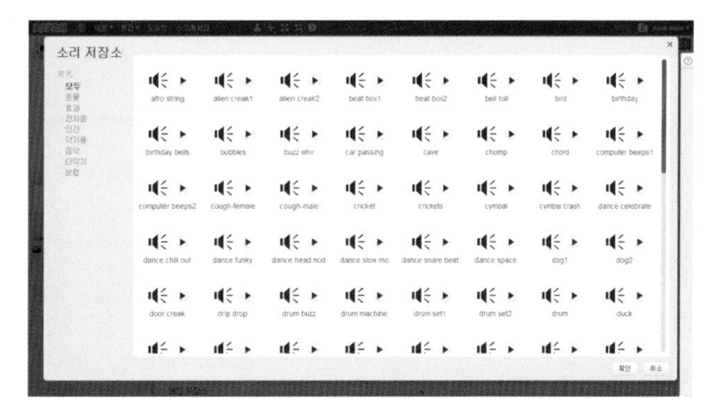

❷ 새로운 소리 기록하기(🎤) : 컴퓨터의 마이크 기능을 활용해 직접 소리를 녹음하여 등록할 수 있어요. 자신의 목소리를 직접 녹음해 사용할 수도 있겠네요.

❸ 소리 파일 업로드하기(📤) : 컴퓨터나 외부 저장장치에 가지고 있는 소리 파일을 업로드해 등록할 수 있어요. 즐겨듣는 음악을 등록해서 사용하면 더 좋겠죠?

고양이

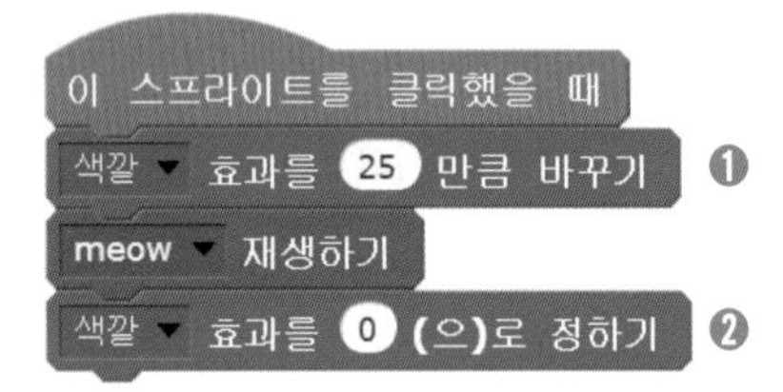

08

소리 부분을 완성했으면 이제 색깔이 변하는 부분을 완성할 차례네요. 색깔 변하는 효과는 Section03에서도 다루었으니 쉽게 해결할 수 있겠죠? 그런데 한 가지 더! 색깔을 변화시킨 후에는 다시 원래 색깔로 돌아오도록 해주는 것도 잊지 마세요.

❶ 바꾸기 블록을 활용하여 색깔 효과가 나타나도록 합니다.

❷ 변경된 색깔을 다시 원래의 색으로 되돌리기 위해 정하기 블록을 활용하여, 색깔 효과가 없던 0의 상태로 변경시켜 주세요.

고양이

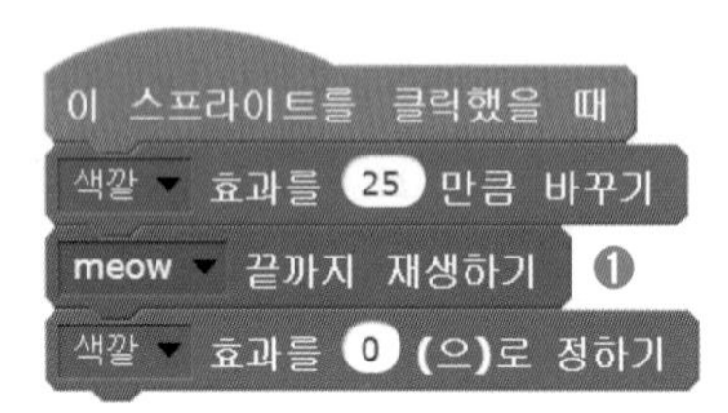

09

그런데 문제가 발생했어요. 소리는 재생이 되는데 색깔은 전혀 변하지를 않네요. 무엇이 문제일까요? 이 문제를 해결하려면 어떻게 해야 될까요?

❶ 재생하기 블록 대신에 끝까지 재생하기 블록을 사용합니다. 재생하기 블록 실행 후 바로 다음 블록이 실행되면서 생기는 오류를 수정해주어야 합니다.

학생 TIP

meow 재생하기 와 meow 끝까지 재생하기 의 차이 이해하기

두 블록은 스프라이트에 등록된 소리를 재생한다는 점에서는 동일하지만 다른 블록과 결합 시 실행방식에 조금 차이가 있습니다. meow 재생하기 블록은 소리 재생하기가 실행된 후 소리가 종료되기도 전에 곧바로 아래 연결된 블록이 실행됩니다.

이 스프라이트를 클릭했을 때
색깔 ▾ 효과를 25 만큼 바꾸기
meow ▾ 재생하기
색깔 ▾ 효과를 0 (으)로 정하기 에서 색깔 효과가 나타난 후 소리 재생하기가 실행되고, 곧바로 색깔 효과 되돌리기가 실행되어 색깔 효과가 마치 일어나지 않는 것처럼 보이는 것이죠. 반면에 meow ▾ 끝까지 재생하기 는 소리 재생이 끝나기 전까지 아래에 연결된 블록을 실행하지 않고 대기합니다.

이 스프라이트를 클릭했을 때
색깔 ▾ 효과를 25 만큼 바꾸기
meow ▾ 끝까지 재생하기
색깔 ▾ 효과를 0 (으)로 정하기 에서 색깔 효과가 나타난 후 소리 재생하기가 실행되는데, 소리 재생이 완료될 때까지 다음 블록이 실행되지 않죠. 그래서 소리가 재생될 동안 색깔 효과가 나타난 것을 직접 눈으로 확인할 수 있는 것입니다. 그리고 소리 재생이 완료된 후에야 비로소 다음 블록이 실행되어 색깔 효과가 원래 상태로 되돌아오게 됩니다. 우리가 원하는 효과를 얻기 위해서는 meow ▾ 재생하기 대신에 meow ▾ 끝까지 재생하기 를 사용해야 겠네요.

고양이

이 스프라이트를 클릭했을 때
색깔 ▾ 효과를 50 부터 150 사이의 난수 만큼 바꾸기 ❶
meow ▾ 끝까지 재생하기
색깔 ▾ 효과를 0 (으)로 정하기

10 스프라이트를 클릭할 때마다 임의의 색깔로 변하도록 만들어 볼까요? 특정한 색깔이 아닌 임의의 색깔로 변하도록 하기 위해서 사용해야 하는 블록이 있었죠?

❶ 난수 블록을 활용하여 임의의 색깔로 변하도록 합니다. 난수의 범위를 50~150으로 설정하면 다양한 색깔로 변하도록 할 수 있어요.

강아지
❶

클릭했을 때 ❷
무한 반복하기
x좌표를 -240 부터 240 사이의 난수 (으)로 정하기
y좌표를 -180 부터 180 사이의 난수 (으)로 정하기
2 초 기다리기

이 스프라이트를 클릭했을 때
색깔 ▾ 효과를 50 부터 150 사이의 난수 만큼 바꾸기 ❸
dog1 ▾ 끝까지 재생하기 ❹
색깔 ▾ 효과를 0 (으)로 정하기

11 이제 다른 동물 스프라이트를 추가하여 동일하게 스크립트를 구성해 봅시다. 먼저 강아지 스프라이트부터 만들어 볼까요? 새로운 스프라이트를 추가하고 고양이 스프라이트의 스크립트를 복사하여 완성합니다.

❶ Dog1 스프라이트의 이름을 '강아지'로 수정합니다.

❷ 움직임은 고양이와 동일하게 처리합니다.

❸ 색깔 변화도 고양이와 동일하게 하면 되겠네요.

❹ 소리 재생하기 부분에서는 고양이 소리가 아닌 '강아지 소리(dog1)'으로 하는 것에 주의해야 합니다. 강아지 스프라이트에는 '강아지 소리(dog1)'가 기본적으로 등록되어 있습니다.

12 오리 스프라이트와 새 스프라이트도 추가해줍니다.

오리
①

```
클릭했을 때
무한 반복하기
  x좌표를 (-240 부터 240 사이의 난수) (으)로 정하기
  y좌표를 (-180 부터 180 사이의 난수) (으)로 정하기
  2 초 기다리기

이 스프라이트를 클릭했을 때
색깔 효과를 (50 부터 150 사이의 난수) 만큼 바꾸기
duck 끝까지 재생하기 ②
색깔 효과를 0 (으)로 정하기
```

새
③

```
클릭했을 때
무한 반복하기
  x좌표를 (-240 부터 240 사이의 난수) (으)로 정하기
  y좌표를 (-180 부터 180 사이의 난수) (으)로 정하기
  2 초 기다리기

이 스프라이트를 클릭했을 때
색깔 효과를 (50 부터 150 사이의 난수) 만큼 바꾸기
bird 끝까지 재생하기 ④
색깔 효과를 0 (으)로 정하기
```

① Duck 스프라이트의 이름을 '오리'로 변경합니다.

② 다른 부분은 동일하고, 소리만 '오리 울음소리(duck)'로 변경해주세요.

③ Parrot 스프라이트의 이름을 '새'로 변경합니다.

④ 다른 부분은 동일하고, 소리만 '새 울음소리(bird)'로 변경해주세요.

13 여우 스프라이트를 추가해볼까요? 앞의 과정과 동일하게 하되, 한 가지 수정해야 할 부분이 더 있습니다. 여우 스프라이트에는 여우 울음소리가 등록되어 있지 않아요. 소리 탭을 선택하고, 저장소에서 소리 선택(🔈)을 클릭해 소리 저장소로 이동합니다. 여우에게 어울릴 만한 소리(wolf howl)를 찾아서 등록해주면 되겠네요.

소리 저장소

bird chomp cricket crickets dog1 dog2 duck goose
horse gallop horse meow meow2 owl rooster wolf howl ①

여우
②

```
클릭했을 때
무한 반복하기
  x좌표를 (-240 부터 240 사이의 난수) (으)로 정하기
  y좌표를 (-180 부터 180 사이의 난수) (으)로 정하기
  2 초 기다리기

이 스프라이트를 클릭했을 때
색깔 효과를 (50 부터 150 사이의 난수) 만큼 바꾸기
wolf howl 끝까지 재생하기 ③
색깔 효과를 0 (으)로 정하기
```

① 새로운 소리 파일을 등록합니다.

② Fox 스프라이트의 이름을 '여우'로 변경해주세요.

③ 여우에 맞는 소리를 재생하도록 합니다.

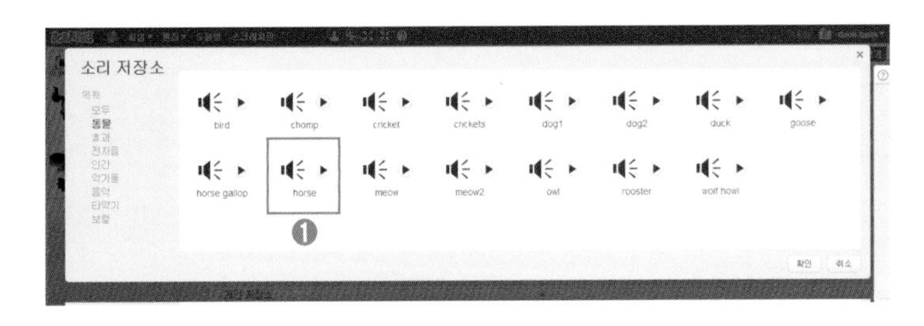

14 말 스프라이트도 여우 스프라이트와 동일한 방법으로 완성해 줍니다.

❶ 새로운 소리 파일(horse)을 등록합니다.

❷ Horse1 스프라이트의 이름을 '말'로 변경해주세요.

❸ 말에 맞는 소리를 재생하도록 합니다.

15 허전한 배경을 채워주어야 겠네요. 무대 정보 창에서 새로운 배경을 추가합니다. 배경을 추가하는 방법은 스프라이트를 추가하는 방법과 동일합니다. 단, 저장소에서 스프라이트 선택( ) 대신 저장소에서 배경 선택( )이 사용되었다는 점에 주의하세요. 배경 저장소에서 원하는 배경을 선택하여 추가합니다.

16 프로젝트가 완성되었습니다.

UNIT 03

프로젝트 업그레이드 하기

웹 주소 : https://scratch.mit.edu/projects/63836278/

고양이

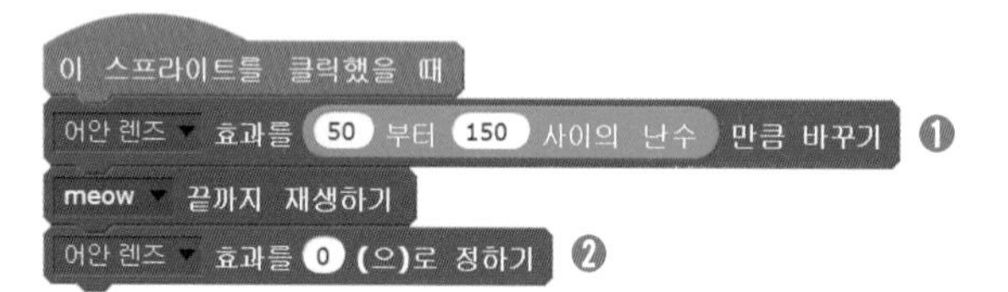

01

스프라이트를 클릭하면 색깔 효과 나타나죠. 색깔 효과가 아닌 다른 그래픽 효과에도 도전해볼까요? 고양이 스프라이트는 어안 렌즈 효과로 변경합니다.

❶ 어안 렌즈 효과가 시작됩니다.

❷ 소리 재생이 끝나면 어안 렌즈 효과가 사라집니다.

❸ 스프라이트에 어안 렌즈 효과가 나타났을 때의 모습

02

강아지는 소용돌이 효과, 오리는 픽셀화 효과, 새는 모자이크 효과, 여우는 밝기 효과, 말은 반투명 효과가 나타나도록 스크립트를 수정합니다.

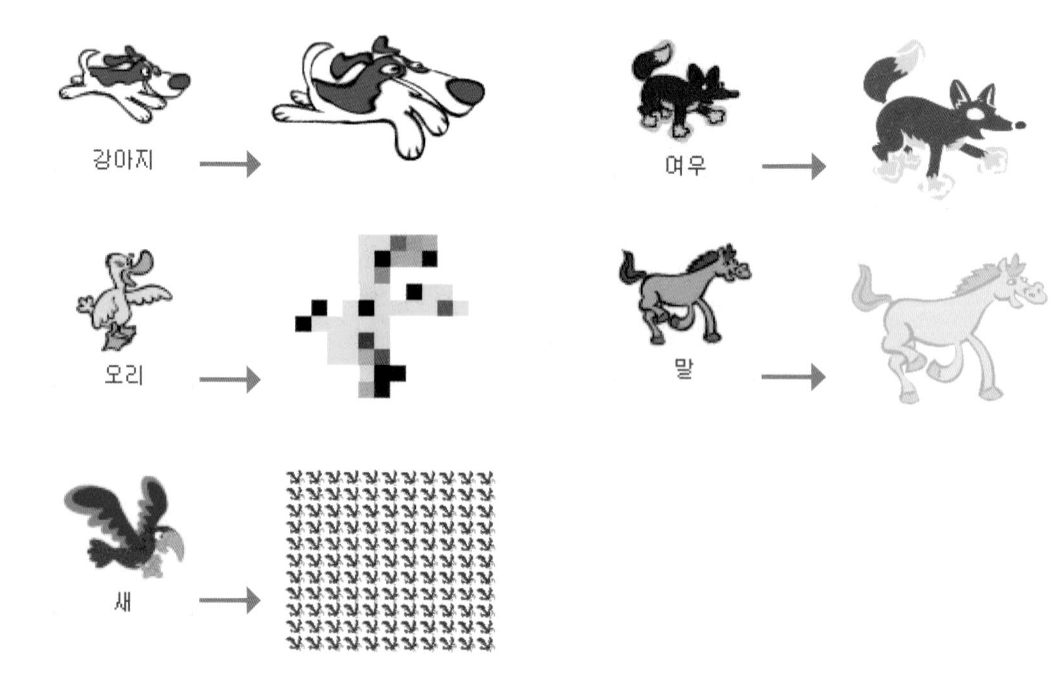

03 동물 소리 이외에도 다른 여러 소리를 등록하여 다양한 소리가 나오도록 할 수 있습니다. 또한 저장소에 있는 소리 이외에도 악기 음을 연주하는 것도 가능합니다. 무대를 선택하여 악기 연주해 도전해 봅시다. 먼저 타악기를 연주해볼까요?

❶ 스페이스 키를 누르면 스크립트가 실행됩니다.

❷ 여러 가지 타악기를 선택하여 입력한 박자로 연주하는 것이 가능합니다.

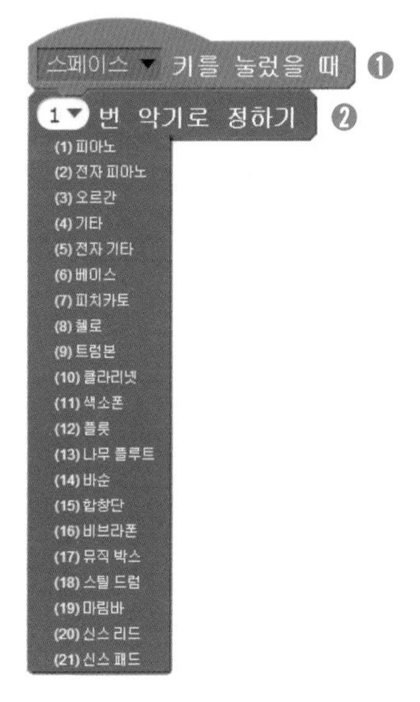

04 타악기가 아닌 음이 있는 악기도 연주할 수 있습니다.

❶ 스페이스 키를 누르면 스크립트가 실행됩니다.

❷ 먼저 악기를 선택합니다. 여러 악기 중 연주하고 싶은 악기를 고르면 되겠네요.

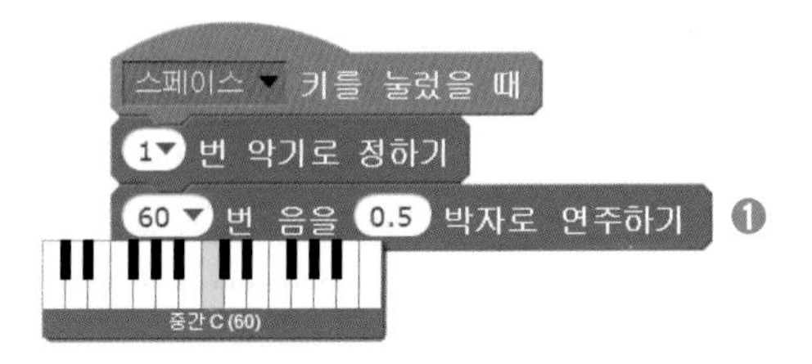

05 악기를 선택한 후에는 연주할 음과 박자를 입력합니다.

❶ 건반 모양이 나타나면 연주할 음을 선택합니다. 건반 모양으로 표현되지 않는 범위의 음은 숫자를 직접 입력하여 선택할 수 있습니다. 음을 선택한 후에는 박자를 선택합니다.

키보드	A	S	D	F	G	H	J	K
음	도	레	미	파	솔	라	시	도

06 악기 연주 블록을 이용하면 컴퓨터 키보드로 피아노 연주를 할 수도 있습니다. 왼쪽과 같이 키보드와 음을 연결하여 피아노를 완성해보도록 하죠.

07 피아노 연주까지 가능한 프로젝트로 업그레이드 되었습니다.

UNIT 04

정리하기

고양이

❶ 프로젝트 시작과 함께 스크립트가 실행됩니다.

❷ 각 스프라이트가 멈추지 않고 계속 움직이도록 하기 위해 반복문을 만들었어요.

❸ 난수 블록을 활용해 스프라이트가 무대 위 임의의 위치로 이동할 수 있네요.

❹ 기다리기를 결합해 다른 위치로 이동 후에는 잠시 기다리도록 만들었습니다.

❺ 스프라이트를 클릭했을 때 스크립트가 실행되도록 시작 블록을 활용합니다.

❻ 색깔 효과를 바꾸기 위해 난수 블록을 활용할 수 있어요.

❼ 재생하기 블록 대신 끝까지 재생하기 블록을 활용해야 오류가 발생하지 않아요.

❽ 스프라이트의 색깔이 변하고, 소리가 재생된 후에는 다시 원래의 색깔 상태로 돌아와야 합니다.

고양이를 피해 도망쳐라

UNIT 01

프로젝트 살펴보기

웹 주소 : https://scratch.mit.edu/projects/69817720/

01 이번 섹션에서 함께 만들어 볼 프로젝트는 '고양이를 피해 도망쳐라'입니다. 프로젝트를 함께 살펴볼까요? 총 3개의 스프라이트가 등장하네요. 쥐 한 마리와 고양이 두 마리. 이 세 스프라이트의 움직임이 각각 어떻게 다른지 살펴봅시다.

02 쥐 스프라이트는 마우스 포인터를 따라서 움직이고 있네요. 마우스 포인터에서 떨어지면 따라잡기 위해서 움직이고, 마우스 포인터와 닿으면 멈춰서고 있어요. 어떻게 스크립트를 만들면 이렇게 움직이도록 할 수 있을까요?

03 고양이 스프라이트는 두 마리가 등장합니다. 그런데 두 고양이의 움직임이 조금 다르네요. 먼저 첫 번째 고양이는 쥐 스프라이트를 졸졸 따라다니도록 되어있네요. 두 번째 고양이는 무대 위의 이곳저곳을 계속 움직이도록 되어있고요. 각각 어떻게 하면 원하는 움직임을 표현할 수 있을지 생각해봅시다.

04 쥐 스프라이트는 두 마리의 고양이 스프라이트를 피해서 도망쳐야합니다. 고양이에게 잡히면 바로 프로젝트가 종료되기 때문이지요. 프로젝트를 종료하는 기능은 어떻게 해야할까요?

05 프로젝트에 어울리는 배경도 하나 추가해주면 좋겠죠? 어떤 배경이 어울릴지 생각해봅시다.

06 프로젝트 실행 화면에서 왼쪽 위를 보니 타이머가 보이네요. 타이머는 프로젝트가 시작되면 0초부터 시작해 시간이 점차 증가하도록 되어 있어요. 타이머 기능을 사용하기 위해서는 어떤 블록을 활용해야 할까요?

07 오른쪽 위에는 점수가 있네요. 일정 시간이 지날 때마다 점수가 증가하고 있어요. 이렇게 숫자가 증가하는 점수는 어떤 기능을 사용해야 표현할 수 있을까요?

UNIT 02

프로젝트 만들기

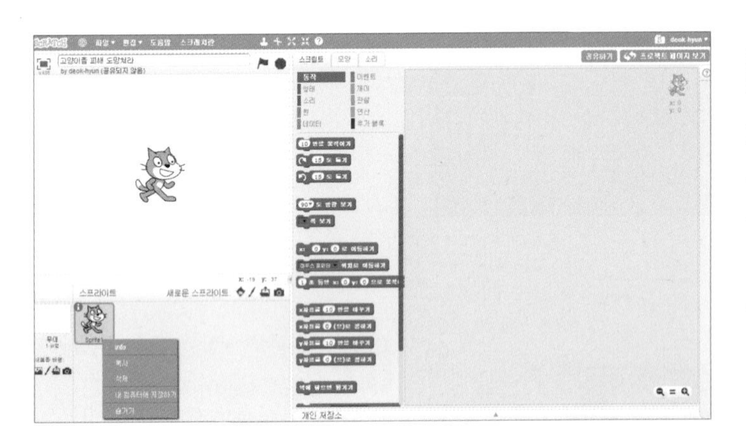

01 프로젝트를 만들기 위해 프로젝트 창에 들어왔습니다. 먼저 제목을 변경해 주어야겠죠? 처음에 있는 고양이 스프라이트는 이번 프로젝트에서 사용하지 않아요. 마우스 오른쪽 버튼을 클릭한 후 '삭제'를 선택해서 지우도록 해요.

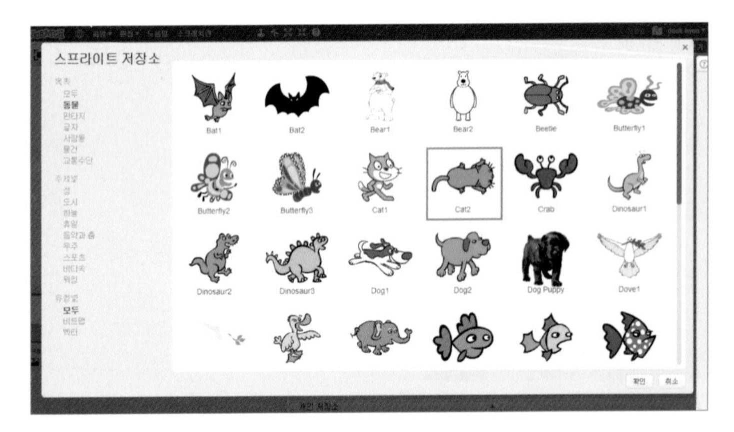

02 이번 프로젝트에서 사용할 스프라이트를 추가하기 위해 스프라이트 저장소로 갑니다. Cat2 스프라이트 2개와 Mouse1 스프라이트를 불러와주세요.

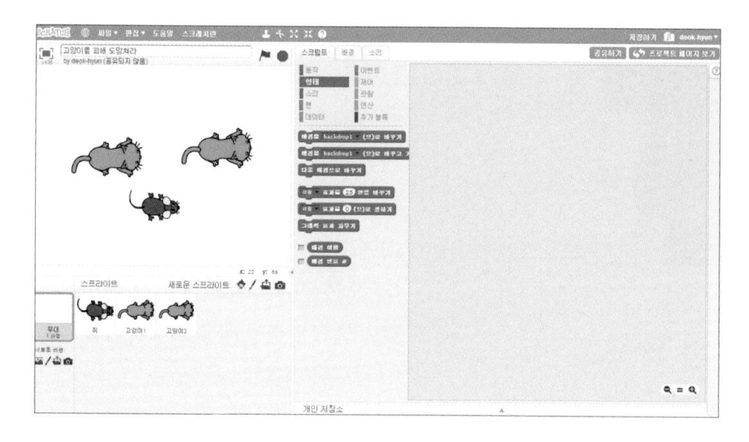

03

스프라이트 3개가 추가되었네요. 스프라이트의 이름을 변경할 차례네요. 두 마리의 Cat 스프라이트는 각각 '고양이1'과 '고양이2'로 변경해 주세요. Mouse 스프라이트는 '쥐'로 변경해볼까요?

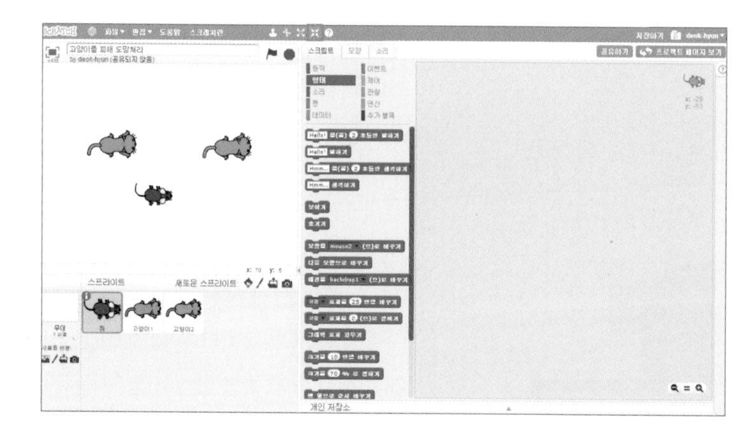

04

스프라이트의 크기가 조금 크네요. 스프라이트가 크면 무대의 여유 공간이 적어져요. 쥐가 고양이에게 더욱 쉽게 잡히겠네요. 툴 바에 있는 축소 버튼( )을 사용해 스프라이트의 크기를 줄여볼까요?

❶ 축소 버튼을 클릭하면 마우스 포인터의 모양이 변해요. 그 상태에서 마우스 포인터를 스프라이트 위에 올려놓고 연속해서 클릭하면 됩니다. 각각 6번 정도씩 클릭해서 스프라이트를 작게 변경시켜줍니다.

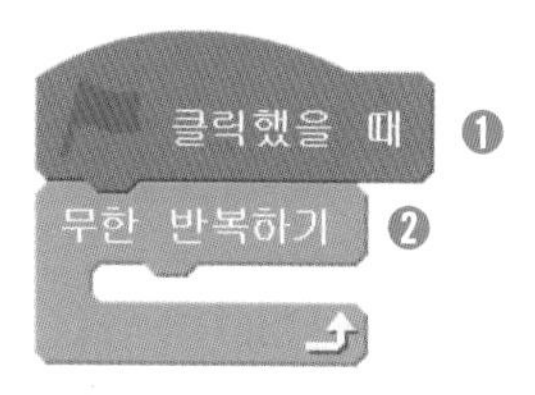

05

쥐 스프라이트부터 스크립트를 완성해가도록 합시다.

❶ 프로젝트를 시작하면 스크립트가 실행되도록 해야겠네요.

❷ 쥐가 계속해서 마우스 포인터를 따라서 움직이니 무한 반복 실행하는 반복문이 필요해요.

쥐

06

쥐가 마우스 포인터를 계속 따라서 움직이도록 하려면 어떻게 해야할까요? 혹시 마우스 포인터를 따라서 움직이기라는 블록이 있을까요? 아쉽게도 그런 블록은 없어요. 그렇다면 여러 개의 블록을 결합해서 만들어야겠네요. 먼저 움직이기 전에 마우스 포인터 쪽으로 방향을 회전하도록 만들어 보도록 하죠.

❶ 스프라이트의 방향을 특정 대상을 향해 변경하도록 해주는 블록입니다. 대상으로는 마우스 포인터와 프로젝트에 추가되어 있는 스프라이트를 선택할 수 있어요. 이번 프로젝트에서는 마우스 포인터 쪽 보기를 선택해야겠네요.

쥐

07

앞 단계까지 완성된 스크립트를 실행하면 쥐가 마우스 포인터를 향해서 빙글빙글 돌고 있어요. 이제 회전한 방향 쪽을 향해서 움직이기만 하면 되겠네요.

❶방향을 설정한 후에는 움직이도록 블록을 결합하면 됩니다.

학 생 TIP

10 만큼 움직이기 는 스프라이트가 바라보고 있는 방향으로 움직이는 블록입니다. 방향이 어디로 설정되어 있느냐에 따라 움직이는 방향이 달라져요.

선생님 TIP

이 스크립트는 마우스 포인터를 따라 스프라이트가 움직이도록 구성한 것입니다. 방향 설정과 움직이기가 반복해서 실행되고 있어요. 스프라이트가 움직이는 중간에 마우스 포인터의 위치가 변경되더라도, 스프라이트는 다시 방향을 변경하여 움직이도록 구성되어 있습니다.

쥐

08 여기까지 완성하고 보니 한 가지 문제점이 있네요. 쥐가 마우스 포인터를 향해서 움직이는 것은 잘 되는데, 마우스 포인터 위치까지 이동하면 멈추지 않고 계속 좌우로 방향을 변경해요. 마우스 포인터에 닿으면 더 이상 움직이지 않도록 할 수는 없을까요? 어떤 조건에서만 특정 명령어를 실행하도록 하기 위해서는 어떤 블록이 필요했었죠?

❶ 조건에 따라 특정 블록을 실행할지 말지를 결정해야 한다면 조건문을 만들어야 겠네요.

쥐

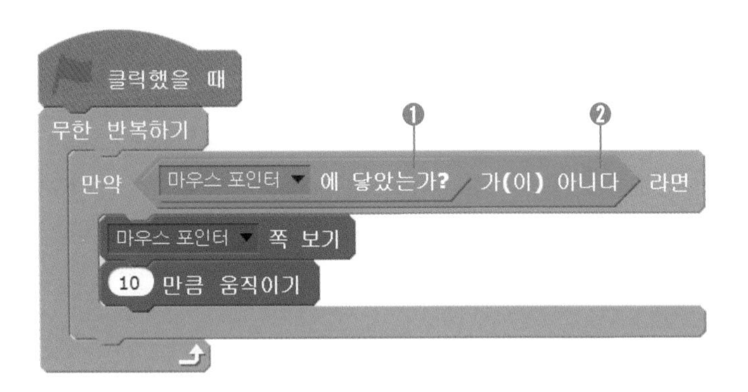

09 어떤 조건일 때 쥐가 움직여야 하죠? 쥐 스프라이트는 마우스 포인터에 닿지 않았을 때만 움직여야 합니다. 닿지 않았을 때를 체크하는 블록이 있을까요? 없다면 어떤 블록을 결합해야 닿지 않았을 때를 체크할 수 있을까요?

❶ 관찰 블록 카테고리에서 마우스 포인터에 닿았는지를 체크하는 블록은 쉽게 찾을 수 있네요.

❷ 연산 블록 카테고리에 있는 이 블록을 사용하면 주어진 블록의 반대 조건을 체크할 수 있어요.

학생 TIP

논리 연산 정복하기

연산 블록 카테고리를 클릭하면 '논리 연산'이라 불리는 3종류의 블록을 만날 수 있어요. [그리고] [또는] [가(이) 아니다] 가 그것입니다. 세 블록은 모두 육각 결합 블록(리포터 블록)이에요. Section02에서 설명한 것처럼 육각 결합 블록은 참(True)이나 거짓(False)을 출력하는 블록이죠. 그런데 세 블록을 자세히 보니 블록 안에 또다른 육각 결합 블록을 결합할 수 있게 되어있네요. 즉, 블록 내부에 참 또는 거짓을 나타내는 육각 결합 블록을 결합하면, 전체 결과를 다시 계산해서 참이나 거짓을 판단한다는 거죠.

❶ [그리고] : 앞 부분과 뒷 부분이 모두 참일 때만 전체가 참이 됩니다. 둘 중 한 부분이라도 거짓이면 전체는 거짓이 됩니다.

앞 부분 빈칸	뒷 부분 빈칸	전체 결과
참(True)	참(True)	참(True)
참(True)	거짓(False)	거짓(False)
거짓(False)	참(True)	거짓(False)
거짓(False)	거짓(False)	거짓(False)

❷ 〈또는〉 : 앞 부분과 뒷 부분 중 어느 하나라도 참이면 전체가 참이 됩니다. 둘 다 모두 거짓일 때만 전체가 거짓이 됩니다.

앞 부분 빈칸	뒷 부분 빈칸	전체 결과
참(True)	참(True)	참(True)
참(True)	거짓(False)	참(True)
거짓(False)	참(True)	참(True)
거짓(False)	거짓(False)	거짓(False)

❸ 〈가(이) 아니다〉 : 빈 칸에 참이 결합되면 전체는 거짓이 됩니다. 반대로 거짓이 결합되면 전체는 참이 됩니다.

빈칸	전체 결과
참(True)	거짓(False)
거짓(False)	참(True)

선생님 TIP

논리 연산은 이론적으로 접근하기에 다소 어려워 보일 수 있습니다. 그래서 학생들도 처음에 힘들어하는 부분이죠. 다양한 블록을 결합해보면서 직접 결과(참, 거짓)를 확인해보면 곧 익숙해질 수 있는 부분입니다. 다양한 육각 결합 블록을 결합해보면서 결과를 확인하는 과정이 필요해요. 결과를 확인하기 위해서는 육각 결합 블록을 더블 클릭하면 됩니다. 말풍선이 나타나면서 결과가 참(True)인지 거짓(False)인지 알려줍니다.

쥐

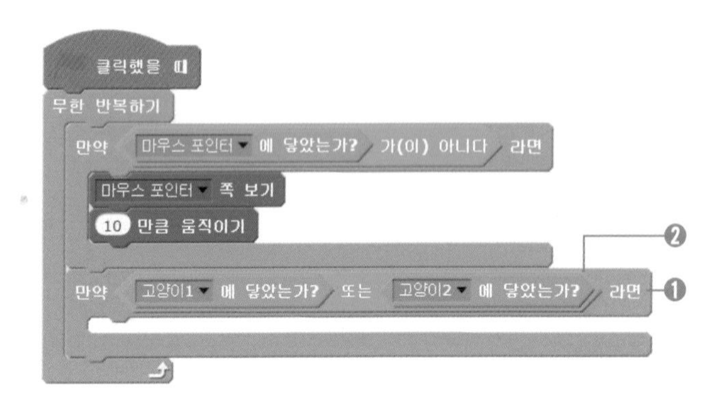

10

쥐 스프라이트가 고양이 스프라이트에 닿으면 전체 프로젝트가 종료됩니다. 두 마리의 고양이 중 어느 하나에라도 닿으면 모두가 멈추게 되는 것이죠. 이 부분을 스크립트로 만들기 위해서는 어떤 블록이 필요할까요?

❶ 고양이에 닿았는지를 체크하기 위해 또 다른 조건문이 필요해요.

❷ 두 마리의 고양이 중 한 마리라도 닿으면 조건을 만족하게 되네요. 두 고양이를 모두 체크하기 위해서는 논리 연산을 잘 활용해야 합니다.

학 생 TIP

〈고양이1 ▼ 에 닿았는가? 또는 고양이2 ▼ 에 닿았는가?〉에서 두 조건 중 어느 하나라도 참이면 전체도 참이 됩니다. 즉 어느 한 고양이에게라도 닿으면 전체는 참이되어 조건문의 내부를 실행하게 되는 것이죠.

쥐

```
클릭했을 때
무한 반복하기
  만약 마우스 포인터 에 닿았는가? 가(이) 아니다 라면
    마우스 포인터 쪽 보기
    10 만큼 움직이기
  만약 고양이1 에 닿았는가? 또는 고양이2 에 닿았는가? 라면
    모두 멈추기 ❶
```

11 고양이에 닿았다면 프로젝트가 종료되어야 하겠죠? 프로젝트를 종료하기 위한 기능은 어떤 블록을 사용할까요? 프로젝트가 종료된다는 것은 곧 모든 스크립트의 실행이 멈추는 것을 의미합니다. 여기에 적합한 블록을 제어 블록 카테고리에서 찾아보도록 해요.

❶ 이 블록을 실행하면 모든 스프라이트와 무대에서 실행 중인 스크립트가 동시에 중지됩니다.

고양이1

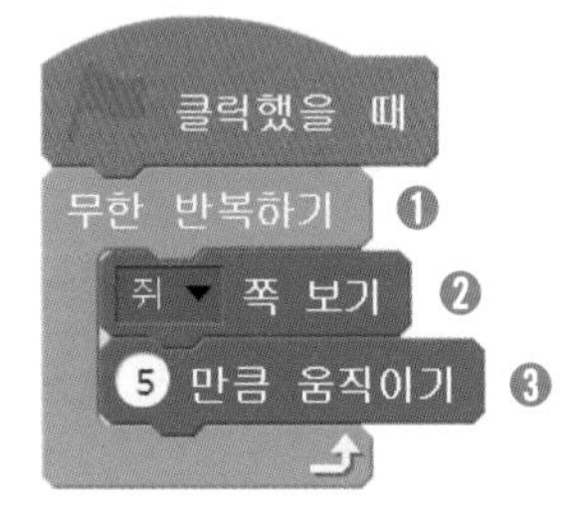

12 고양이1 스프라이트는 계속해서 쥐 스프라이트를 따라 다니는 역할입니다. 물론 쥐가 움직이는 것보다는 느리게 움직여야 쥐가 쉽게 잡히지 않겠죠?

❶ 프로젝트가 종료될 때까지 움직여야 하니까 반복문은 꼭 필요하겠네요.

❷ 움직이기 전에 먼저 방향을 설정합니다. 쥐 스프라이트를 바라볼 수 있도록 해주세요.

❸ 쥐가 있는 방향을 먼저 확인하고 방향을 변경한 후에는 앞으로 움직이면서 쥐를 따라갑니다.

고양이2

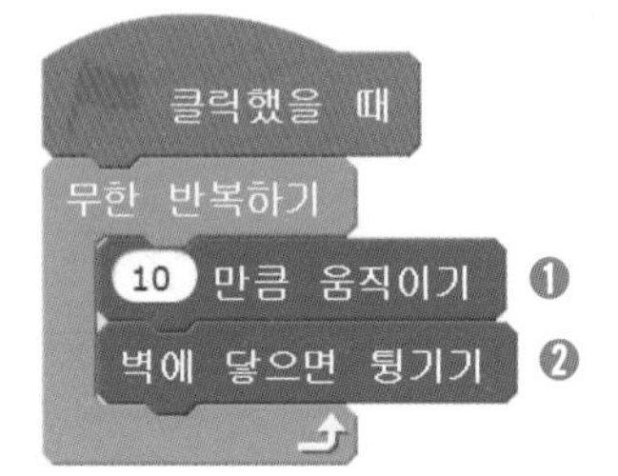

13 고양이2 스프라이트는 무대 위를 계속 돌아다니는 역할이었습니다.

❶ 앞으로 움직이도록 블록을 결합해 주세요.

❷ 만약 벽에 닿았다면 방향을 바꾸도록 합니다.

고양이2

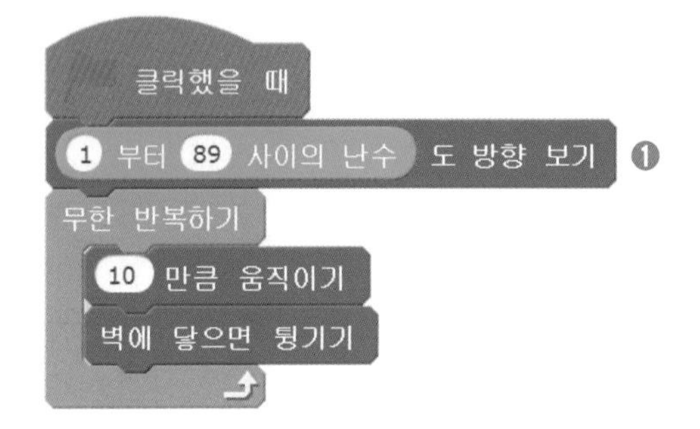

14 고양이2 스프라이트의 문제는 처음 방향이 90도(오른쪽)로 설정되어 있어 왼쪽-오른쪽으로만 왔다갔다 한다는 점이에요. 이 부분을 해결하려면 어떻게 해야 할까요?

❶ 난수 블록을 활용하여 처음 시작했을 때 임의의 각도로 방향을 설정해 주었습니다.

선생님 TIP

난수 블록을 사용해 임의의 각도를 설정할 때 주의해야 할 점이 있습니다. 만약 난수의 범위를 0도(위쪽)~90도(오른쪽)으로 한다면 0도나 90도가 나올 수도 있어요. 그렇게 되면 고양이2 스프라이트는 위-아래나 왼쪽-오른쪽만 왔다갔다 하게 됩니다. 이것을 방지하기 위해 난수의 범위를 1~89로 정했습니다. 이 부분을 참고하여 난수의 범위를 적절하게 정해주세요.

쥐

```
클릭했을 때
x: -180 y: 0 로 이동하기 ❶
무한 반복하기
  만약 <<마우스 포인터 에 닿았는가?> 가(이) 아니다> 라면
    마우스 포인터 쪽 보기
    10 만큼 움직이기
  만약 <<고양이1 에 닿았는가?> 또는 <고양이2 에 닿았는가?>> 라면
    모두 멈추기
```

고양이1

```
클릭했을 때
x: 150 y: -80 로 이동하기 ❶
무한 반복하기
  쥐 쪽 보기
  5 만큼 움직이기
```

고양이2

```
클릭했을 때
x: 150 y: 80 로 이동하기 ❶
1 부터 89 사이의 난수 도 방향 보기
무한 반복하기
  10 만큼 움직이기
  벽에 닿으면 튕기기
```

15 세 스프라이트의 스크립트가 거의 완성되었습니다. 프로젝트를 실행해보니 모든 기능이 정상적으로 작동하네요. 그런데 쥐가 고양이를 만나 프로젝트가 종료된 뒤에 다시 프로젝트를 실행하니 문제가 발생하네요. 이미 쥐가 고양이에 닿아있기 때문에 다시 시작했을 때는 시작하자마자 종료되는 오류가 발생했습니다. 어떻게 수정해야 할까요?

❶ 세 스프라이트 모두 스크립트의 시작 부분에 처음 시작할 위치를 지정해줍니다. 프로젝트가 시작할 때마다 항상 동일한 위치에서 시작할 수 있어요.

학 생 TIP

프로젝트가 시작할 때 스프라이트나 무대 등의 여러 조건들이 동일한 상태에서 시작할 수 있도록 하는 것을 '초기화'라고 합니다. 초기화의 종류는 여러 가지가 있어요. 스프라이트가 항상 동일한 위치에서 시작하도록 할 수 있고, 동일한 방향을 바라본 상태에서 시작하도록 할 수도 있지요. 이 밖에도 모양이나 색깔, 크기 등 여러 가지 조건이 동일한 상태에서 시작할 수 있게 해주어야 할 필요가 있습니다.

16 스프라이트는 모두 완벽하게 완성되었습니다. 이제 무대에 적절한 배경을 추가해 볼까요?

❶ 배경 저장소로 이동하여 적절한 배경을 찾아 무대에 추가합니다.

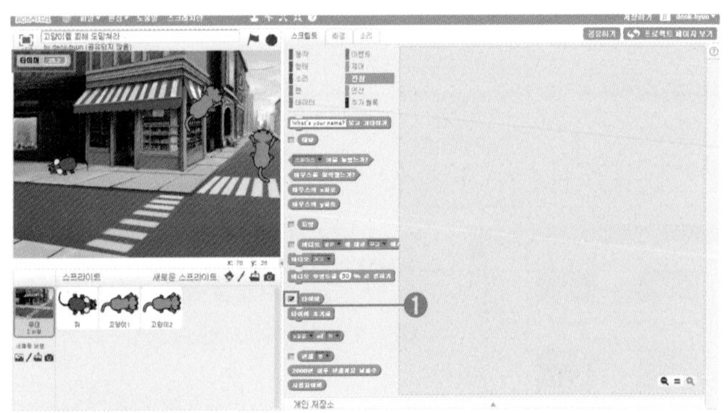

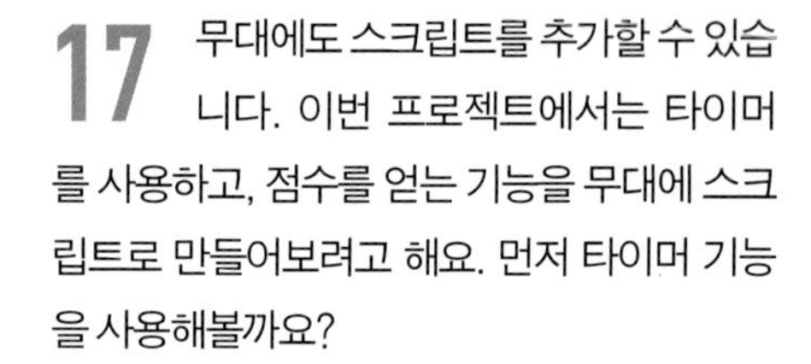

17

무대에도 스크립트를 추가할 수 있습니다. 이번 프로젝트에서는 타이머를 사용하고, 점수를 얻는 기능을 무대에 스크립트로 만들어보려고 해요. 먼저 타이머 기능을 사용해볼까요?

❶ 관찰 블록 카테고리를 클릭하면 (타이머) 블록을 찾을 수 있어요. (타이머) 왼쪽에 있는 체크박스를 클릭하면 실행 창에 타이머 표시가 나타납니다.

❷ 프로젝트가 시작되면 타이머를 0초로 바꾸어주어야 합니다. 이것을 타이머 초기화라고 하지요. 이 블록을 사용하면 프로젝트가 시작될 때마다 타이머를 초기화시킬 수 있어요.

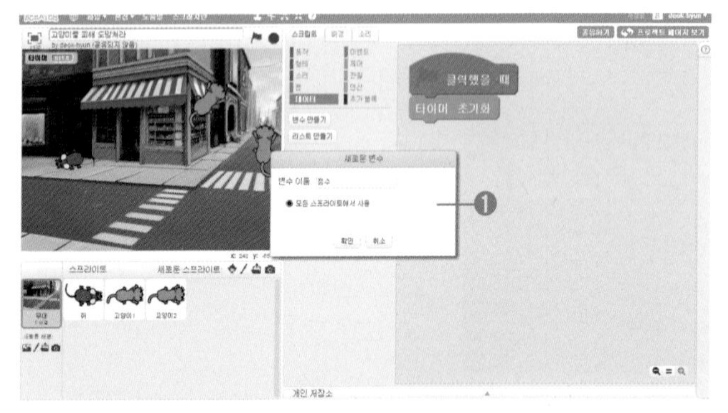

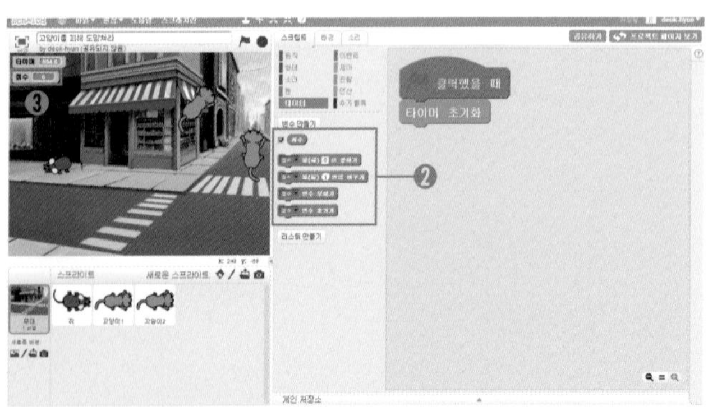

18

이제 점수를 만들 차례입니다. 그런데 아무리 찾아봐도 점수라는 블록은 보이지 않네요. 점수는 원래 존재하는 블록이 아니라 여러분들이 직접 만들어서 사용하는 기능입니다. 변수라는 것인데요. 어떻게 만들어서 사용하는 지 함께 살펴볼까요?

❶ 데이터 블록 카테고리를 클릭합니다. 변수 만들기 메뉴를 클릭하면 새로운 변수를 만들 수 있는 창이 나타나요. 변수 이름에 '점수'라고 입력하고 확인을 누르면 변수가 만들어집니다.

❷ 데이터 블록 카테고리에 변수와 관련된 블록이 새로 만들어진 것을 확인할 수 있어요.

❸ 실행 창에도 점수를 표시하는 창이 새로 생겨났네요.

학 생 TIP

변수? 너의 정체를 밝혀라!

변수는 데이터를 저장하는 공간입니다. 물건을 담아두는 상자라고 생각하면 이해하기가 쉽겠네요. 변수를 만들었다는 것은 물건을 담아두는 상자를 만든 것과 동일합니다. 이제 그 상자 안에 데이터라는 물건을 넣어두면 되겠죠. 데이터는 숫자일수도 있고, 문자일수도 있어요. 또 여러 개의 문자가 결합되어 있는 '문자열'일수도 있죠. 우리는 변수에 데이터를 저장해 두었다가 필요할 때 꺼내서 사용할 수 있습니다.

하지만 변수라는 상자에는 하나의 데이터만 저장할 수 있어요. 두 개의 데이터를 저장하고 싶다면 두 개의 변수가 필요한 것이죠. 그렇다면 만약 하나의 변수에 두 개의 데이터를 저장하면 어떻게 될까요? 하나의 변수에는 하나의 데이터만 저장할 수 있기 때문에 먼저 저장한 데이터는 없어지고, 나중에 저장한 데이터만 남아있어요. 이 부분을 조심해야 합니다.

만약 점수라는 변수를 만들었다면, 여러분들은 이제 점수라는 상자에 숫자라는 데이터를 저장할 수 있습니다. 즉 변수를 활용하여 점수를 표시할 숫자 데이터를 저장하는 것이죠. 예를 들어서 좀 더 이해해 보도록 할까요?

[점수▼ 을(를) 0 로 정하기]를 실행하면 점수 변수에 0이라는 숫자 데이터가 저장됩니다. 이 상태에서 [점수▼ 을(를) 5 로 정하기]를 실행하면 점수 변수에 숫자 5라는 새로운 데이터가 저장되는 것이죠. 그럼 이전에 있던 0이라는 데이터는 없어지고, 새로 저장된 5라는 데이터만 남아있게 됩니다. 별로 어렵지 않죠? 그럼 이 상태에서 [점수▼ 을(를) 1 만큼 바꾸기]를 실행하면 어떻게 될까요? '정하기'와 '바꾸기'는 절대 혼동하면 안 돼요. 정하기는 현재 값과 관계없이 입력한 값으로 변경하는 것이고, 바꾸기는 현재 값을 기준으로 입력한 값만큼을 바꾸는 것이죠. 점수 변수에 저장되어 있던 데이터 값이 숫자 5였으니까, 이 상태에서 1만큼 바꾸기를 실행하면 점수 변수에 저장된 데이터는 숫자 6으로 바뀌겠네요. 만약 이 상태에서 [점수▼ 을(를) -5 만큼 바꾸기]를 실행하면 점수 변수에 저장된 데이터는 숫자 1로 바뀌게 됩니다.

변수에 저장된 데이터는 실행 창에 있는 변수 확인 창으로 확인할 수 있어요. 또한 (점수) 블록을 더블 클릭하면 현재 해당 변수에 저장된 데이터를 말풍선으로 표시해서 보여줍니다.

변수에 관해서는 앞으로 함께 공부하면서 더 알아가도록 할게요.

무대

19 타이머를 초기화한 것처럼 점수도 초기화가 필요하겠네요. 일반적인 게임에서 점수는 0점에서 시작하죠? 여러분이 만드는 프로젝트에서도 처음 시작 점수를 0으로 초기화해 봅시다.

❶ 정하기 블록을 활용해 점수 변수 값을 숫자 0으로 초기화합니다.

무대

20 쥐가 고양이에게 잡히지 않고 일정 시간을 도망다니면 점수가 올라가도록 만들어 주세요. 10초가 지나면 5점을 얻도록 만들어볼까요? 타이머가 10초가 되기 전까지는 대기 상태에 있다가 10초가 넘는 순간 점수 변수를 바꾸어주면 되겠죠? 어떤 블록을 활용해야 할지 찾아보세요.

❶ 타이머가 10초를 넘기 전까지는 아래 연결된 블록을 실행하지 않고 대기 상태로 있어요. 타이머가 10초를 넘는 순간 대기 상태를 종료하고, 아래 연결된 블록을 실행합니다.

❷ 점수를 5만큼 바꾸어주면서 마치 5점을 획득한 것과 같은 결과가 나타납니다.

학생 TIP

[까지 기다리기] 는 조건에 따라 블록의 실행을 정지시키는 기능을 합니다. [까지 기다리기] 에는 육각 결합 블록을 결합할 수 있어요. 즉, 참이나 거짓 값을 가지고 있는 블록을 결합할 수 있는 것이죠. 만약 조건 부분이 거짓이면 정지 상태를 지속하면서 아래 연결된 블록을 실행시키지 않습니다. 만약 조건 부분이 참이 되면 정지 상태를 종료하고, 아래 연결된 블록을 실행시키게 됩니다. 즉, 조건이 거짓일 때 기다리기가 실행되고, 조건이 참이면 기다리기가 실행되지 않는 것이죠. 언제 기다리기가 실행되는지 혼동하지 않도록 주의가 필요해요.

학생 TIP

대소 비교 연산

연산 블록 카테고리에는 크고 작음을 비교할 수 있는 블록이 3종류 있어요. 앞에서 학습한 논리 연산보다는 쉽게 이해할 수 있는 부분이니 함께 살펴보도록 할게요.

❶ [ ] < [ ] : 왼쪽보다 오른쪽이 클 때에만 전체가 참이 됩니다.

❷ [ ] > [ ] : 왼쪽이 오른쪽보다 클 때에만 전체가 참이 됩니다.

❸ [ ] = [ ] : 왼쪽과 오른쪽이 같은 값일 때에만 전체가 참이 됩니다.

대소 비교 연산은 여러분들이 일반적으로 알고 있는 기호 그대로를 적용해서 이해하도록 해요.

선생님 TIP

앞에서 타이머가 10초를 지났는지를 체크하기 위해 [10 < 타이머] 를 사용하였습니다. 간혹 [10 < 타이머] 대신에 [10 = 타이머] 를 사용하여 스크립트를 구성하는 경우가 있는데요. 이 경우에는 오류가 발생합니다. [10 = 타이머] 는 타이머의 값이 정확하게 딱 10초가 되어야 전체가 참이 되는데, 타이머의 값이 소수점 단위로 빠르게 변동하기 때문에 정확하게 딱 10초의 값을 체크하기는 어렵습니다. 이처럼 변동이 심한 값을 체크할 때는 등호가 아닌 부등호를 사용해야 합니다.

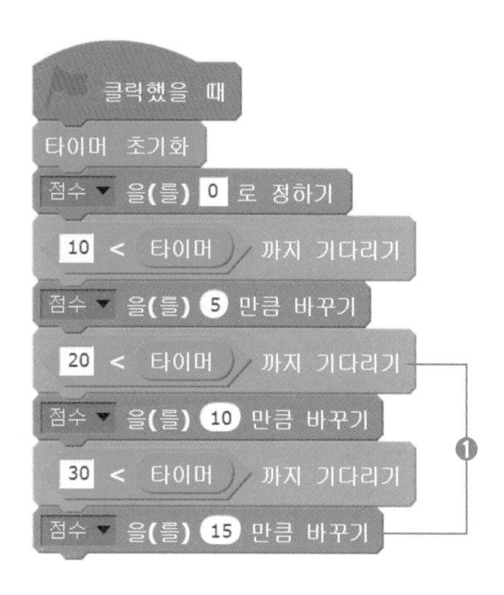

21

타이머가 20초를 넘으면 점수에 10점을 추가하고, 타이머가 30초를 넘으면 점수에 15점을 추가하는 스크립트도 함께 만들어 봅시다.

❶ 위 부분과 동일한 방식으로 스크립트를 만들어 주세요.

20

프로젝트가 완성되었네요. 프로젝트를 시작하고 게임을 즐겨볼까요?

UNIT 03

프로젝트 업그레이드 하기

웹 주소 : https://scratch.mit.edu/projects/63887904/

01 완성된 프로젝트를 조금 더 업그레이드 시켜보도록 할까요? 업그레이드 된 프로젝트를 살펴보겠습니다. 머핀 스프라이트가 추가되었네요. 머핀은 무대 이곳저곳을 계속 옮겨 다니고 있습니다. 쥐가 움직이다가 머핀을 먹으면 머핀의 모양이 변하면서 점수가 1점 올라가요. 쉽게 만들 수 있을 것 같네요. 함께 도전해봅시다.

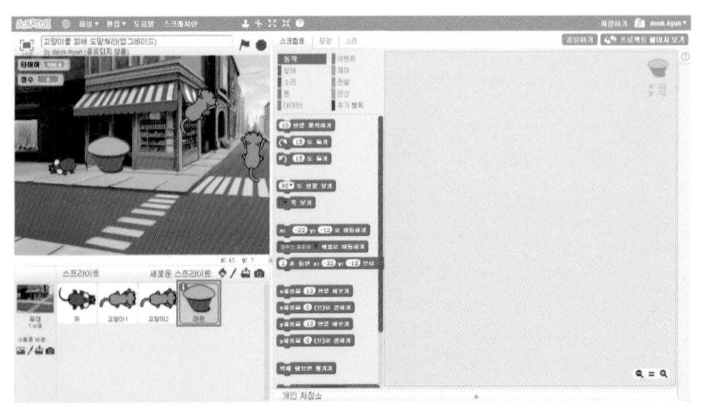

02 머핀 스프라이트를 먼저 추가해야겠죠? 스프라이트 저장소에서 Muffin 스프라이트를 찾아서 추가하고, 스프라이트 이름을 '머핀'으로 수정합니다.

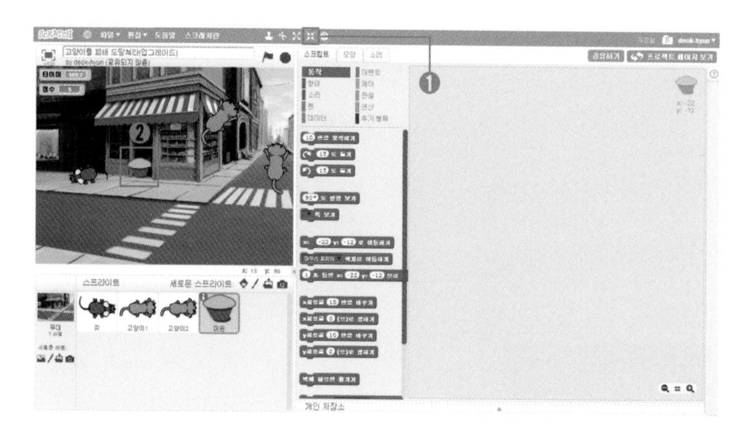

03 머핀 스프라이트가 쥐나 고양이보다 크네요. 축소 버튼을 사용하여 크기를 적당하게 줄여주세요.

❶ 툴 바에 있는 축소 버튼을 이용하세요.

❷ 머핀의 크기가 줄어들었습니다.

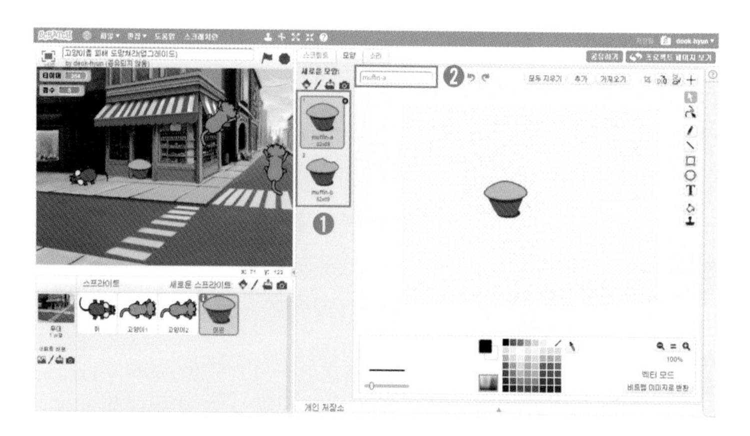

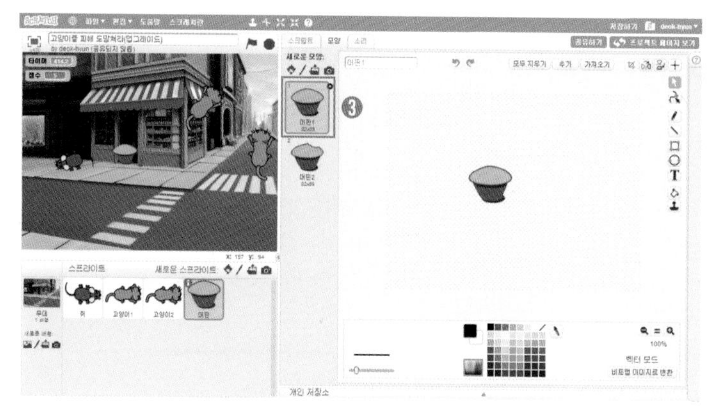

04 머핀 스프라이트를 선택하고 모양 탭을 클릭해볼까요? 머핀 스프라이트는 2가지 모양을 가지고 있어요. 일반적인 머핀과 한 입 베어 먹은 모양의 머핀이죠. 쥐가 머핀에 닿으면, 머핀은 한 입 베어 먹은 모양으로 변한 뒤 사라지도록 하면 좋을 것 같네요. 2가지 모양의 이름을 바꿔봅시다. 스프라이트의 각 모양의 이름을 변경하려면 그림판 왼쪽 위 모양 이름 입력란에 원하는 이름을 입력하면 됩니다.

❶ 머핀 스프라이트는 2개의 모양을 가지고 있어요.

❷ 모양을 선택한 후 모양이름 입력란에 새로운 이름을 입력해보세요.

❸ 모양의 이름이 변경되었습니다.

머핀

클릭했을 때
무한 반복하기
x좌표를 -240 부터 240 사이의 난수 (으)로 정하기
y좌표를 -180 부터 180 사이의 난수 (으)로 정하기 ❶
1 초 기다리기 ❷

05 먼저 머핀 스프라이트가 1초마다 무대 이곳저곳을 옮겨다닐 수 있도록 스크립트를 만들어 봅시다.

❶ 난수 블록과 좌표 정하기 블록을 활용해 무대를 옮겨 다니는 기능을 만들었어요.

❷ 기다리기 블록을 사용해 위치를 이동한 머핀이 1초간 기다렸다 다음 위치로 이동하도록 했네요.

머핀

클릭했을 때
무한 반복하기
만약 쥐 ▾ 에 닿았는가? 라면 ❶
숨기기 ❷
점수 ▾ 을(를) 1 만큼 바꾸기 ❸
2 초 기다리기
보이기 ❹

06 머핀에 쥐가 닿으면 머핀은 화면에서 사라지고, 점수가 1점 올라가도록 만들어 줍니다. 화면에서 사라지도록 하기 위해서는 어떤 블록을 활용해야 할까요?

❶ 반복문 안에 조건문을 넣어서 머핀이 쥐에 닿았는지를 계속해서 체크하도록 합니다.

❷ 머핀이 쥐에 닿으면 머핀은 먼저 화면에서 사라지도록 해야겠죠.

❸ 머핀이 사라진 뒤에는 점수를 1점 올려주세요.

❹ 사라진 머핀은 2초간 사라진 상태를 유지하다가 다시 화면에 나타나면 됩니다.

학생 TIP

머핀 스프라이트에 다음과 같이 두 개의 블록 결합을 동시에 만들었습니다.

클릭했을 때
무한 반복하기
x좌표를 -240 부터 240 사이의 난수 (으)로 정하기
y좌표를 -180 부터 180 사이의 난수 (으)로 정하기
1 초 기다리기

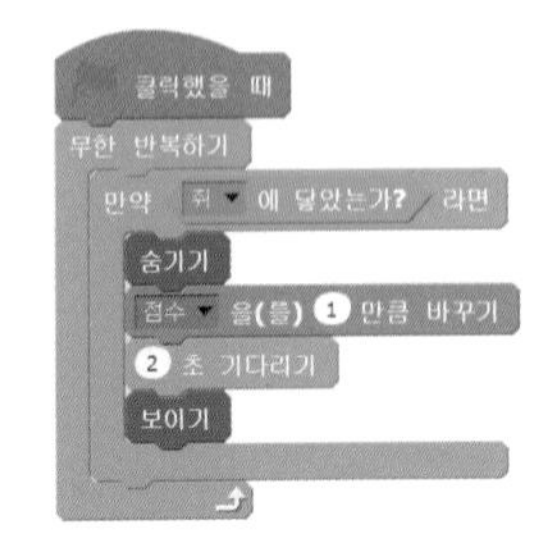

이렇게 두 개의 블록 결합을 동시에 만들면, 프로젝트가 시작할 때 두 블록 결합도 동시에 각각 명령어를 실행합니다. 즉, 1초마다 무대를 옮겨다니는 블록 결합은 자신대로 계속 실행되고, 쥐와 닿으면 사라졌다

나타나는 블록 결합도 함께 실행되고 있는 것이죠. 두 개의 블록 결합을 하나로 합치면 오류가 발생할 수 있어요. 만약 다음과 같이 두 블록 결합을 하나의 블록 결합으로 합치면 어떤 오류가 발생할까요? ❶ 부분은 위치를 옮긴 머핀 스프라이트가 다음 위치로 이동할 때까지 1초간 기다리는 부분이에요. 그런데 이 부분의 블록이 실행되고 있을 때 머핀이 쥐에 닿으면 ❷ 부분이 실행되지 않아요. 아직 블록의 실행이 ❶ 부분에 멈춰있어, ❷ 부분이 실행되고 있지 않기 때문이죠.

```
클릭했을 때
무한 반복하기
    x좌표를 (-240 부터 240 사이의 난수) (으)로 정하기
    y좌표를 (-180 부터 180 사이의 난수) (으)로 정하기
    1 초 기다리기  ❶
    만약 <쥐 에 닿았는가?> 라면  ❷
        숨기기
        점수 을(를) 1 만큼 바꾸기
        2 초 기다리기
        보이기
```

이처럼 복잡한 스크립트를 만들 때는 스크립트의 각 부분이 어떤 기능을 하는 지를 고려해야 합니다. 경우에 따라 하나의 블록 결합으로 만들 수도 있고, 두 개 이상의 블록 결합으로 분리해서 만들어야 해요.

학 생 TIP

숨기기 와 보이기

숨기기 는 스프라이트가 실행 창에서 사라지도록 해주는 블록입니다. 숨기기 를 실행하면 실행 창에 있던 스프라이트가 모습을 감추게 되죠. 보이기 는 사라진 스프라이트를 다시 보이도록 해주는 블록입니다. 처음 스프라이트를 추가하면 보이기 상태로 실행 창에 나타나죠.

중요한 점은 숨기기 를 실행했을 때 스프라이트가 완전히 사라지거나 삭제되는 것이 아니라는 것이죠. 숨기기 는 단지 보이지 않게 할 뿐, 스프라이트는 그대로 무대에 남아있어요. 그래서 숨기기 상태에서도 움직이거나 모양을 변하는 등의 명령어를 사용할 수 있어요. 하지만 숨기기 상태에서는 쥐 에 닿았는가? 블록이 효과가 없어요. 숨기기 상태여도 무대에 남아있기는 하지만 닿았는가를 체크하면 닿지 않았다고 체크하기 때문이죠. 쥐 에 닿았는가? 블록은 보이기 상태에서만 올바르게 체크할 수 있다는 점 기억해 두세요.

숨기기 와 보이기 상태로 변경하는 것은 블록을 사용하는 것 외에도 스프라이트 정보 창에서 보이기 체크를 통해서도 가능합니다.

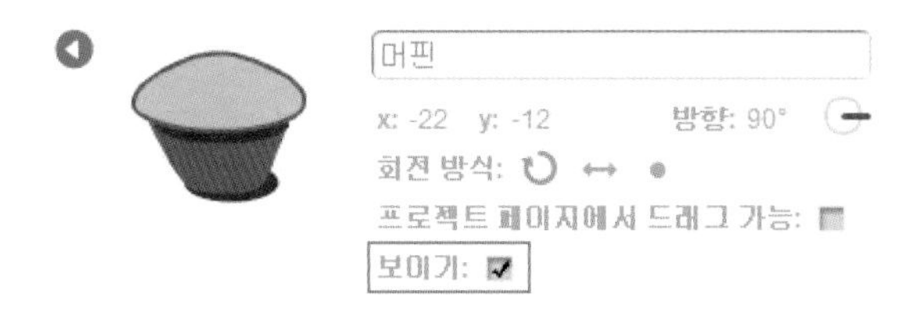

머핀

```
클릭했을 때
무한 반복하기
  만약 <쥐 ▼ 에 닿았는가?> 라면
    모양을 머핀2 ▼ (으)로 바꾸기 ❶
    0.3 초 기다리기 ❷
    숨기기
    점수 ▼ 을(를) 1 만큼 바꾸기
    2 초 기다리기
    보이기
    모양을 머핀1 ▼ (으)로 바꾸기 ❸
```

07

머핀이 쥐와 닿았을 때 모습을 숨기기 전에 한 입 베어먹은 2번 모양으로 변하도록 해줍니다. 마지막에 보이기 상태로 돌아갈 때는 머핀 모양도 원래 모양인 1번 모양으로 돌아와야겠네요.

❶ 형태 블록 카테고리에서 모양을 바꿀 수 있는 블록을 찾아서 활용해보세요.

❷ 머핀이 2번 모양으로 변한 뒤에는 잠깐 동안 변한 모습을 유지하다가 사라지도록 기다리기를 추가했어요.

❸ 다시 보이기 상태로 돌아갈 때는 머핀을 원래 모양인 1번 모양으로 돌아가도록 해줘야 합니다.

머핀

```
클릭했을 때
보이기 ❷
모양을 머핀1 ▼ (으)로 바꾸기 ❸
무한 반복하기
  만약 <쥐 ▼ 에 닿았는가?> 라면
    모양을 머핀2 ▼ (으)로 바꾸기
    0.3 초 기다리기
    숨기기
    점수 ▼ 을(를) 1 만큼 바꾸기  ┐
    2 초 기다리기               ┘ ❶
    보이기
    모양을 머핀1 ▼ (으)로 바꾸기
```

08

그런데 프로젝트를 실행하다 보니 한 가지 오류가 발견되었네요. 만약 프로젝트가 ❶ 부분에서 멈추게되면 다시 시작할 때 머핀이 사라진 상태에서 다시 나타나지 않아요. 머핀이 나타나지 않으니 쥐에 닿을 수도 없겠죠? 이 부분을 해결해야 완전한 프로젝트가 만들어집니다.

❷ 프로젝트가 시작되면 무조건 보이기 상태가 될 수 있도록 초기화해 주세요.

❸ 2번 모양인 상태에서 프로젝트가 종료될 수도 있기 때문에 다시 1번 모양으로 초기화해 주어야 올바른 프로젝트가 됩니다.

09 업그레이드 된 프로젝트가 완성되었습니다.

UNIT 04

정리하기

쥐

```
클릭했을 때
x: -180 y: 0 로 이동하기 ❶
무한 반복하기
  만약 <<마우스 포인터 에 닿았는가?> 가(이) 아니다> 라면 ❷
    마우스 포인터 쪽 보기
    10 만큼 움직이기
  만약 <<고양이1 에 닿았는가?> 또는 <고양이2 에 닿았는가?>> 라면 ❸
    모두 멈추기 ❹
```

01 쥐

❶ 처음 시작 위치를 초기화해 줍니다.

❷ 쥐가 마우스 포인터를 따라가도록 조건문을 만들어 주세요. 쥐가 마우스 포인터에 닿지 않았을 때만 움직이도록 해야 자연스럽게 이동하는 모습이 연출됩니다.

❸ 쥐가 두 마리의 고양이 중 어느 하나에라도 닿으면 프로젝트가 종료되도록 하기 위해 조건문을 만들었어요. 논리 연산 블록을 잘 활용하면 블록 결합이 더 간단해집니다.

❹ 프로젝트를 종료하고자 할 때에는 멈추기 블록을 활용하면 좋아요.

고양이1

```
클릭했을 때
x: 150 y: -80 로 이동하기 ❶
무한 반복하기 ❷
  쥐 쪽 보기
  5 만큼 움직이기
```

02 고양이1

❶ 위치 초기화가 필요하겠죠?

❷ 계속해서 쥐를 바라보고 이동할 수 있도록 반복문을 만들었습니다.

고양이2

```
클릭했을 때
x: 150 y: 80 로 이동하기 ❶
1 부터 89 사이의 난수 도 방향 보기 ❷
무한 반복하기 ❸
  10 만큼 움직이기
  벽에 닿으면 튕기기
```

03 고양이2

❶ 역시 위치 초기화가 필요해요.

❷ 처음 시작 방향을 임의의 위치로 정하기 위해 난수 블록을 활용했어요.

❸ 무대 이곳저곳을 움직일 수 있도록 반복문을 만들었습니다.

무대

```
클릭했을 때
타이머 초기화 ❶
점수 ▼ 을(를) 0 로 정하기 ❷
10 < 타이머 까지 기다리기 ❸
점수 ▼ 을(를) 5 만큼 바꾸기 ❹
20 < 타이머 까지 기다리기 ❸
점수 ▼ 을(를) 10 만큼 바꾸기 ❹
30 < 타이머 까지 기다리기 ❸
점수 ▼ 을(를) 15 만큼 바꾸기 ❹
```

04 무대

❶ 프로젝트가 시작되면 타이머를 초기화해 주세요.

❷ 점수도 새로 0부터 시작할 수 있도록 초기화가 필요하겠죠?

❸ 타이머가 일정 시간이 지날 때까지 다음 블록을 실행하지 않고 기다려야 합니다.

❹ 타이머가 일정 시간을 지나면 점수를 획득해요.

머핀

```
클릭했을 때
무한 반복하기
    x좌표를 -240 부터 240 사이의 난수 (으)로 정하기 ┐
    y좌표를 -180 부터 180 사이의 난수 (으)로 정하기 │ ❶
    1 초 기다리기                                  ┘
```

```
클릭했을 때
보이기 ┐
모양을 머핀1 ▼ (으)로 바꾸기 ┘ ❷
무한 반복하기
    만약 쥐 ▼ 에 닿았는가? 라면
        모양을 머핀2 ▼ (으)로 바꾸기 ❸
        0.3 초 기다리기 ┐
        숨기기 ┘ ❹
        점수 ▼ 을(를) 1 만큼 바꾸기 ❺
        2 초 기다리기 ┐
        보이기 │ ❻
        모양을 머핀1 ▼ (으)로 바꾸기 ┘
```

05 머핀

❶ 1초 간격으로 무대의 임의의 위치로 계속해서 이동합니다.

❷ 처음 프로젝트를 시작하면 보이기 상태로 만들고 모양도 1번 모양으로 초기화해 주세요.

❸ 머핀은 쥐에 닿으면 한 입 베어먹은 2번 모양으로 변경됩니다.

❹ 2번 모양으로 바뀐 뒤 0.3초 후에는 숨기기 상태로 변해요.

❺ 점수가 1점 상승하도록 바꾸기 블록을 활용했어요.

❻ 2초 후에는 다시 보이기 상태로 돌아오고 머핀의 모양도 1번 모양으로 돌아와요.

SECTION

06

아날로그 시계

UNIT 01

프로젝트 살펴보기

웹 주소 : https://scratch.mit.edu/projects/63953690/

01 이번 섹션에서 만들 프로젝트는 아날로그 시계입니다. 우리가 흔히 볼 수 있는 아날로그 시계를 직접 만들어보려고 해요. 스크래치로 만들 수 있는 작품에는 한계가 없습니다. 우리가 상상한 것들이나 만들고 싶은 것들은 모두 만들 수 있어요. 먼저 완성된 프로젝트를 함께 보도록 할게요.

02 시계 모양의 무대가 보이네요. 여러분들이 직접 그림판을 이용해 시계 모양의 배경을 추가할 수 있어요. 그림판 사용법만 익히면 누구나 예쁜 시계 배경을 만들 수 있습니다. 아주 간단하니 함께 배워보도록 해요.

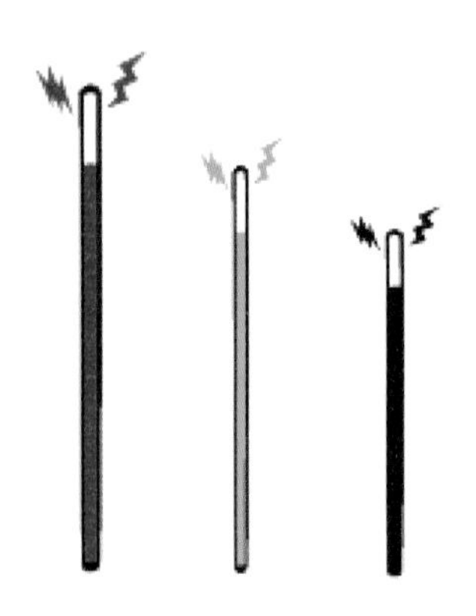

03 초침, 분침, 시침 스프라이트가 있어요. 세 스프라이트는 동일한 스프라이트를 불러와 크기와 색깔을 다르게 표현한 것이에요. 이것도 역시 그림판 기능을 활용해서 쉽게 만들 수 있어요. 이 세 스프라이트는 마치 진짜 시계처럼 시간에 맞추어 회전하고 있네요. 이렇게 현재 시간을 스프라이트로 표현하려면 어떻게 해야 할까요?

04 마지막으로 시간을 알려주는 곰 스프라이트가 있네요. 곰 스프라이트는 현재 시간을 말풍선을 통해서 알려주고 있어요. 이렇게 말풍선을 통해서 말하는 기능을 하려면 어떤 블록이 필요할까요? 또 현재 시간을 이렇게 원하는 형태로 보여주려면 어떤 블록들을 결합해야 할까요? 함께 고민해 봅시다.

UNIT 02

프로젝트 만들기

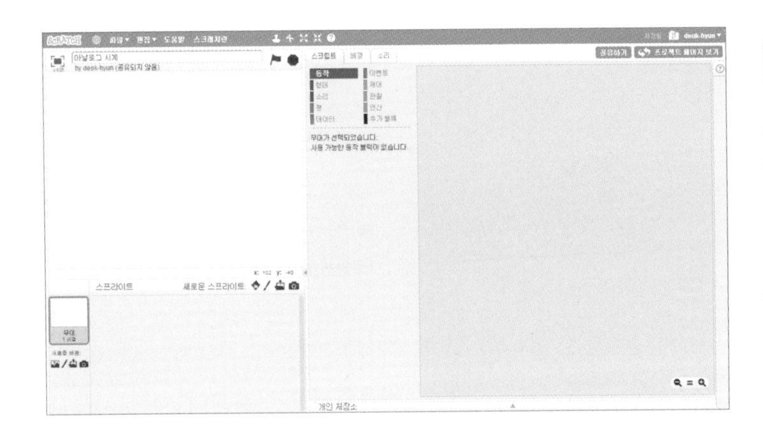

01 프로젝트를 시작하기 위한 준비를 먼저 해야겠네요. 프로젝트 창을 열고, 프로젝트 이름을 수정합니다. 고양이 스프라이트는 필요 없으니 삭제해주세요. 프로젝트를 만들기 위한 기본 준비가 되었다면 함께 시작해 볼까요?

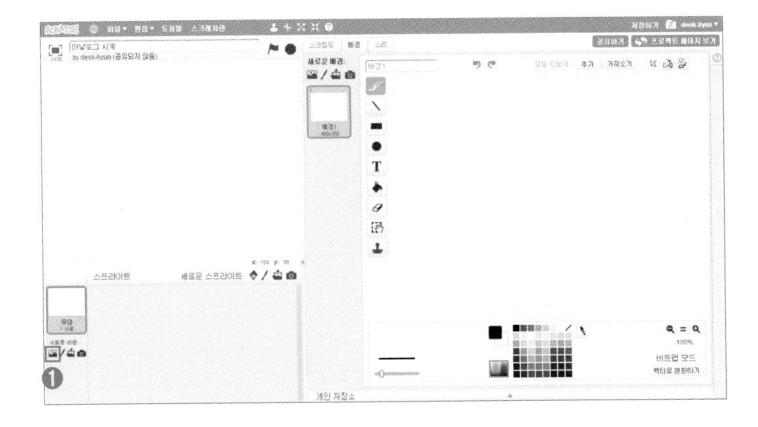

02 무대에 배경을 추가합니다. 이번 프로젝트에 사용할 배경은 그림판을 이용해 배경 저장소에 있는 이미지들을 결합하고, 추가해서 만들어야 해요. 어떻게 원하는 배경을 만들 수 있는지 함께 살펴봅시다.

❶ 무대에 배경을 추가하기 위해 배경 저장소를 클릭합니다.

선생님 TIP

스프라이트를 추가하는 것과 모양을 추가하는 것은 차이가 있습니다. 스프라이트를 추가한다는 것은 새로운 스프라이트 하나를 등록하는 것이죠. 모양을 추가하는 것은 한 스프라이트 내에서 또 다른 모양 하나를 새로 등록한다는 의미입니다. 스프라이트 창에서는 새로운 스프라이트를 추가할 수 있고, 스프라이트를 선택한 후 모양 탭을 선택하면 새로운 모양을 추가할 수 있는 아이콘이 나타납니다.

❶ 스프라이트 창에서 새로운 스프라이트 추가하기(스프라이트 저장소가 나타납니다.)
❷ 모양 탭에서 새로운 모양 추가하기(모양 저장소가 나타납니다.)

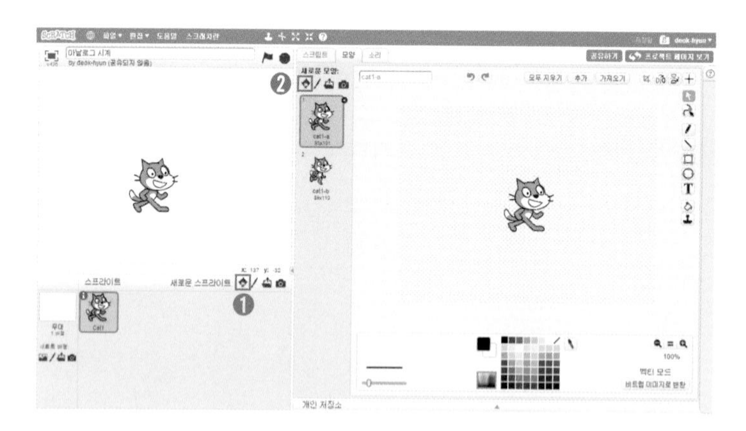

반면에 무대의 경우에는 배경만 추가할 수 있습니다. 무대를 하나 더 추가한다는 것은 맞지 않죠. 하나의 프로젝트에 무대는 오직 하나만 존재하고, 그 하나의 무대에 여러 개의 배경을 추가할 수 있는 것입니다. 따라서 무대 정보 창에서도 배경만을 추가할 수 있고, 배경 탭에서도 배경만을 추가할 수 있습니다.

❶ 무대 정보 창에서 새로운 배경 추가하기(배경 저장소가 나타납니다.)
❷ 배경 탭에서 새로운 배경 추가하기(배경 저장소가 나타납니다.)

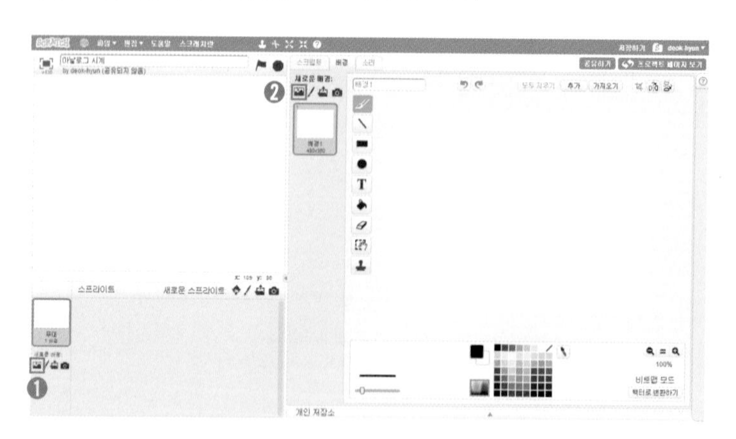

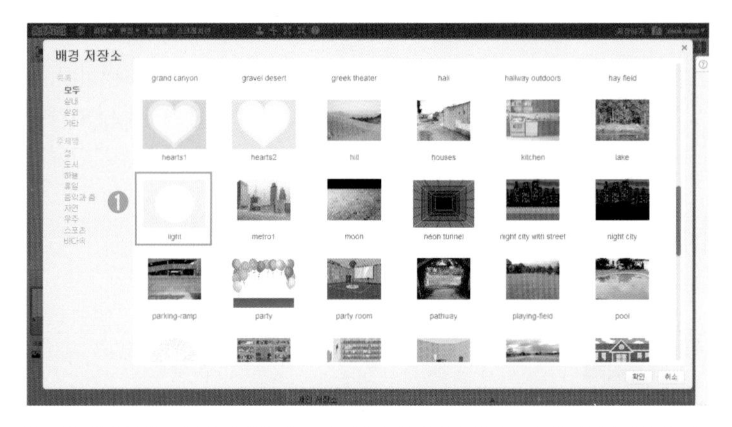

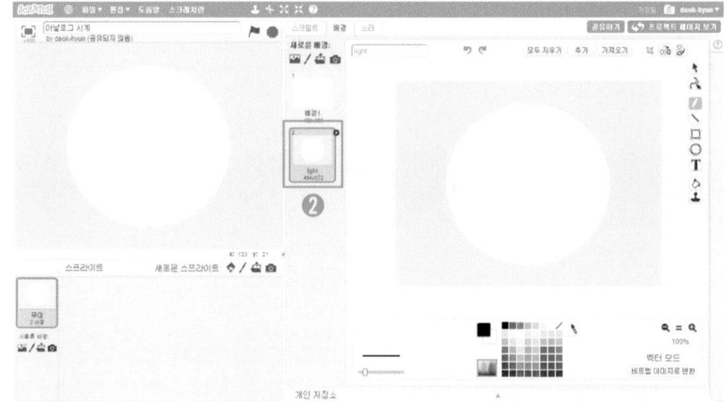

03 배경 저장소에서 아날로그 시계와 어울릴만한 배경을 찾아서 추가합니다.

❶ light 배경을 찾아서 추가해 주세요.

❷ 무대에 새로운 배경이 추가되었습니다.

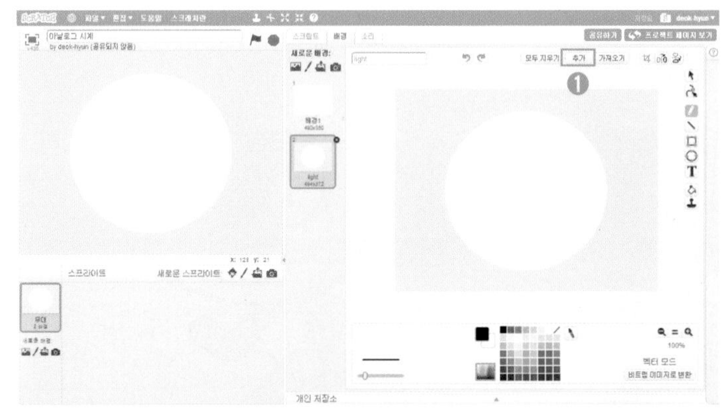

04 추가된 배경 위에 새로운 배경 이미지를 불러올 차례입니다.

기존 배경과는 구별되는 새로운 배경을 추가하는 것은 새로운 배경 추가하기를 하면 되었는데, 기존 배경 위에 새로운 배경 이미지를 불러오는 것은 어떻게 해야 할까요?

❶ 기존 배경을 선택한 후 그림판에 있는 추가 버튼을 클릭합니다.

❷ 배경 저장소가 나타나면 새로 추가할 배경 이미지인 rays를 선택합니다.

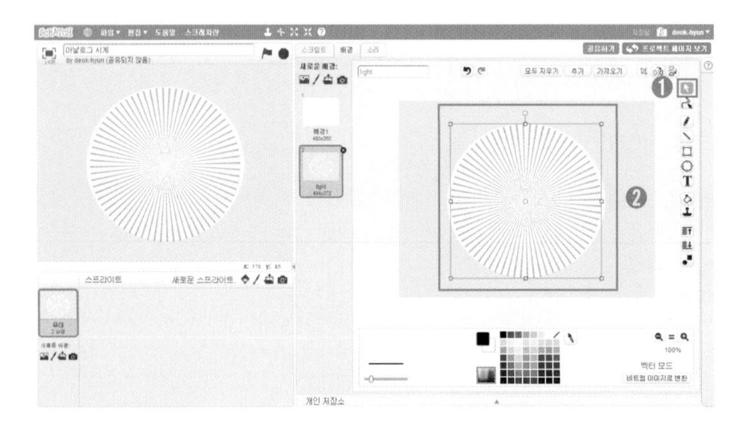

05

light 배경 위에 rays 배경 이미지가 추가되었습니다. 이제 rays 배경 이미지를 줄여서 light 배경의 흰색 부분에 맞춰야 합니다.

❶ 그림판에서 선택하기( ) 아이콘을 클릭한 후 rays 이미지를 클릭합니다.

❷ 선택된 rays 이미지를 크기에 맞게 줄여서 light 배경의 흰색 부분에 맞도록 위치를 조정하세요.

학생 TIP

그림판 살펴보기

그림판은 무대의 배경이나 스프라이트의 모양을 수정, 추가할 수 있는 툴입니다. 스크래치 내에서 제공하고 있는 기능으로 간단한 조작만으로 쉽게 이미지를 수정할 수 있습니다. 그림판의 여러 기능들을 함께 살펴보며 배워봅시다.

그림판을 학습하기 전에 알아두어야 할 내용이 하나 있습니다. 그림판의 이미지는 2종류로 구분이 되는데요, 비트맵 이미지와 벡터 이미지가 그것입니다. 먼저 비트맵 이미지는 픽셀이라고 불리는 작은 점들이 모여서 하나의 큰 이미지를 만드는 것입니다. 반면에 벡터 이미지는 수학적 계산에 따라 선의 모양을 통해 이미지를 구성한 것입니다. 이렇게 말로는 조금 이해하기가 힘들죠? 다음 이미지를 보면서 비교하면 훨씬 쉽게 이해할 수 있습니다.

❶ 비트맵 이미지
❷ 벡터 이미지

비트맵 이미지　　　벡터 이미지

두 이미지를 비교해보면 먼저 비트맵 이미지는 아주 작은 점들이 모여서 하나의 큰 고양이 이미지를 만들고 있어요. 그래서 비트맵 이미지는 확대할수록 작은 점들이 더 잘 보이고, 약간 울퉁불퉁한 이미지가 되어버리죠. 비트맵 이미지는 크게 확대하거나 축소하면 원래의 이미지가 망가질 수 있으니 주의해야 합니다. 벡터 이미지는 전체를 선의 모양을 통해서 만들었기 때문에 이미지를 확대하거나 축소해도 원래의 이미지 형태가 그대로 남아 있어요. 비트맵 이미지 보다는 조금 더 선명한 모양을 하고 있죠.

비트맵 이미지와 벡터 이미지의 차이를 이해했다면 각 이미지에 따른 그림판의 기능들을 살펴보도록 할까요?

비트맵 모드

그림판의 비트맵 모드에서는 비트맵 이미지를 수정할 수 있습니다. 그림판의 오른쪽 아래에 보면 '비트맵 모드'라고 써 있는 것을 확인할 수 있어요. 현재 그림판에 나타나있는 고양이가 비트맵 이미지이기 때문에 그림판의 비트맵 모드에서 작업을 하는 것이죠. 비트맵 모드 글자 아래에 있는 '벡터로 변환하기' 버튼을 누르면 벡터 모드로 변환할 수도 있습니다.

비트맵 모드에서는 여러 가지 기능 툴이 그림판의 왼쪽 화면에 나타납니다. 각 기능들을 살펴볼까요?

❶ 붓( ) : 붓처럼 이미지를 그리는 기능입니다.

❷ 선( ) : 직선을 그리는 기능입니다.

❸ 사각형( ) : 사각형을 그리는 기능입니다. 테두리만 있는 사각형과 안쪽에 색깔이 채워져 있는 두 종류의 사각형을 그릴 수 있어요. shift 키를 누른 상태에서 사각형을 그리면 정사각형이 그려집니다.

❹ 타원( ) : 타원을 그리는 기능입니다. 테두리만 있는 타원과 안족에 색깔이 채워져 있는 두 종류의 타원을 그릴 수 있어요. shift 키를 누른 상태에서 타원을 그리면 원이 그려집니다.

❺ 텍스트(T) : 이미지 위에 글자를 쓰는 기능입니다. 단, 한글은 쓸 수 없으니 주의하세요.

❻ 색칠하기( ) : 선택한 색으로 색칠하는 기능입니다.

❼ 지우개( ) : 이미지를 지우는 기능입니다. 벡터 모드에서는 지원하지 않고, 비트맵 모드에서만 사용할 수 있어요. 지우개의 크기를 조절하는 것도 가능합니다.

❽ 선택하기( ): 이미지의 특정 영역을 선택하는 기능입니다. 선택한 이미지를 이동하거나 삭제할 수 있어요.

❾ 영역을 선택해서 복사하기( ) : 이미지의 특정 영역을 선택한 후 복사하는 기능입니다. 복사된 이미지를 이동하여 사용할 수 있습니다.

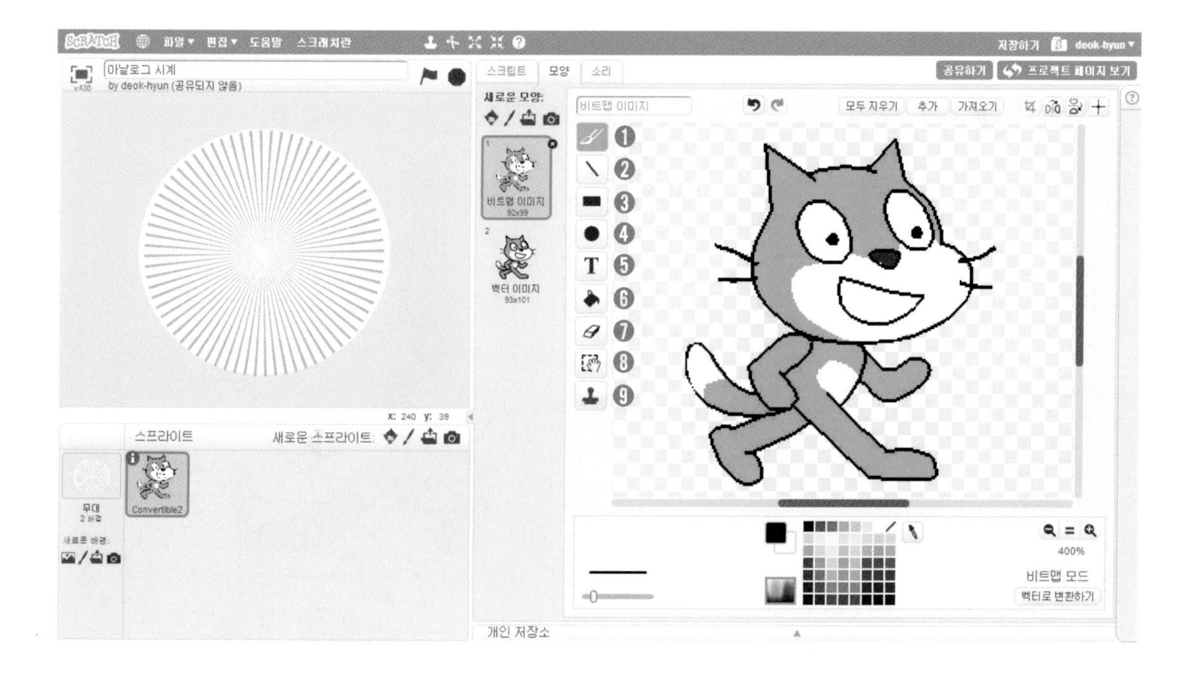

벡터 모드

벡터 모드는 비트맵 모드와는 반대로 여러 가지 기능 툴이 그림판의 오른쪽에 나타납니다. 각 기능들을 살펴봅시다.

❶ 선택하기( ) : 이미지를 선택하는 기능입니다.

❷ 형태고치기( ) : 이미지의 테두리를 늘이거나 줄여서 형태를 수정하는 기능입니다.

❸ 펜( ) : 이미지를 그리는 기능입니다.

❹ 선( ) : 직선을 그리는 기능입니다.

❺ 사각형( ): 사각형을 그리는 기능입니다. 테두리만 있는 사각형과 안쪽에 색깔이 채워져 있는 두 종류의 사각형을 그릴 수 있어요. shift 키를 누른 상태에서 사각형을 그리면 정사각형이 그려집니다.

❻ 타원( ) : 타원을 그리는 기능입니다. 테두리만 있는 타원과 안쪽에 색깔이 채워져 있는 두 종류의 타원을 그릴 수 있어요. shift 키를 누른 상태에서 타원을 그리면 원이 그려집니다.

❼ 텍스트(T) : 이미지 위에 글자를 쓰는 기능입니다. 단, 한글은 쓸 수 없으니 주의하세요.

❽ 색칠하기( ) : 선택한 색으로 색칠하는 기능입니다.

❾ 복사( ) : 이미지를 선택하여 복사하는 기능입니다.

❿ 한 레이어 앞으로 보내기( ) : 이미지가 겹쳐 있을 경우 앞으로 한 레이어를 이동시키는 기능입니다.

⓫ 한 레이어 뒤로 보내기( ) : 이미지가 겹쳐 있을 경우 뒤로 한 레이어를 이동시키는 기능입니다.

⓬ 그룹화 해제( ) : 이미지를 각 요소별로 분해시키는 기능입니다.

※ ❿, ⓫, ⓬번 기능은 선택하기( )로 이미지를 선택해야 나타나는 기능입니다. 이미지를 선택하지 않은 상태에서는 해당 버튼이 나타나지 않으니 주의하세요.

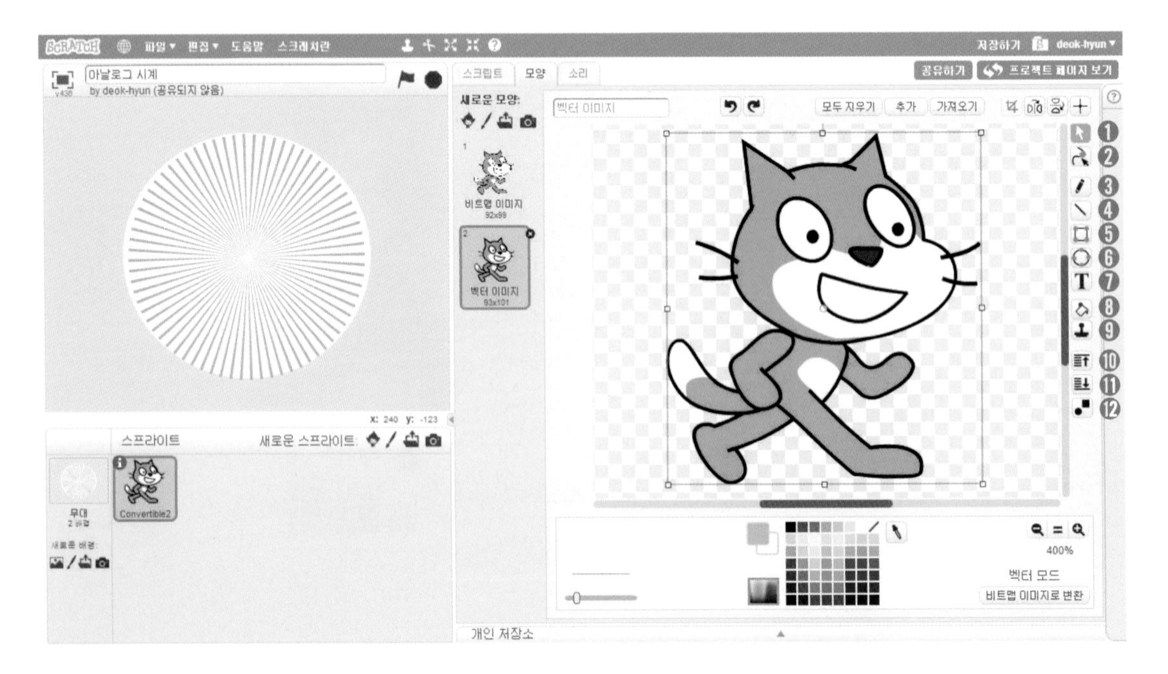

공통 기능

❶ 되돌리기( ) : 그림판에서 이루어진 작업을 한 단계 이전으로 되돌립니다.

❷ 재시도( ) : 되돌리기 한 작업을 취소합니다.

❸ 모두 지우기(모두 지우기) : 그림판의 이미지를 모두 지웁니다.

❹ 추가(추가) : 그림판에 새로운 이미지를 추가하기 위해 모양저장소를 불러옵니다.

❺ 가져오기(가져오기) : 컴퓨터나 외부저장장치에 있는 그림 파일을 불러와 그림판에 새로운 이미지를 추가합니다.

❻ 좌우반전( ) : 이미지의 좌우를 반전시킵니다.

❼ 상하반전( ) : 이미지의 상하를 반전시킵니다.

❽ 모양중심설정( ) : 이미지의 중심점을 설정합니다.

❾ 화면 축소( ) : 그림판의 화면을 축소합니다.

❿ 화면 확대( ) : 그림판의 화면을 확대합니다.

⓫ 화면 최소화( ) : 그림판의 화면을 최소크기로 축소합니다.

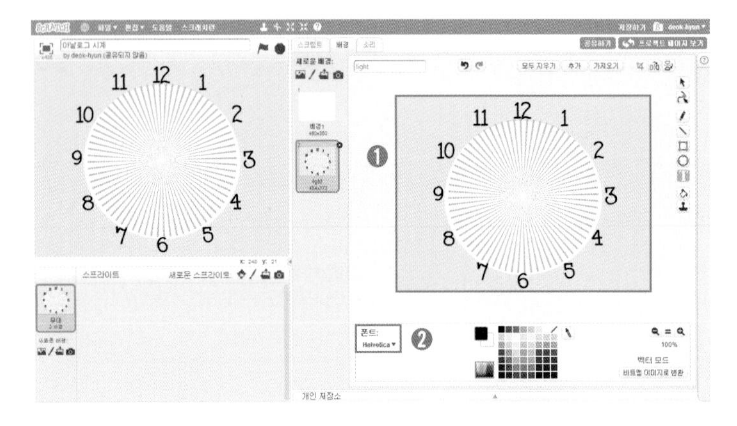

06

아날로그 시계의 모습이 갖추어져 가고 있습니다. 시계를 표현하기 위해 숫자를 추가해야 겠네요. 텍스트(T) 기능을 이용해 1~12의 숫자를 추가해줍니다.

❶ 숫자의 크기와 위치를 알맞게 변형시켜 주세요.

❷ 텍스트 기능을 사용할 때는 폰트를 선택할 수 있습니다. 마음에 드는 폰트를 골라서 사용하세요.

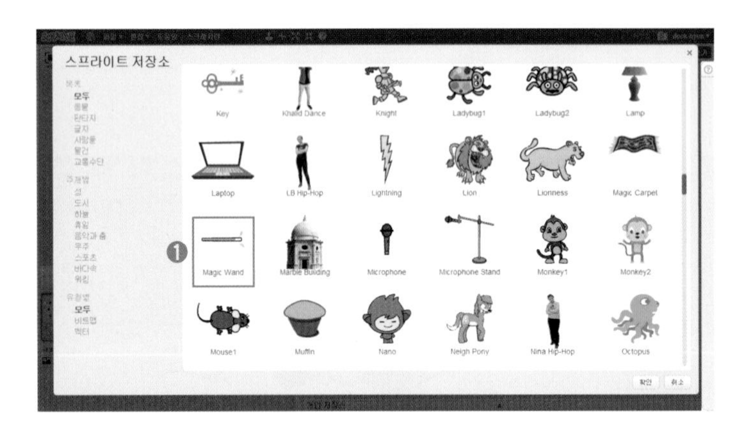

07

배경이 완성되었습니다. 여러분들은 직접 그림판의 기능을 활용하여 더 멋진 배경을 완성해보세요. 이제 스프라이트를 만들 차례입니다. 스프라이트 저장소를 열고, 시계의 바늘로 사용할 스프라이트를 찾아볼까요?

❶ Magic Wand 스프라이트를 찾아서 프로젝트에 추가합니다.

❷ Magic Wand 스프라이트의 이름을 '시침'으로 수정합니다. 이제 이 스프라이트는 시계에서 '시'를 알려주는 기능을 하게 됩니다.

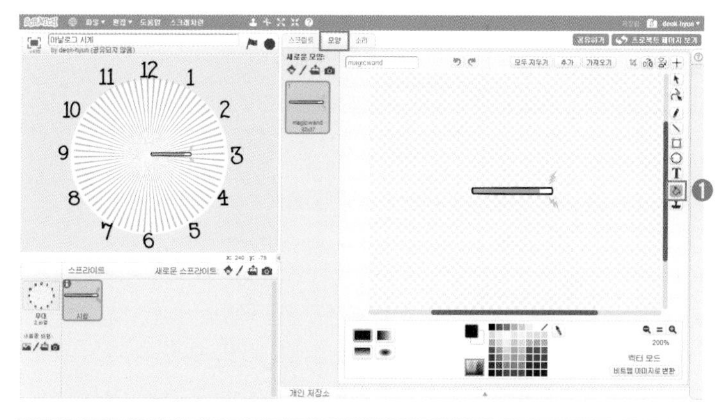

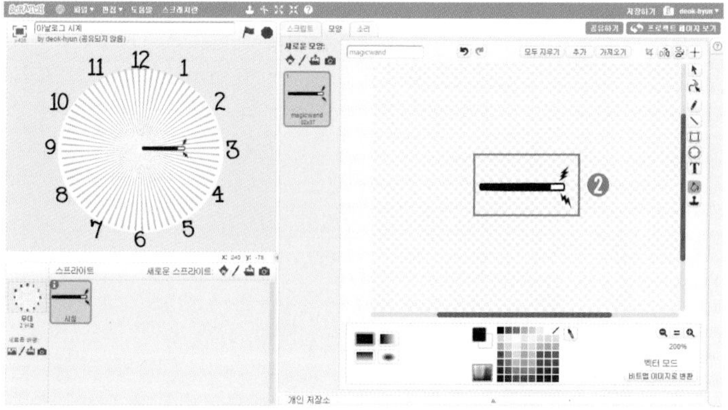

08

시침 스프라이트의 모양을 바꾸기 위해 모양 탭을 클릭하고 그림판으로 이동합니다. 이제 시침 스파라이트를 마음에 드는 색깔로 바꿔볼까요?

❶ 색칠하기( ) 기능을 활용해 스프라이트의 색깔을 바꿔주세요.

❷ 시침 스프라이트의 색깔이 변경되었습니다.

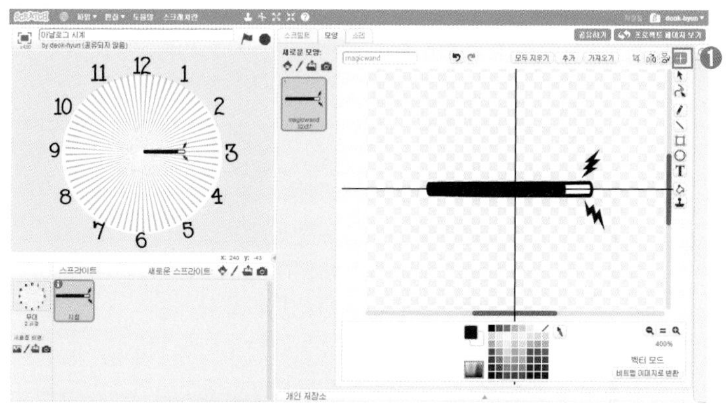

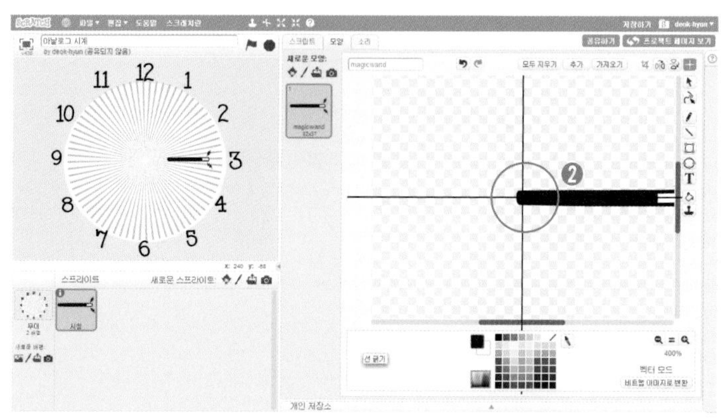

09

시침 스프라이트가 아날로그 시계의 시겟바늘처럼 회전하기 위해서는 모양 중심을 변경해주어야 합니다. 모양중심설정 기능을 활용해볼까요?

❶ 모양중심설정(+) 아이콘을 클릭하면 현재 이미지의 중심점이 어느 위치로 설정되어 있는지가 나타납니다.

❷ 이미지의 중심점을 왼쪽 끝부분으로 변경합니다. 새로운 중심점으로 바꾸고 싶은 위치에서 마우스를 클릭하면 됩니다.

학 생 TIP

왜 시침 스프라이트의 모양 중심을 변경하는 걸까요?
스프라이트에서 모양 중심은 여러 가지 역할을 합니다. 하나씩 살펴볼까요?

❶ 스프라이트의 위치를 표시하는 좌표는 모양 중심을 기준으로 합니다. 스프라이트가 동일한 곳에 위치하더라도, 모양 중심이 어디로 되어 있는가에 따라 위치를 표시하는 좌표가 달라질 수 있습니다.
❷ 스프라이트와 스프라이트 간의 거리를 잴 때도 두 스프라이트의 모양 중심을 기준으로 합니다. 두 스프라이트의 모양 중심이 엉뚱한 곳으로 되어 있으면 두 스프라이트 간의 거리도 달라지게 됩니다.
❸ 스프라이트의 모양 중심은 스프라이트가 방향을 변경할 때 회전의 중심 역할을 합니다. 즉, 모양 중심을 중심점으로 하여 회전하기 때문에 모양 중심에 따라 회전하는 형태가 달라질 수 있습니다.

이번 프로젝트에서 시침 스프라이트의 모양 중심을 변경하는 것은 회전하는 모습이 달라지기 때문입니다. 시침 스프라이트의 모양 중심은 원래 스프라이트의 가운데 위치로 설정되어 있어요. 이 때 스프라이트의 방향이 바뀌면 스프라이트가 어떻게 회전하는지 봅시다. 아래 그림에서 빨간 십자가 표시는 스프라이트의 모양 중심을 나타내고 있습니다. 중심을 기준으로 방향에 따라서 회전하는 모습이 나타나고 있네요. 그런데 실제 시곗바늘이라면 이렇게 회전하면 안 되겠죠?

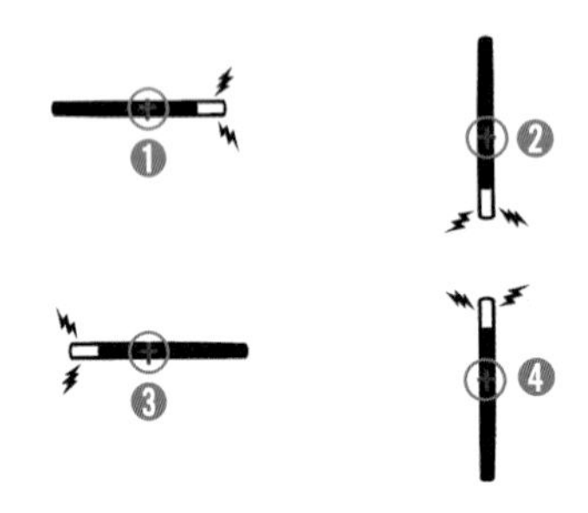

❶ 스프라이트의 방향이 90도일 때
❷ 스프라이트의 방향이 180도일 때
❸ 스프라이트의 방향이 -90(=270)도일 때
❹ 스프라이트의 방향이 0도일 때

그럼 이제 시침 스프라이트의 모양 중심을 끝부분으로 변경한 뒤에 회전하는 모습을 살펴볼까요? 스프라이트의 모양 중심을 중심점으로 하여 회전하는 모습이 나타납니다. 실제 시곗바늘은 이런 모습으로 회전하기 때문에 모양 중심을 반드시 변경해주어야 합니다.

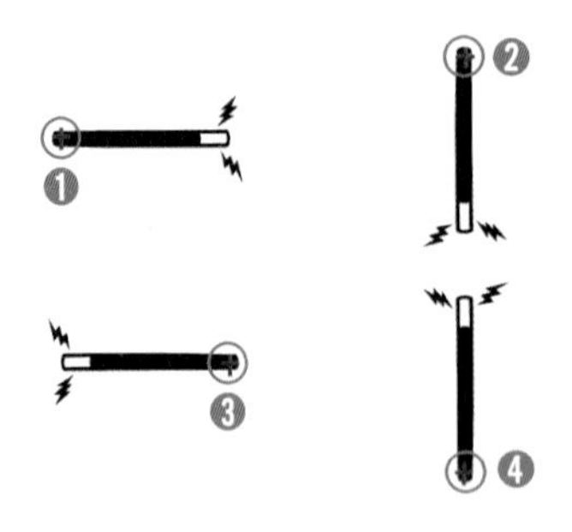

❶ 스프라이트의 방향이 90도일 때
❷ 스프라이트의 방향이 180도일 때
❸ 스프라이트의 방향이 -90(=270)도일 때
❹ 스프라이트의 방향이 0도일 때

선생님 TIP

스프라이트가 어떤 기능을 하는가에 따라 모양 중심 설정을 변경할 필요가 있습니다. 앞에서 제시한 3가지 상황을 체크하고 필요할 경우 모양 중심을 변경해야 프로젝트가 올바르게 작동합니다. 또한 무대의 배경은 모양 중심을 따로 설정하지 않습니다. 이 부분을 주의해주세요.

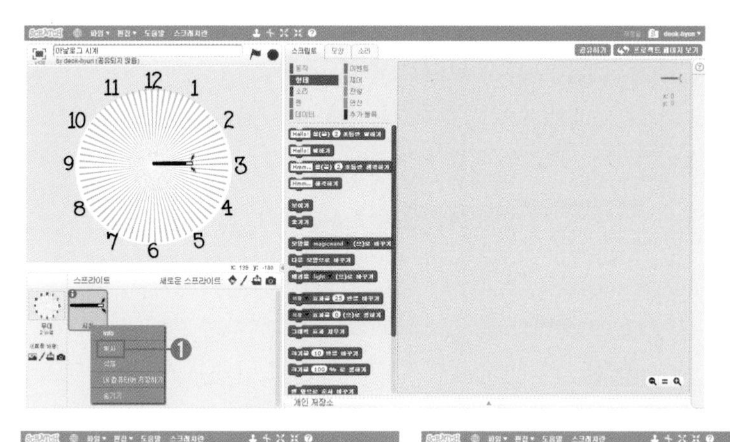

10 이제 분침 스프라이트를 만들어볼까요? 분침은 시침 스프라이트를 복사해서 만들도록 해요.

❶ 시침 스프라이트를 선택하고 마우스 오른쪽 버튼을 클릭하면 메뉴가 나타납니다. 복사를 선택해주세요.

❷ 시침 스프라이트와 동일한 스프라이트가 만들어졌습니다.

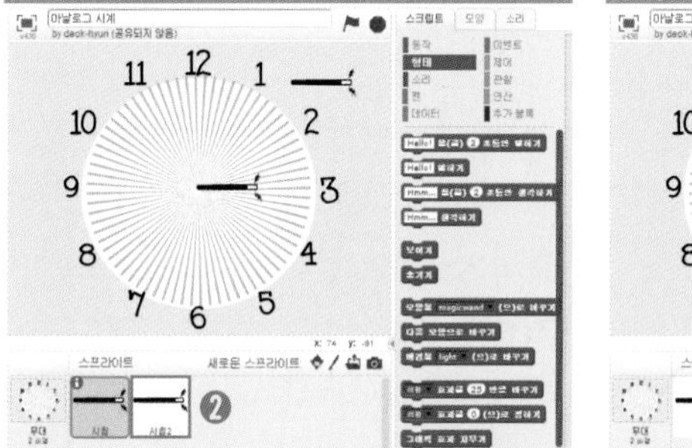

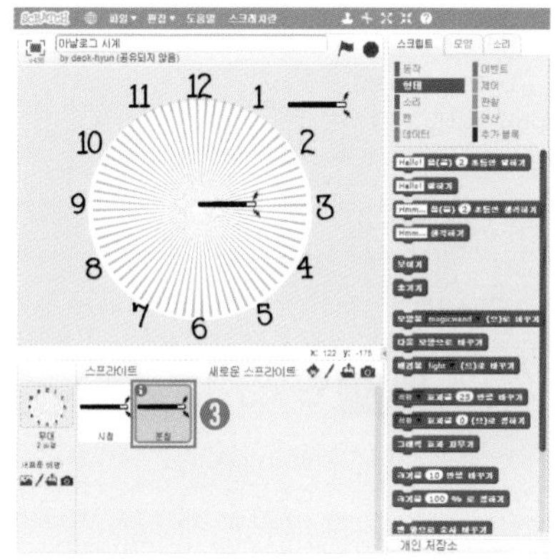

❸ 새로 만들어진 스프라이트의 이름을 '분침'으로 수정해 주세요.

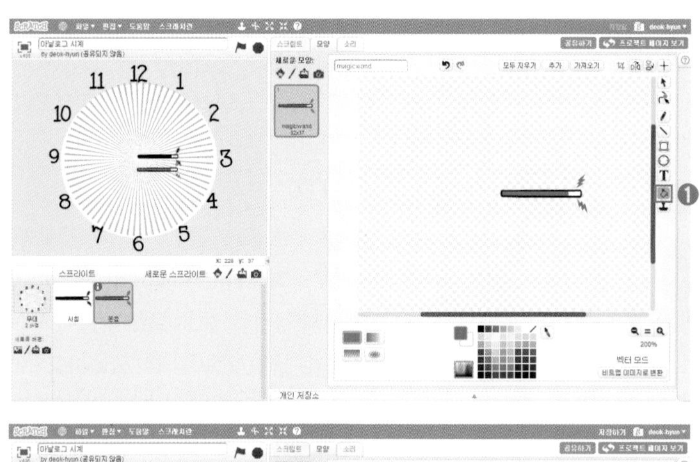

11 분침 스프라이트는 시침 스프라이트보다 조금 더 긴 모양이 되어야 하겠죠? 색깔도 다르게 변경해 볼까요?

❶ 색칠하기( )로 분침 스프라이트의 색깔을 변경해주세요.

❷ 선택하기( )를 클릭한 후 이미지를 선택하면 이미지의 테두리선이 나타납니다. 테두리선의 오른쪽 부분을 클릭해서 드래그하면 이미지의 길이가 늘어납니다. 적당한 분침 길이로 늘려주세요.

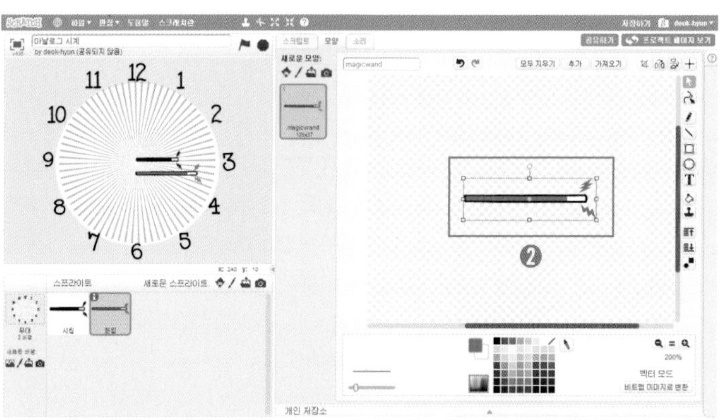

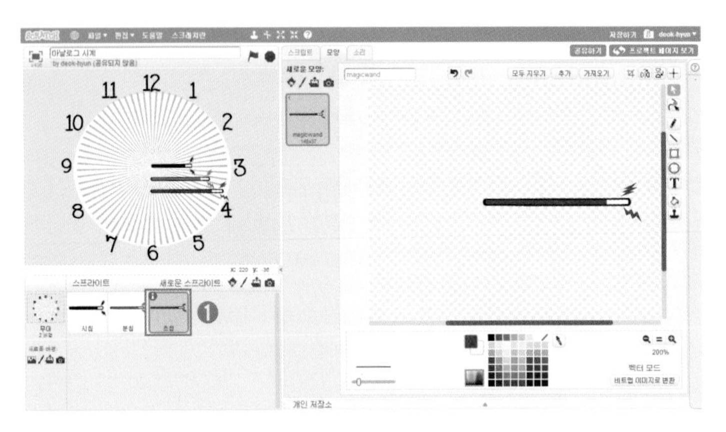

12 분침 스프라이트까지 완성되었으니, 동일한 방법으로 초침 스프라이트를 완성해볼까요?

❶ 분침 스프라이트를 복사한 후 스프라이트 이름을 '초침'으로 변경합니다. 색깔과 길이를 변경해주면 초침 스프라이트가 완성됩니다.

13 세 스프라이트의 모양이 완성되었습니다. 이제 각 스프라이트의 스크립트를 만들 차례입니다. 먼저 초침 스프라이트의 스크립트를 만들어봅시다.

❶ 프로젝트가 시작되면 초침 스프라이트의 중심이 무대의 한 가운데로 갈 수 있도록 위치를 초기화합니다.

❷ 아날로그 시계의 시곗바늘 스프라이트는 무한 반복해서 어느 방향을 바라보도록 해야합니다. 어느 방향을 바라보도록 해야할까요?

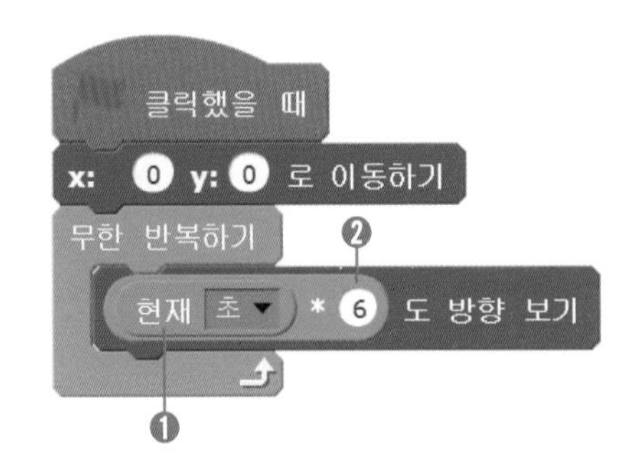

14 초침 스프라이트는 1초마다 회전하도록 되어 있습니다. 먼저 현재 시간을 알아야겠죠? 현재 시간을 알 수 있는 블록이 어디 있을까요? 또 초침 스프라이트는 1초마다 몇 도씩 움직일까요?

❶ 관찰 블록 카테고리에서 현재 시간을 표현할 수 있는 블록을 찾아보세요.

❷ 초침은 1초에 6도씩 회전합니다. 사칙연산 블록을 활용해서 스크립트를 완성하세요.

학생 TIP

현재 초 ▼ 는 현재 시간 정보를 출력하는 블록입니다. 초 외에도, 년, 달, 일, 요일, 시, 분 등의 시간 정보를 출력해 줘요. 블록을 더블 클릭하면 관련 시간 정보를 확인할 수 있어요. 한 가지 주의할 점은 요일은 월~일의 문자 형태로 알려주지 않고, 숫자로 알려준다는 점입니다. 일요일부터 시작해 토요일까지 1~7의 숫자로 표현합니다. 일요일이 7이 아닌 1로 표시된다는 점도 기억해야겠죠?

15 분침 스프라이트의 움직임은 초침 스프라이트와 거의 동일합니다. 하지만 움직이는 기준이 되는 시간은 조금 다르겠죠? 초침 스프라이트가 매초마다 움직였다면, 분침 스프라이트는 매분마다 움직이면 됩니다. 그럼 분침 시곗바늘은 1분에 몇 도를 움직일까요?

❶ 분침 스프라이트의 위치를 초기화해줍니다.

❷ 분침 시곗바늘은 1분에 6도씩 움직여요. 스프라이트가 정확하게 움직일 수 있도록 블록을 결합합니다.

16 시침 스프라이트를 완성할 차례네요. 시침 시곗바늘은 1시간에 몇 도를 움직일까요? 한 바퀴 360도를 도는데 12시간이 걸리니까, 1시간에는 30도를 돌겠네요. 그런데 1시간에 30도를 돌도록 하면 뭔가 어색한 시침 시곗바늘이 되어 버립니다. 1시간마다 움직이는 시곗바늘이 되어버리죠. 그럼 시침 시곗바늘은 1분에 몇 도를 움직일까요?

❶ 시침 스프라이트의 위치를 초기화합니다.

❷ 시침 시곗바늘은 1분에 0.5도를 회전합니다. 이에 맞도록 블록을 결합해주세요.

시침

17 하지만 이렇게 스크립트를 만들고 나니 원래 시계처럼은 움직이지 않네요. 시침 스프라이트에 오류가 생겼네요. 스크립트의 어떤 부분을 수정해야 할까요?

❶ 시침 스프라이트는 몇 시인지에 따라 위치가 달라져요. 현재 시간에 30도를 곱한 만큼 이동한 뒤에 현재 분을 이용해 계산해주어야 합니다.

학생 TIP

시침 스프라이트는 1분마다 0.5도를 회전합니다. 하지만 몇 시인가에 따라 시작하는 위치가 달라지게 되죠. 만약 3시라면 90도 방향에서 시작해 1분마다 0.5도씩을 움직이게 됩니다. 따라서 스크립트를 구성할 때는 현재 시간을 고려하여 연산블록을 잘 활용해야 합니다. 다음의 2가지 스크립트는 모두 같은 원리를 적용하여 만들었습니다. 비교해보고 모두 익혀두세요.

클릭했을 때
x: 0 y: 0 로 이동하기
무한 반복하기
현재 시 * 30 + 현재 분 * 0.5 도 방향 보기

18 마지막으로 현재 시간을 알려줄 곰 스프라이트를 추가합니다. 스프라이트 저장소에서 Bear2 스프라이트를 선택하고, 스프라이트의 이름을 '곰'으로 수정합니다.

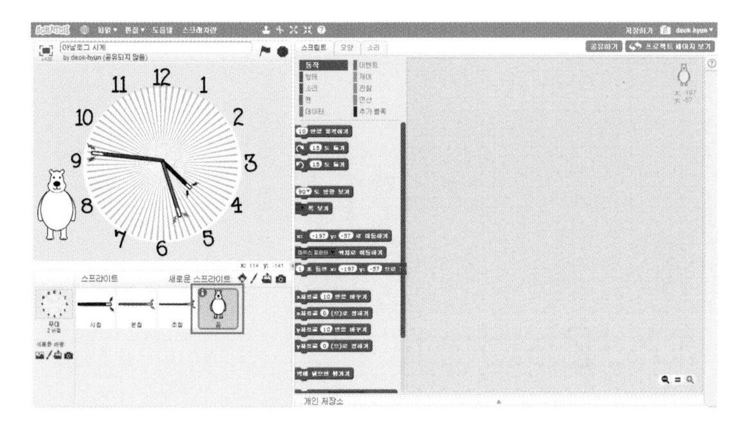

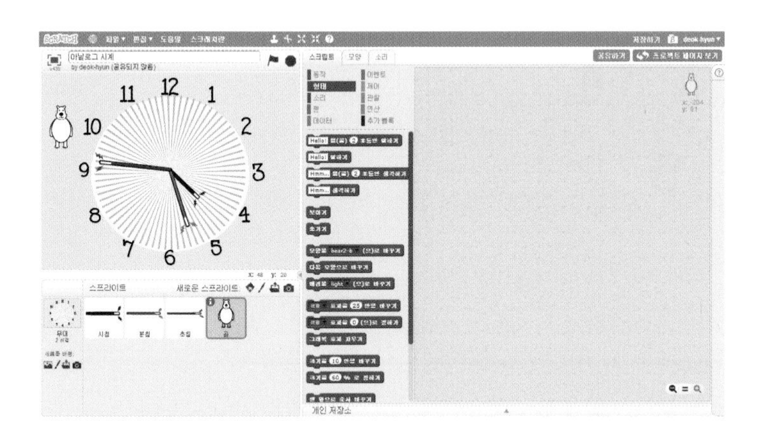

19 곰 스프라이트의 크기를 작게 변경한 후, 왼쪽 위의 적당한 위치로 이동시켜주세요.

20

곰 스프라이트가 현재 시간을 계속해서 말하도록 스크립트를 만듭니다. 현재 시간은 '시 : 분 : 초' 형태로 말할 수 있도록 해주세요. 이런 형태로 말하기 위해서는 어떤 블록이 필요할까요? 연산 블록 카테고리에서 적절한 블록을 찾아봅시다.

❶ 원하는 형태로 현재 시간을 표현하기 위해 결합하기 블록을 사용했어요. 결합하기 블록을 사용하면 2개 이상의 문자나 문자열을 하나의 문자열로 결합할 수 있습니다.

21

아날로그 시계 프로젝트가 완성되었습니다.

UNIT 03

프로젝트 업그레이드 하기

웹 주소 : https://scratch.mit.edu/projects/64774276/

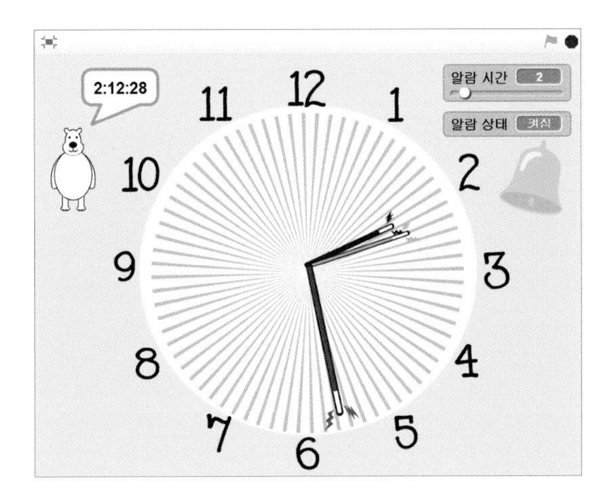

01 프로젝트에 새로운 기능을 추가해봅시다. 알람기능을 추가해볼까요? 종 모양의 알람 스프라이트가 추가되었습니다. 알람 시간과 알람 상태라는 변수가 추가되었네요. 알람시간을 맞추고, 알람 스프라이트를 클릭해 알람 상태가 '켜짐'으로 바뀌면 알람이 나오도록 했어요. 함께 도전해볼까요?

02 알람을 켜고 끌 수 있는 스프라이트가 필요하겠네요. 스프라이트 저장소에서 종 모양의 Bell 스프라이트를 추가한 후, 스프라이트의 이름을 '알람'으로 변경해주세요.

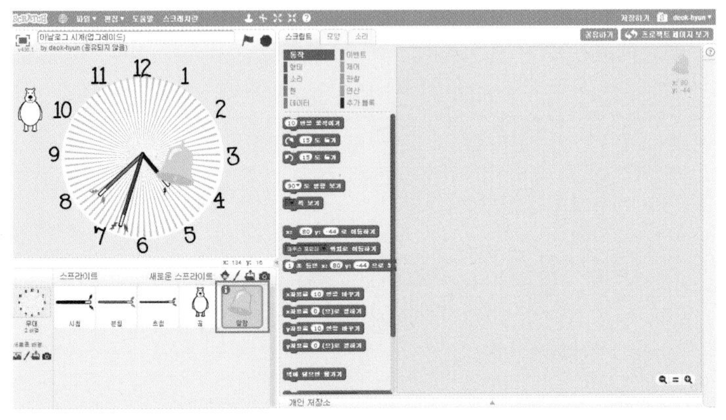

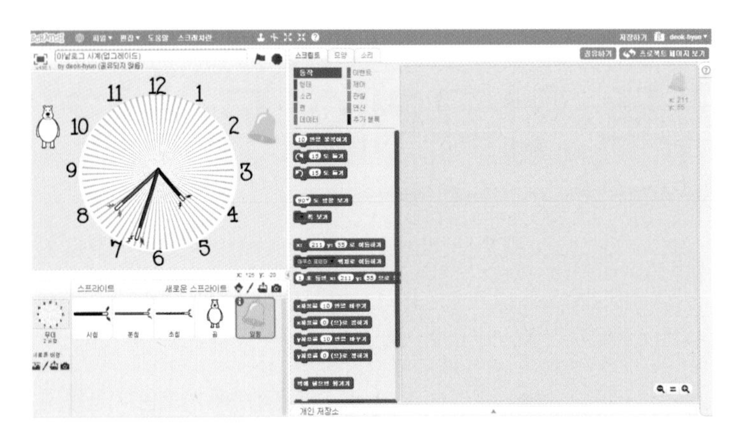

03 알람 스프라이트의 크기를 알맞게 축소한 후, 오른쪽 위의 적절한 위치로 이동시킵니다.

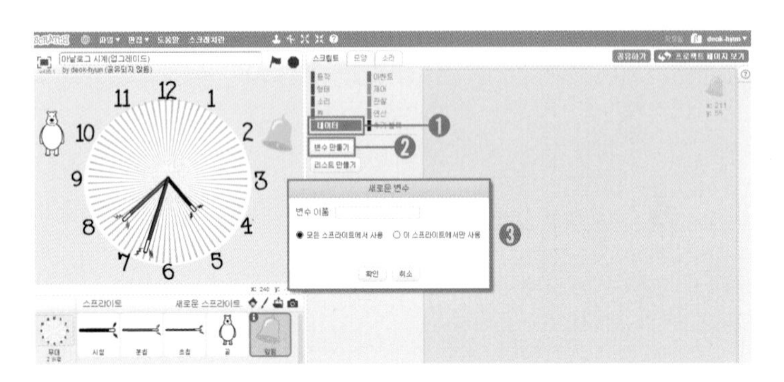

04 업그레이드된 프로젝트에 필요한 2가지 변수를 생성할 차례입니다. 변수 만들기는 데이터 블록 카테고리에서 하는 것 잊지 않았죠? '알람 시간' 변수와 '알람 상태' 변수를 만들어 주세요.

❶ 데이터 블록 카테고리를 클릭합니다.

❷ '변수 만들기' 버튼을 클릭합니다.

❸ 변수 이름을 입력한 후 확인을 클릭합니다.

❹ 변수가 생성되었네요.

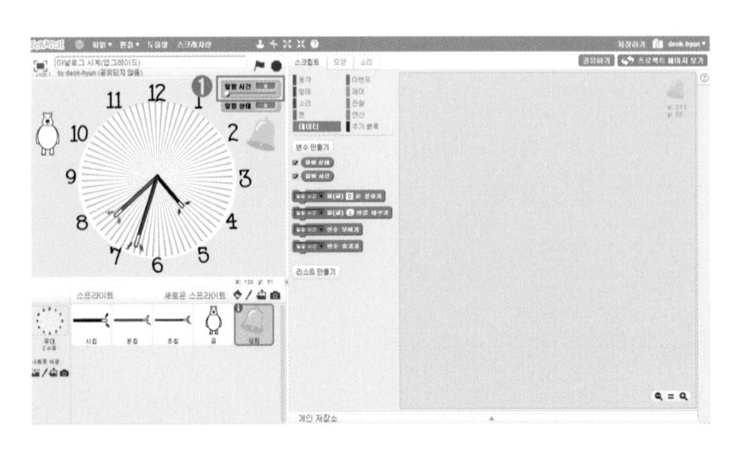

05 실행 창의 왼쪽 위에 생성된 변수 창을 오른쪽 위로 이동시킵니다. 알람 시간을 표시하는 변수 창은 더블 클릭하여 슬라이더 형태로 변경합니다.

❶ 변수 창을 더블 클릭하면 모양이 변경됩니다. 슬라이더 모양이 되도록 더블 클릭해 주세요.

변수 창의 모양 변경하기

실행 창에 생긴 변수 창은 더블 클릭할 때마다 3가지 모양으로 변경됩니다.

❶ 변수이름–변수값 보기(알람 시간 0) : 변수 이름과 변수값을 함께 표시한다.

❷ 변수값 크게 보기(0) : 변수 이름은 표시하지 않고, 변수값을 크게 표시한다.

❸ 슬라이더 사용하기(알람 시간 0) : 변수 이름과 변수값을 함께 표시하며, 변수값을 변경할 수 있는 슬라이더도 함께 나타난다.

3가지 모양 중 필요한 모양으로 변경하여 사용하면 되겠죠? 더블 클릭하지 않아도, 마우스 오른쪽 버튼을 클릭하면 메뉴가 나타나 변수 창의 모양을 변경할 수 있어요. 또한 슬라이더 사용하기 상태에서 마우스 오른쪽 버튼을 클릭하면 메뉴에서 슬라이더의 최소값과 최대값을 정할 수 있어요.

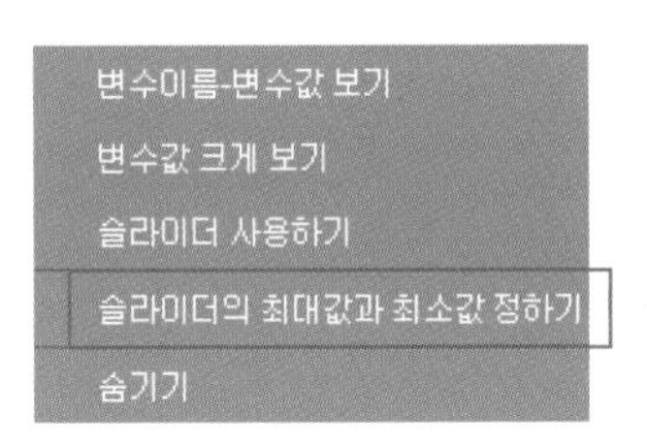

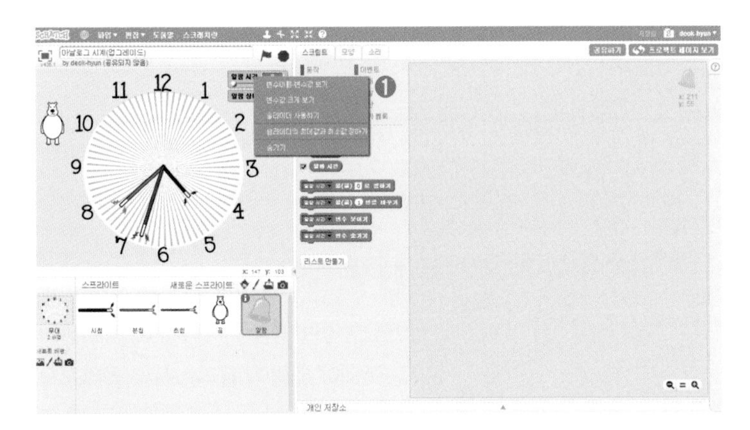

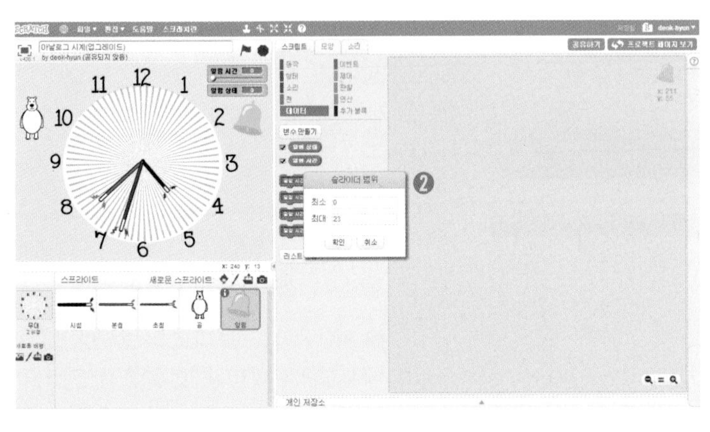

06 알람 시간 변수의 슬라이더의 범위를 정해주세요.

❶ 알람 시간 변수에서 마우스 오른쪽 버튼을 클릭하면 메뉴가 나타납니다.

❷ 슬라이더의 최대값과 최소값 정하기를 클릭한 후, 최소값은 0으로 최대값은 23으로 설정한 후 확인을 클릭합니다. 아날로그 시계에서 활용한 (현재 시 ▾) 블록은 현재 시간에 따라 0~23까지의 숫자를 출력합니다. 이에 맞춰서 알람 시간의 변수값도 0~23의 범위로 한정해 주세요.

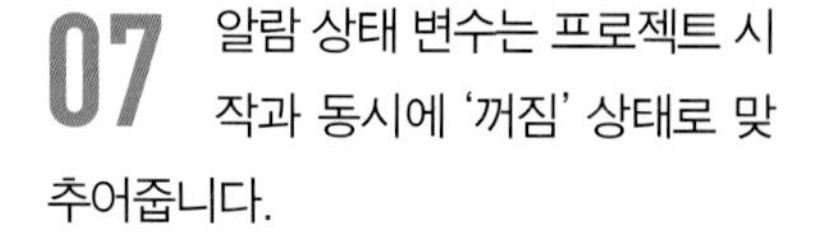

07 알람 상태 변수는 프로젝트 시작과 동시에 '꺼짐' 상태로 맞추어줍니다.

❶ 정하기 블록을 사용하여 알람 상태 변수의 값을 '꺼짐'으로 초기화합니다.

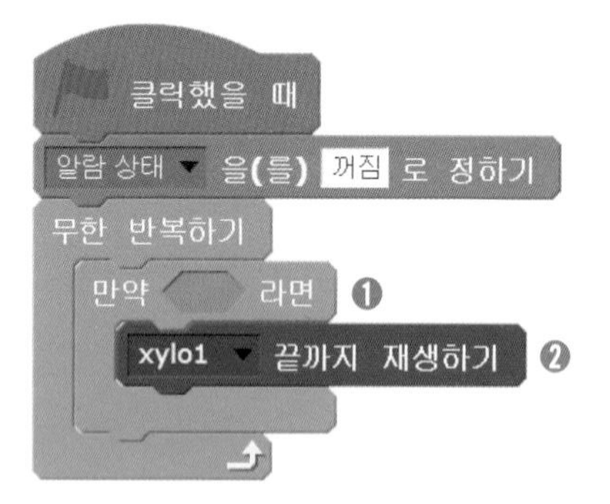

08 알람이 울릴 수 있는 조건을 만족하면 알람이 울리도록 블록을 결합합니다.

❶ 무한 반복문 안에 조건문을 결합하여 알람 기능을 만들어 줍니다.

❷ 알람으로 사용할 소리 파일을 추가한 후, 알람이 울릴 수 있는 소리 블록을 활용합니다.

선생님 TIP

알람 기능을 만들기 위해서는 '끝까지 재생하기' 블록을 사용합니다. 만약 '재생하기' 블록을 사용하면, 소리가 재생되는 도중에 '재생하기' 블록이 반복 실행되어 오류가 발생합니다. 반드시 '끝까지 재생하기' 블록을 사용해야 소리가 엉키지 않고 알람 기능을 완성할 수 있습니다. 학생들에게 '재생하기' 블록과 '끝까지 재생하기' 블록을 번갈아 결합하게 하여 어떤 차이가 있는 지를 스스로 관찰할 수 있도록 해주세요.

09 알람이 울리도록 하기 위해서는 어떤 조건이 만족되어야 할까요? 일반 알람 시계에서 어떤 조건이 만족해야 알람이 울리는지 떠올려보도록 해요. 힌트를 조금 준다면, 알람이 울리기 위해서는 2가지 조건을 만족해야 합니다.

❶ 알람 상태의 변수값이 켜짐으로 되어 있어야 합니다. 처음 프로젝트를 시작하면 '꺼짐'으로 초기화하기 때문에 알람 스프라이트를 클릭해서 '켜짐'으로 바뀐 뒤에야 알람이 울릴 수 있겠죠?

❷ 현재 시간과 알람 시간의 변수값이 일치해야 합니다. 내가 설정한 알람 시간이 되어야 알람이 울릴 수 있도록 하는 것이죠.

알람

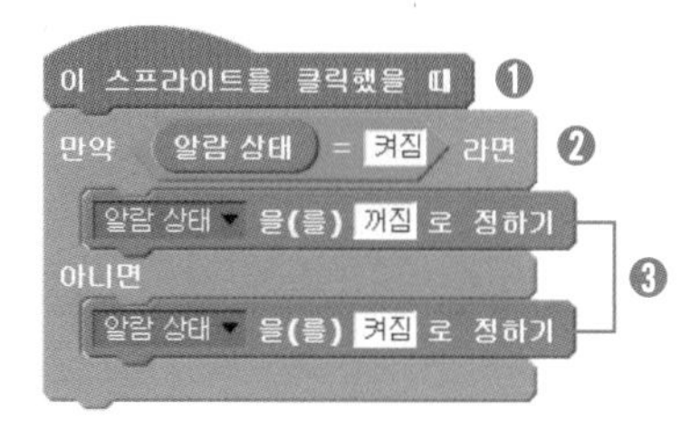

10 이제 알람 스프라이트를 누르면 알람 상태의 변수값이 꺼짐에서 켜짐으로, 켜짐에서 꺼짐으로 변하도록 만들어 주세요.

❶ 이벤트 블록 카테고리에서 알맞은 시작 블록을 찾아 결합합니다.

❷ 알람 상태 변수값에 따라 어떤 값으로 변경할 지를 판단해야 합니다. 조건문을 잘 활용하여 조건과 각각의 실행 부분을 결합해 줍니다.

❸ 현재 알람 상태 변수의 값이 켜짐이면 꺼짐으로 변경하고, 꺼짐이면 켜짐으로 변경할 수 있도록 합니다.

11 업그레이드된 프로젝트가 완성되었어요.

UNIT 04

정리하기

01 초침

❶ 위치를 무대의 중앙으로 초기화합니다.

❷ 1초에 6도씩 회전하는 원리를 활용하여 회전하는 움직임을 만들어 주세요.

분침

```
클릭했을 때
x: 0 y: 0 로 이동하기 ❶
무한 반복하기
  현재 분 * 6 도 방향 보기 ❷
```

02 분침

❶ 위치를 무대의 중앙으로 초기화합니다.

❷ 1분에 6도씩 회전하는 원리를 활용하여 회전하는 움직임을 만들어 주세요.

시침

```
클릭했을 때
x: 0 y: 0 로 이동하기 ❶
무한 반복하기
  현재 시 * 30 + 현재 분 * 0.5 도 방향 보기 ❷
```

03 시침

❶ 위치를 무대의 중앙으로 초기화합니다.

❷ 시침 스프라이트는 1분에 0.5도씩 회전합니다. 하지만 어떤 시간이냐에 따라 시작하는 위치가 달라지게되죠. 매 시간마다 30도씩 움직인다는 점을 함께 계산해 주어야 합니다. 시간에 따라 시작위치가 더해지고, 여기에 1분마다 0.5도씩 회전할 수 있도록 스크립트를 구성하세요.

04 곰

곰

❶ 결합하기 블록을 활용하여 현재 시간을 '시 : 분 : 초'의 형태로 말할 수 있도록 합니다.

05 알람

알람

```
클릭했을 때
알람 상태 을(를) 꺼짐 로 정하기 ❶
무한 반복하기
    만약 < 알람 상태 = 켜짐 그리고 현재 시 = 알람 시간 > 라면 ❷
        xylo1 끝까지 재생하기
```

```
이 스프라이트를 클릭했을 때 ❸
만약 < 알람 상태 = 켜짐 > 라면
    알람 상태 을(를) 꺼짐 로 정하기
아니면
    알람 상태 을(를) 켜짐 로 정하기
```

❶ 알람 상태 변수값을 꺼짐으로 초기화합니다.

❷ 알람 상태 변수값이 켜짐이고, 현재 시간과 설정한 알람 시간 변수값이 동일하면 알람이 울리도록 합니다.

❸ 알람 스프라이트를 클릭했을 때 현재 알람 상태 변수값이 켜짐이면 꺼짐으로, 꺼짐이면 켜짐으로 바뀌도록 해주세요.

CHAPTER 03

특수기능을 응용한 프로그래밍

기본적인 프로젝트를 만드는 것은 익숙해졌나요? 스크래치에는 다양한 효과를 낼 수 있는 여러 가지 특수 기능들이 있습니다. 이제부터는 여러 특수기능을 활용해서 좀 더 화려하고, 역동적인 프로젝트를 만들어 보려고 합니다. 펜 그리기 기능을 활용하여 복잡한 도형을 그릴 수도 있고, 방송하기와 복제하기 기능을 활용해 화려하고, 역동적인 프로젝트도 만들 수 있습니다. 리스트 기능을 활용한 퀴즈 프로젝트에도 도전해 볼까요?

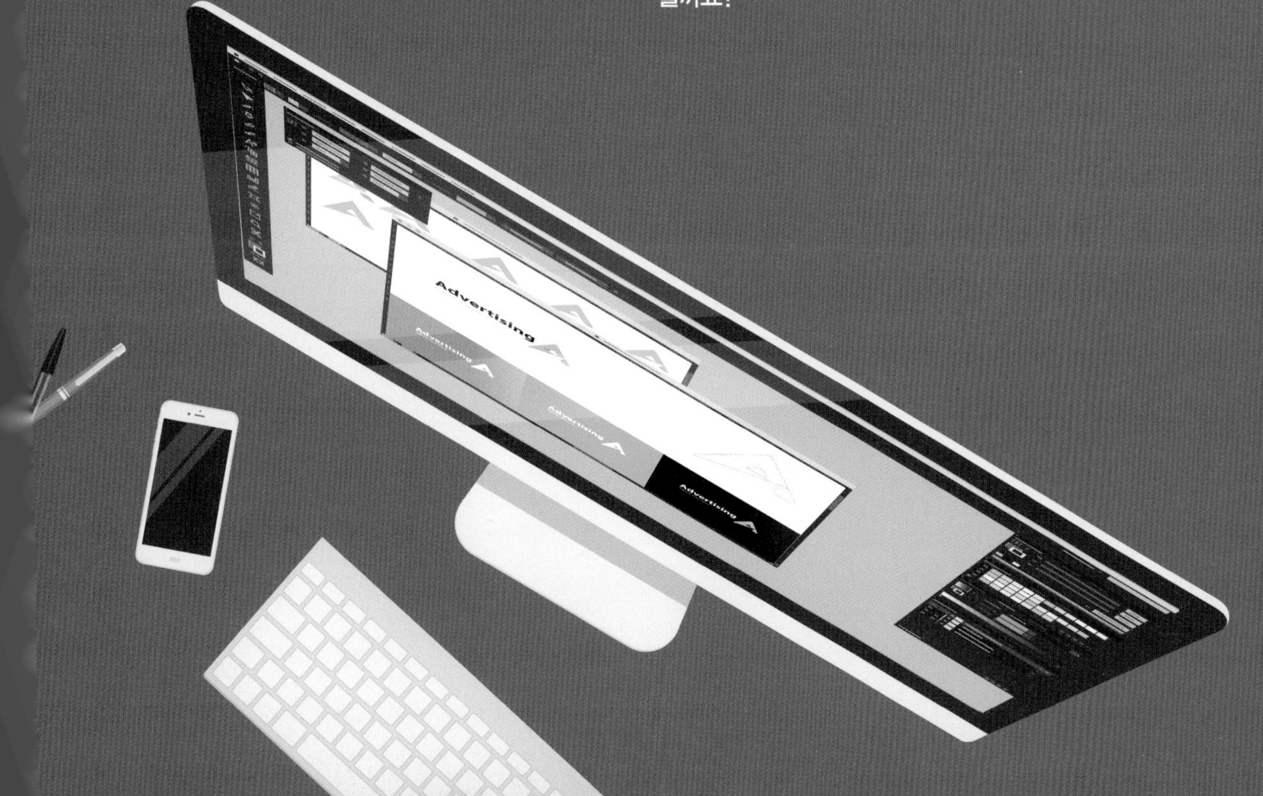

알쏭달쏭 도형 그리기

UNIT 01

프로젝트 살펴보기

웹 주소 : https://scratch.mit.edu/projects/64986810/

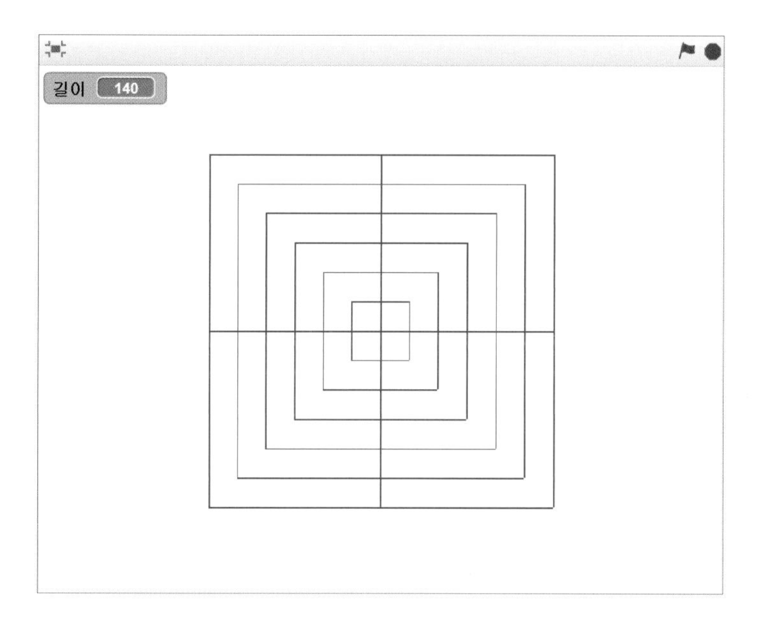

01 이번 섹션에서는 펜 그리기 기능을 활용하여 특이한 도형을 그려보도록 합니다. 먼저 완성된 프로젝트를 살펴보면서 어떻게 완성시켜나가면 좋을지 고민해 봅시다.

02 이번 프로젝트에서 등장하는 스프라이트는 하트 모양의 스프라이트 1개입니다. 스프라이트의 개수만보면 아주 간단한 프로젝트가 될 것 같은 느낌이죠? 하트 스프라이트는 처음에 등장하지 않다가 프로젝트가 시작하면 나타나고, 그림이 완성되면 다시 사라지네요. 이 부분은 어떻게 만들 수 있을까요?

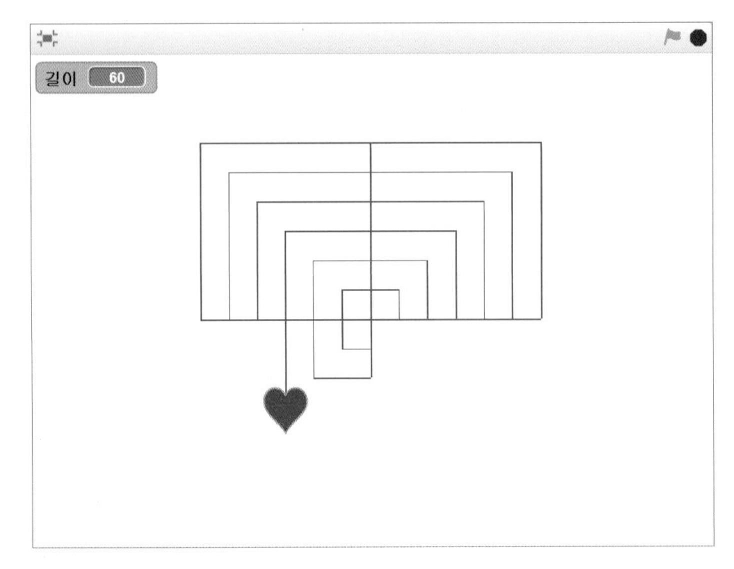

03 하트 스프라이트가 지나가는 길마다 빨간색 선이 그려지면서 하나의 전체 그림이 완성되어 가네요. 스프라이트의 움직임을 선으로 표현하기 위해서는 펜 그리기 기능을 활용해야 합니다. 펜 블록 카테고리에 대해 자세하게 다루어 봅시다.

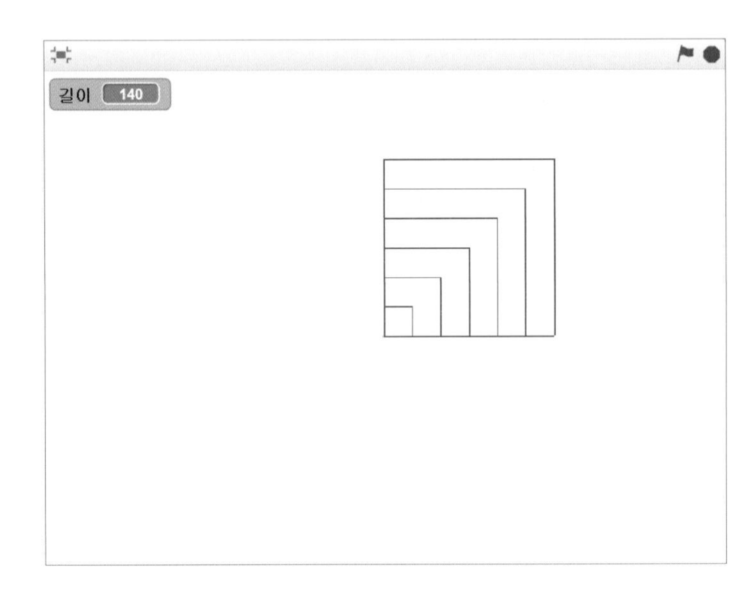

04 그림이 완성되는 순서를 살펴보니, 먼저 오른쪽 위에 하나의 모양을 완성하고 동일한 방법으로 나머지 3부분도 완성하네요. 하나의 부분을 완성하고 난 뒤에는 반복문을 활용하면 쉽게 그릴 수 있겠죠?

UNIT 02 프로젝트 완성하기

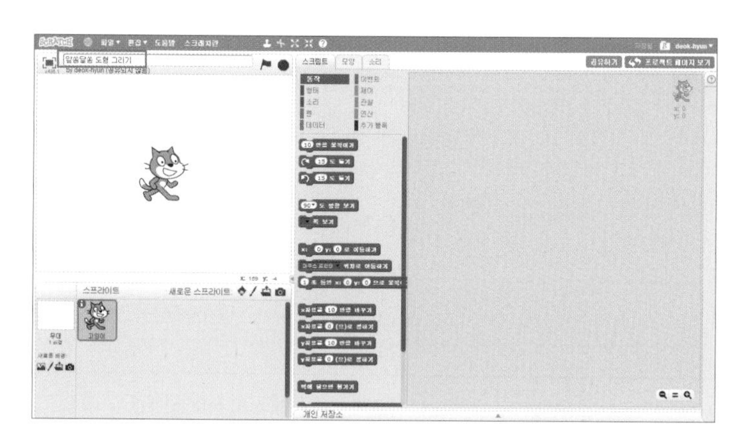

01 새로운 프로젝트를 시작합니다. 프로젝트의 제목은 '알쏭달쏭 도형 그리기'로 변경해주세요. 우리가 완성할 프로젝트에서는 고양이 스프라이트가 필요하지 않아요. 하지만 본격적인 프로젝트를 만들기 전에 먼저 고양이 스프라이트로 펜 그리기를 연습해 봅시다.

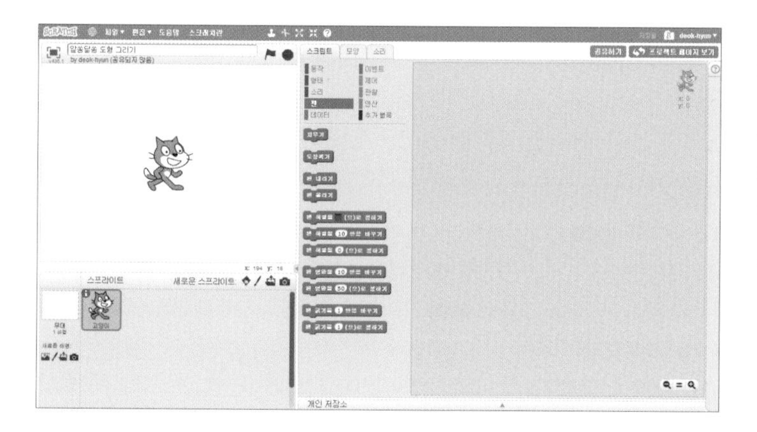

02 펜 블록 카테고리를 클릭하고, 해당하는 블록들을 살펴볼까요? 우리는 이미 section03에서 도장찍기 와 지우기 를 배웠습니다. 다른 블록 중에 이번 프로젝트에 필요한 블록들을 배워보도록 해요.

03

펜 내리기는 펜 그리기 모드를 시작하는 블록이고, 펜 올리기는 펜 그리기 모드를 종료하는 블록입니다. 펜 내리기를 실행한 후 스프라이트가 움직이면, 움직이는 위치마다 선이 그려지고, 펜 올리기를 실행한 후에는 스프라이트가 움직여도 선이 그려지지 않아요.

❶ 펜 그리기 모드가 시작됩니다.

❷ 펜 그리기 모드가 시작된 상태에서 스프라이트가 움직이기 때문에 선이 그려져요.

❸ 펜 그리기 모드가 종료됩니다.

❹ 펜 그리기 모드가 종료된 상태에서 스프라이트가 움직이기 때문에 선이 그려지지 않아요.

❺ 펜 그리기 모드가 시작됩니다.

❻ 다시 선이 그려지겠죠?

❼ 그리기 모드가 종료됩니다.

학생 TIP

스크립트에서 펜 내리기가 실행된 후 펜 올리기를 실행하지 않으면 펜 그리기 모드가 작동중인 상태에서 프로젝트가 종료됩니다. 이 경우, 프로젝트를 다시 시작하면 펜 그리기 모드는 여전히 작동중인 상태로 적용이 돼요. 원하지 않는 결과가 발생할 수도 있죠. 그래서 펜 내리기가 실행된 후에는 마지막 부분에 반드시 펜 올리기를 실행해 펜 그리기 모드를 종료시켜야 합니다.
또한 지우기 블록을 실행하면 도장찍기를 실행했을 때 나타난 스프라이트뿐만 아니라, 펜 그리기로 그려진 그림도 한 번에 지울 수 있어요.

선생님 TIP

학생들은 종종 펜 내리기와 펜 올리기의 기능을 반대로 생각하는 경우가 있습니다. 펜 내리기는 펜을 들고 있는 상태에서 펜으로 그림을 그리기 위해 종이 위에 펜을 내려놓는 명령이고, 펜 올리기는 종이 위에 내려놓은 펜을 다시 위로 들어올려 그림 그리기를 종료하는 명령이라고 설명해 주세요. 번역상의 문제로 인해 직관적으로 이해되지 않는 블록의 경우에는 이처럼 비유적인 설명을 통해 학생들의 이해를 돕도록 해야 합니다.

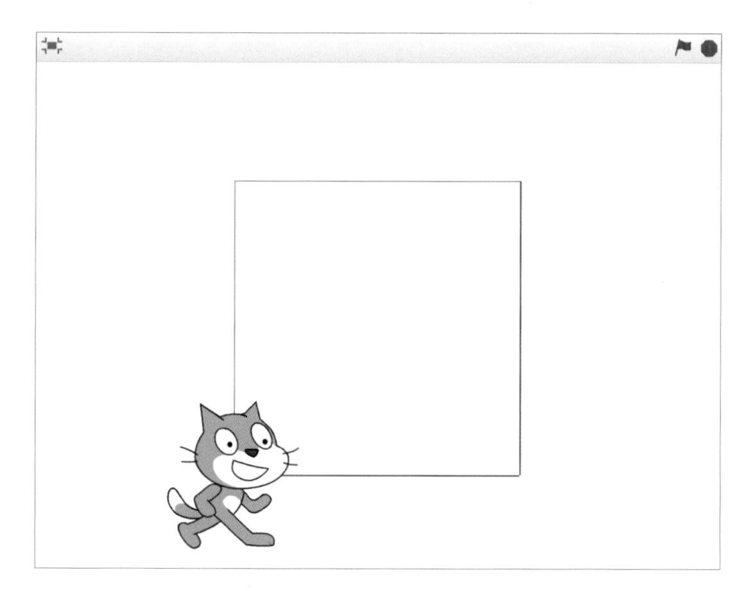

04 펜 그리기를 학습했으니 간단한 도형 그리기에 도전해볼까요? 먼저 한 변의 길이가 200인 정사각형 그리기에 도전해봅시다.

05 정사각형을 그리기 위해서는 어떤 블록을 결합해야 할까요? 펜 그리기 모드를 시작한 후 한 변을 그리는 명령을 4번 반복해서 실행하면 되겠죠? 그런데 한 변을 그린 후에 방향을 바꿔줘야 원하는 정사각형을 그릴 수 있어요. 조금 더 고민한 뒤에 도전해보세요.

❶ 펜 그리기 모드를 시작합니다.

❷ 정사각형의 네 모서리를 그리기 위해 반복문을 만들었어요.

❸ 한 변의 길이인 200만큼 움직이기를 결합해 주세요.

❹ 정사각형을 완성하기 위해 적절한 각도만큼 방향을 바꿔주어야 합니다.

❺ 펜 그리기 모드를 종료합니다.

06 펜 그리기 모드에서 주의할 점이 몇 가지 있어요. 프로젝트가 종료된 후 다시 시작하기 위해서는 먼저 그려진 그림을 지워주어야 합니다. 두 번째는 프로젝트가 실행되는 중간에 종료된 후 다시 실행할 경우 오류가 발생할 수 있어요. 이 부분은 어떻게 처리해 주어야 할까요?

❶ 중간에 종료되어 위치가 변동될 경우를 대비해 시작 위치를 초기화합니다.

❷ 중간에 방향이 변경되는 경우도 대비해 방향도 초기화해 주세요.

❸ 전에 그려진 그림은 지우고 다시 그리도록 해야겠죠?

선생님 TIP

다음 두 스크립트는 모두 정사각형을 그리기 위해 만들어진 것입니다. 두 스프라이트의 차이는 무엇일까요? 두 스크립트 중 어떤 스크립트가 더 올바른 스크립트일까요?

두 스크립트의 차이는 지우기 의 결합 위치에 있어요. 지우기 를 스프라이트의 위치 초기화보다 뒤에 결합할 것인지, 앞에 결합할 것인지의 차이입니다. 먼저 정답을 말씀드리면 지우기 는 위치 초기화보다 뒤에 결합하는 것이 좋습니다. 왜 그런지 살펴볼까요?

❶ 스프라이트의 위치를 먼저 초기화한 후, 지우기 를 실행합니다.
❷ 지우기 를 먼저 실행한 후, 스프라이트의 위치를 초기화합니다.

```
❶
클릭했을 때
x: -100 y: -100 로 이동하기
90 ▼ 도 방향 보기
지우기
펜 내리기
4 번 반복하기
    200 만큼 움직이기
    ↶ 90 도 돌기
펜 올리기
```

```
❷
클릭했을 때
지우기
x: -100 y: -100 로 이동하기
90 ▼ 도 방향 보기
펜 내리기
4 번 반복하기
    200 만큼 움직이기
    ↶ 90 도 돌기
펜 올리기
```

스프라이트의 위치 초기화보다 지우기 를 먼저 실행할 경우 다음과 같은 오류가 발생할 수 있습니다. 만약 스크립트가 실행 도중 ❸의 위치(반복문이 2번 실행된 상태)에서 종료될 경우를 생각해 볼까요? 정사각형의 두 모서리가 그려진 상태이고, 펜 그리기 모드는 여전히 작동중입니다. 이때 프로젝트를 다시 시작하게 되면 지우기 블록이 실행되어 앞에서 그려진 두 변이 모두 지워집니다. 그리고 초기화 위치로 스프라이트가 이동합니다. 바로 이 부분에서 오류가 발생합니다. 펜 그리기 모드가 이미 작동중인 상태이기 때문에 초기화 위치로 이동하는 부분이 그대로 그려지게 되는 것이죠. 그래서 ❹와 같은 오류가 발생하게 됩니다. 따라서 지우기 블록은 반드시 스프라이트의 위치 초기화 다음에 결합해주어야 합니다.

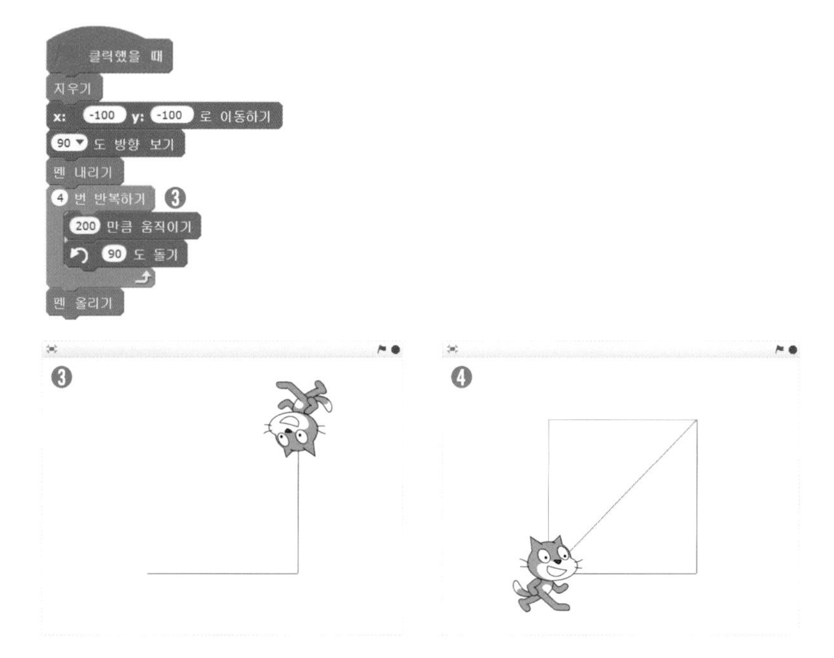

고양이

```
클릭했을 때
x: -100 y: -100 로 이동하기
90 ▼ 도 방향 보기
지우기
펜 내리기
3 번 반복하기 ❶
    200 만큼 움직이기
    ↺ 120 도 돌기 ❷
펜 올리기
```

07 정사각형을 완성했다면 이제 정삼각형에 도전해볼까요? 방법은 간단합니다. 4번 반복했던 것을 3번 반복으로 변경하고, 방향을 변경하는 각도를 수정하면 완성입니다. 어떤 각도로 수정해야 할까요?

❶ 반복 횟수를 3번으로 해주세요.

❷ 정삼각형을 그리기 위해서는 120도를 회전해야 합니다.

학생 TIP

왜 60도가 아니라 120도일까?

정삼각형을 그리기 위해 60도를 변경해야 한다고 착각한 학생들이 많았을 것 같은데요. 60도로 하면 다음과 같이 오류가 발생합니다. 정삼각형을 그리기 위해서는 한 각의 크기인 60도를 회전하는 것이 아니라, 180도에서 60도만큼을 남기고 나머지 120도를 회전해야 합니다. 즉, 정삼각형의 내부의 각의 크기인 60도가 아니라 외부의 각의 크기인 120도를 돌아야 하는 것이죠. 이것을 '외각'이라고 합니다. 정사각형에서는 내각과 외각의 크기가 모두 90도이기 때문에 오류가 없었던 것이죠. 정삼각형에서는 내각은 60도, 외각은 120도이기 때문에 외각의 크기인 120도를 변경해야 올바른 정삼각형이 그려집니다.

❶ 각도의 변경을 60도로 할 경우 오류가 발생합니다.

❷ 정삼각형의 내각(= 60도)

❸ 정삼각형의 외각(= 120도)

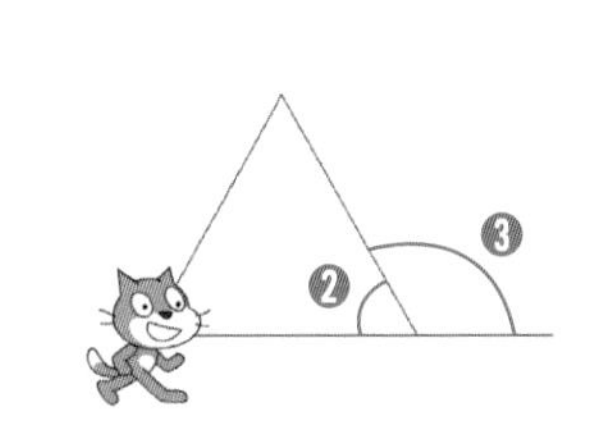

마찬가지로 정오각형을 그리고 싶다면, 정오각형의 내각의 크기는 108도, 외각의 크기는 72도이기 때문에 다음과 같이 스크립트를 변경해야 합니다.

❹ 반복횟수를 5회로 변경합니다.

❺ 정오각형의 한 변의 길이를 200으로 하면 실행 창 밖으로 벗어나기 때문에 150으로 수정했어요.

❻ 정오각형의 외각의 크기인 72도만큼 회전하도록 해주세요.

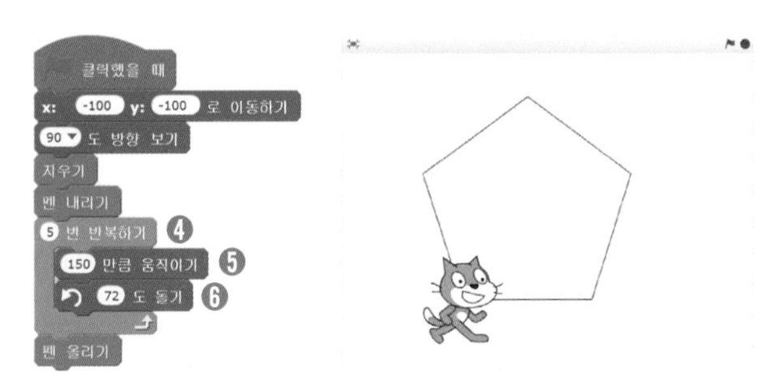

고양이

```
[깃발] 클릭했을 때
x: -100 y: 0 로 이동하기        ❶
90 ▼ 도 방향 보기
지우기
펜 내리기
5 번 반복하기                   ❷
    200 만큼 움직이기
    ↺ 144 도 돌기               ❸
펜 올리기
```

08 마지막으로 별 그리기에 도전해봅시다. 별은 5개의 선분으로 완성할 수 있어요. 각도를 몇 도 변경할지만 찾아주면 쉽게 완성할 수 있습니다. 함께 별 그리기에 도전해볼까요?

❶ 초기화 위치를 수정하였어요.

❷ 반복횟수는 5번으로 해주세요.

❸ 별을 그리기 위해서는 144도만큼 회전하면 됩니다.

학 생 TIP

별을 그리기 위해서는 ❺의 각도를 잘 계산해 주어야 합니다. ❺만큼 회전해주면 별을 쉽게 완성할 수 있어요. 먼저 정오각형의 특성을 이용해 정오각형의 내각인 ❶의 크기를 계산합니다.(❶ = 108도) 정오각형의 내각의 크기를 알았다면 외각인 ❷의 크기는 바로 알 수 있겠네요. (❷ = 72도) 정오각형을 둘러싸고 있는 5개의 삼각형은 모두 이등변삼각형입니다. 따라서 ❷와 ❸은 크기가 같아요.(❷ = ❸ = 72도) 결국 삼각형을 구성하는 마지막 ❹의 각도는 180 - ❷ - ❸으로 쉽게 구할 수 있습니다.(❹ = 36도) 내각의 크기를 알았으니 외각의 크기를 구할 수 있겠네요. (❺ = 144도)

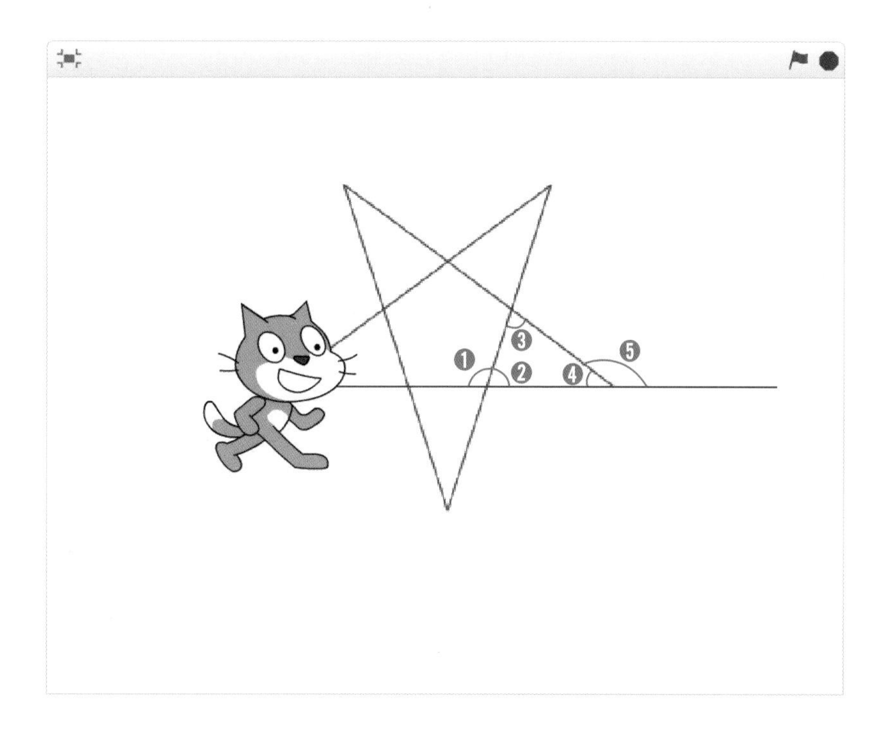

선생님 TIP

펜 그리기는 스프라이트의 모양중심을 기준으로 실행됩니다. 스프라이트 모양중심의 위치에 따라 그려지는 위치가 조금 달라질 수 있습니다. 만약 고양이 스프라이트의 모양 중심을 발 끝부분으로 변경한다면 다음과 같이 별이 그려집니다.

❶ 변경한 모양중심 위치인 발 끝부분에서 그리기가 실행됩니다.

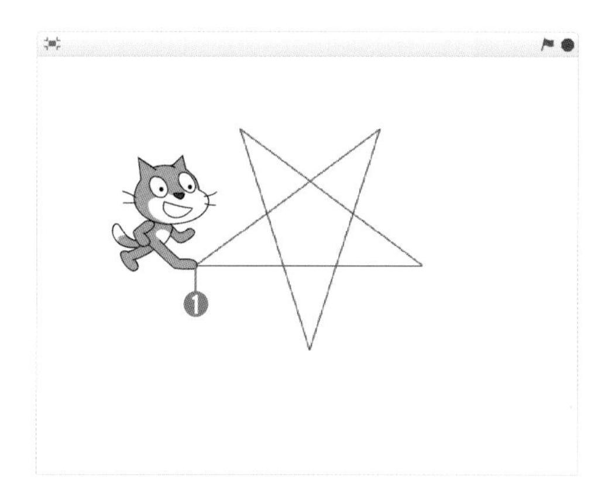

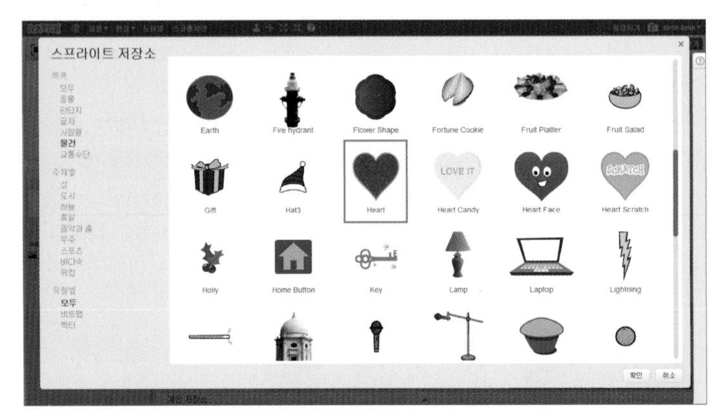

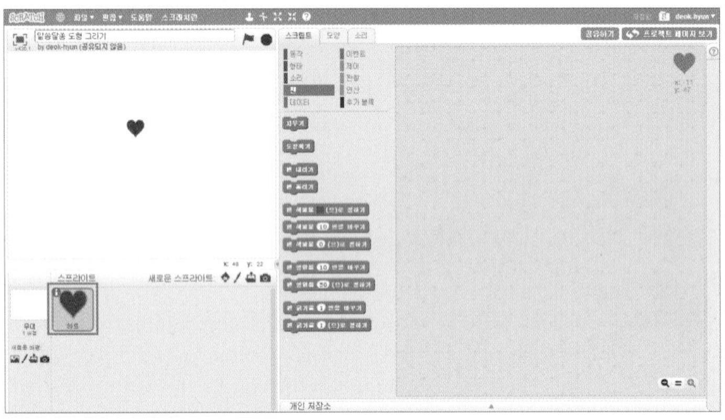

09 펜 그리기를 충분히 연습했으니 본격적으로 프로젝트를 완성시켜볼까요? 먼저 이번 프로젝트에서 사용할 하트 모양 스프라이트를 추가하고, 고양이 스프라이트는 삭제합니다. 하트 모양 스프라이트의 이름을 'Heart'에서 '하트'로 변경합니다.

10 펜 그리기를 실행할 기본적인 부분을 완성시켜줍니다.

❶ 시작할 위치를 무대의 중앙으로 초기화합니다.

❷ 프로젝트 시작 시 방향을 오른쪽(90도)으로 초기화합니다.

❸ 이전 실행 시 남아있는 그림을 지워주세요.

❹ 펜 그리기 모드를 실행합니다.

❺ 펜 색깔을 원하는 색상으로 변경합니다.

❻ 이 부분에 하트 스프라이트가 어떻게 움직여야할지를 만들어주면 되겠죠?

❼ 펜 그리기 모드를 종료합니다.

학 생 TIP

펜 색깔을 ■(으)로 정하기 블록 활용하기

펜 색깔을 ■(으)로 정하기 를 실행하면 펜 색깔을 □ 부분의 색으로 변경할 수 있습니다. 지금은 □ 부분이 빨간색으로 채워져 있기 때문에 펜 색깔이 빨간색으로 나오게 되겠죠? □ 부분의 색깔을 변경하려면 어떻게 해야 할까요? □ 부분을 클릭하면, 마우스 포인터의 모양이 화살표에서 손가락 모양으로 변경돼요. 손가락 모양인 상태에서 변경하려는 색깔을 찾아 클릭하면 □ 부분의 색깔이 변경됩니다.

11 먼저 완성하고자 하는 전체 그림에서 가장 작은 정사각형 하나를 그려볼까요?

❶ 정사각형을 그리기 위해 반복횟수가 4회인 반복문을 사용했어요.

❷ 한 변의 길이가 20인 정사각형을 그려줍니다.

❸ 전체 완성 모양의 일부분인 작은 정사각형이 그려졌네요.

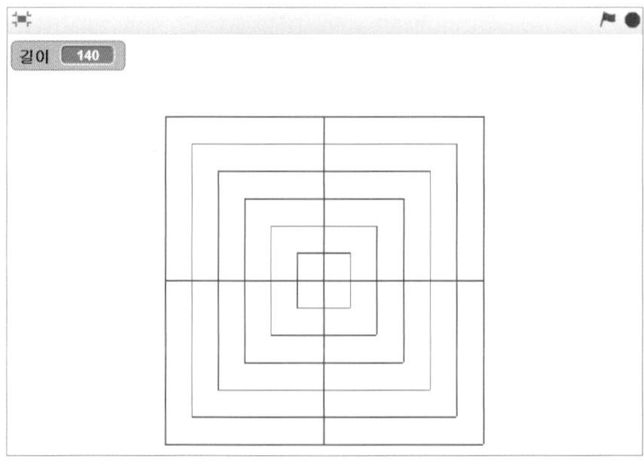

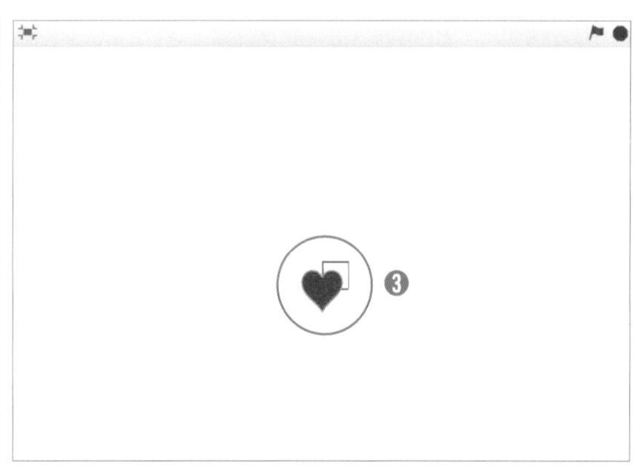

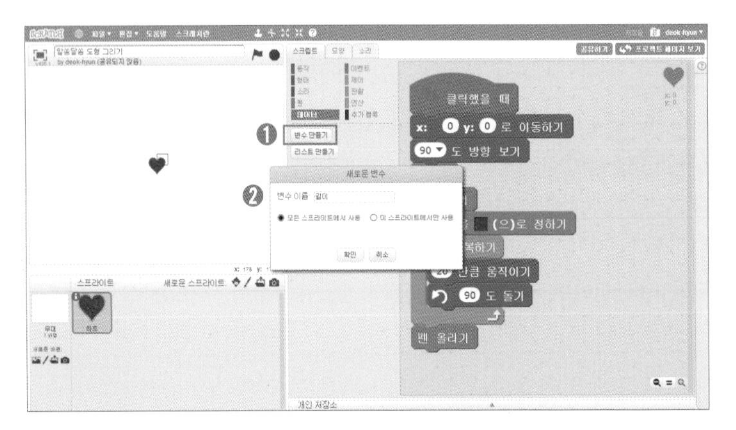

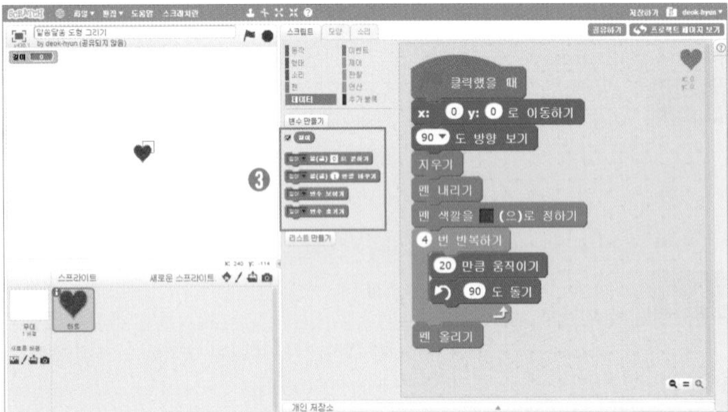

12 가장 작은 정사각형을 기본으로 점점 한 변의 길이가 커지는 정사각형을 여러 개 그리려고 합니다. '길이'라는 변수가 필요한 순간이죠? 변수를 만들어주세요.

❶ 데이터 블록 카테고리를 선택한 후 변수 만들기 버튼을 클릭해 주세요.

❷ 변수 이름에 '길이'를 입력하고 확인 버튼을 클릭합니다.

❸ '길이' 변수가 만들어졌네요.

하트

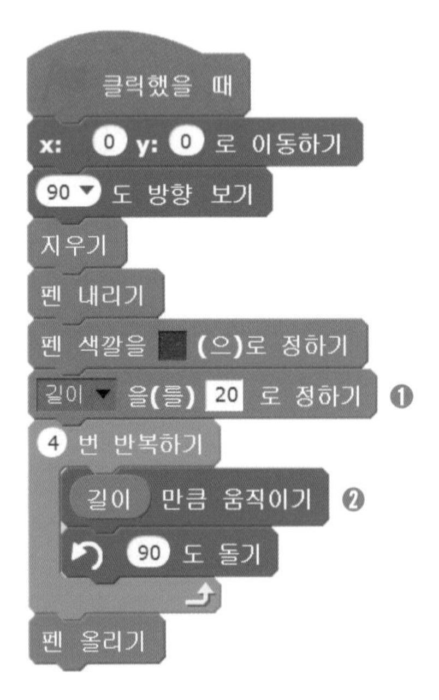

13 만들어진 길이 변수를 활용하여 앞에서 만든 작은 정사각형을 그려볼까요?

❶ 길이 변수값을 20으로 정해주세요.

❷ 길이 변수값만큼 움직이도록 하면 작은 정사각형이 그려집니다.

14 이제 길이 변수를 활용하여 크기가 점점 커지는 6개의 정사각형을 그려볼까요?

❶ 6개의 정사각형을 그리기 위해 반복문을 추가해주세요.

❷ 하나의 정사각형이 완성될 때마다 길이 변수값을 20씩 증가시키면 한 변의 길이가 더 길어진 정사각형을 그릴 수 있어요.

하트

```
클릭했을 때
x: 0 y: 0 로 이동하기
90▼ 도 방향 보기
지우기
펜 내리기
펜 색깔을 ■ (으)로 정하기
길이▼ 을(를) 20 로 정하기
6 번 반복하기  ❶
    4 번 반복하기
        길이 만큼 움직이기
        ↺ 90 도 돌기
    길이▼ 을(를) 20 만큼 바꾸기  ❷
펜 올리기
```

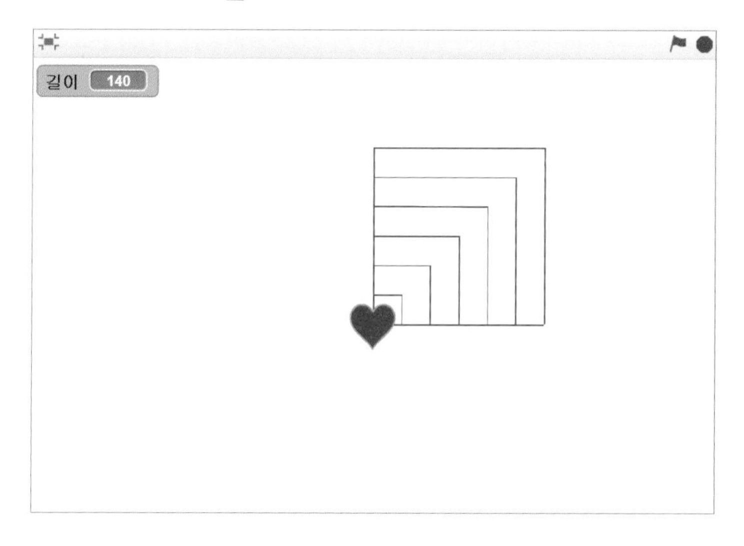

하트

```
클릭했을 때
x: 0 y: 0 로 이동하기
90▼ 도 방향 보기
지우기
펜 내리기
펜 색깔을 ■ (으)로 정하기
4 번 반복하기 ❶
    길이▼ 을(를) 20 로 정하기 ❷
    6 번 반복하기
        4 번 반복하기
            길이 만큼 움직이기
            ↺ 90 도 돌기
        길이▼ 을(를) 20 만큼 바꾸기
펜 올리기
```

15 전체 그림에서 4분의 1이 완성되었습니다. 이제 이렇게 나머지 부분도 반복해주면 전체 그림이 완성되겠네요. 반복문을 한 번 더 추가하여 동일한 그림이 4번 그려질 수 있도록 해주세요.

❶ 반복문을 하나 더 추가했어요.

❷ 4번을 반복할 때마다 정사각형의 한 변의 길이는 다시 20부터 시작할 수 있도록 반복문 안쪽에 결합시켜야 합니다.

하트

```
클릭했을 때
x: 0 y: 0 로 이동하기
90▼ 도 방향 보기
지우기
펜 내리기
펜 색깔을 ■ (으)로 정하기
4 번 반복하기
    길이▼ 을(를) 20 로 정하기
    6 번 반복하기
        4 번 반복하기
            길이 만큼 움직이기
            ↺ 90 도 돌기
        길이▼ 을(를) 20 만큼 바꾸기
    ↺ 90 도 돌기 ❶
펜 올리기
```

16 앞의 스크립트에서는 계속 동일한 위치에서만 정사각형이 그려지네요. 네 부분을 돌면서 정사각형을 그리기 위해서는 회전할 수 있는 블록이 하나 더 결합되어야 합니다. 어느 위치에 결합해야 할까요? 또 각도는 몇 도로 해야 할까요?

❶ 6개의 정사각형이 그려질 때마다 각도를 90도씩 회전하여 전체 그림을 완성하세요. 6개의 정사각형이 그려진 후 각도를 변경해야하기 때문에 결합 위치에도 주의해야 합니다.

하트

```
클릭했을 때
보이기 ①
x: 0 y: 0 로 이동하기
90 도 방향 보기
지우기
펜 내리기
펜 색깔을 (으)로 정하기
4 번 반복하기
    길이 을(를) 20 로 정하기
    6 번 반복하기
        4 번 반복하기
            길이 만큼 움직이기
            ↺ 90 도 돌기
        길이 을(를) 20 만큼 바꾸기
    ↺ 90 도 돌기
펜 올리기
숨기기 ②
```

17 마지막으로 하트 스프라이트가 프로젝트 시작할 때는 실행 창에 나타나고, 그림이 완성된 후에는 보이지 않도록 처리해줍니다.

❶ 시작 부분에는 실행 창에 나타나도록 보이기를 실행합니다.

❷ 마지막 부분에는 실행 창에서 사라지도록 숨기기를 실행합니다.

선생님 TIP

스프라이트가 숨기기 상태에서도 펜 그리기는 오류없이 작동합니다. 만약 그림이 그려지는 모습을 좀 더 자세히 확인할 수 있도록 하려면, 스프라이트를 숨기기 상태로 변경한 뒤에 그리기를 실행하면 됩니다.

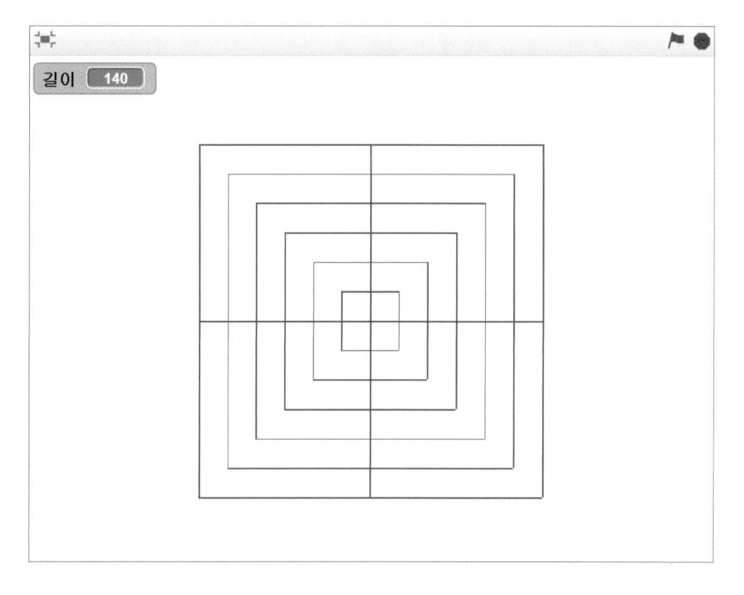

18 프로젝트가 완성되었습니다.

UNIT 03 프로젝트 업그레이드 하기

웹 주소 : https://scratch.mit.edu/projects/65038416/

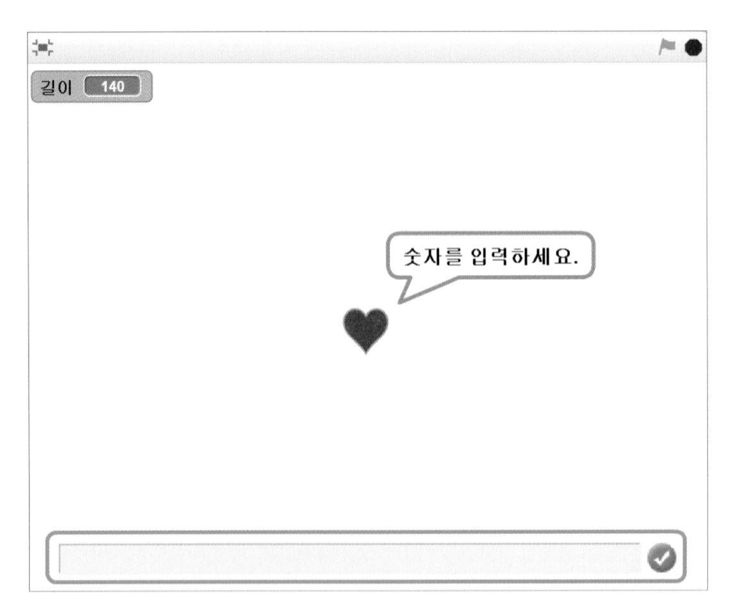

01 앞에서 완성한 프로젝트를 조금 더 업그레이드하여 다양한 그림이 그려지도록 합니다. 먼저 업그레이드 된 프로젝트를 살펴보도록 해요. 프로젝트를 시작하면 그림을 그리기 전에 숫자를 입력하라는 메시지가 나타납니다. 이렇게 질문을 하고 사용자가 답을 입력하도록 하는 기능은 어떤 블록을 사용해야 할까요?

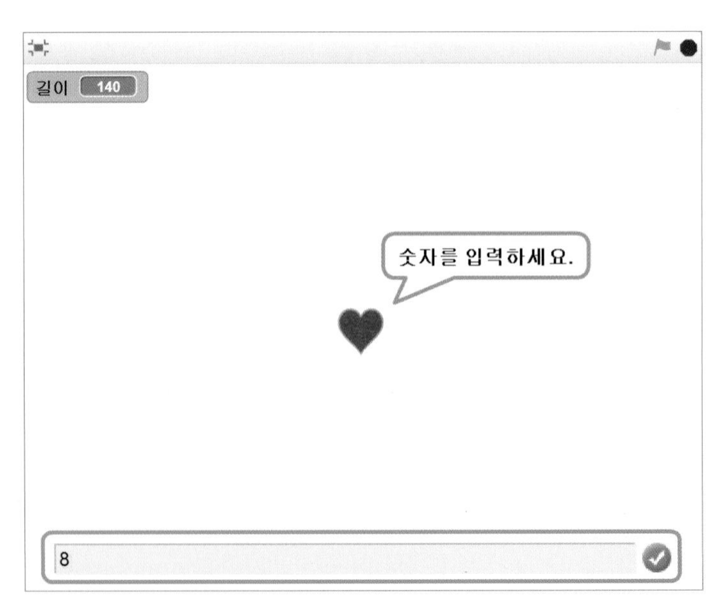

02 원하는 숫자를 입력합니다. 예로 숫자 8을 입력해볼까요? 입력 후 엔터 키를 누르거나 ✔를 클릭하면 다음 단계로 넘어갑니다.

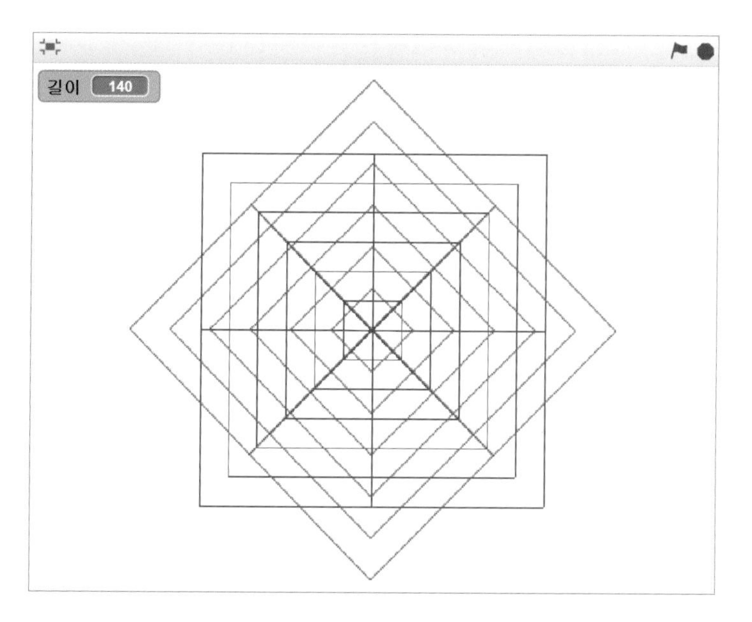

03

좀 더 화려한 모양의 그림이 완성되었습니다.

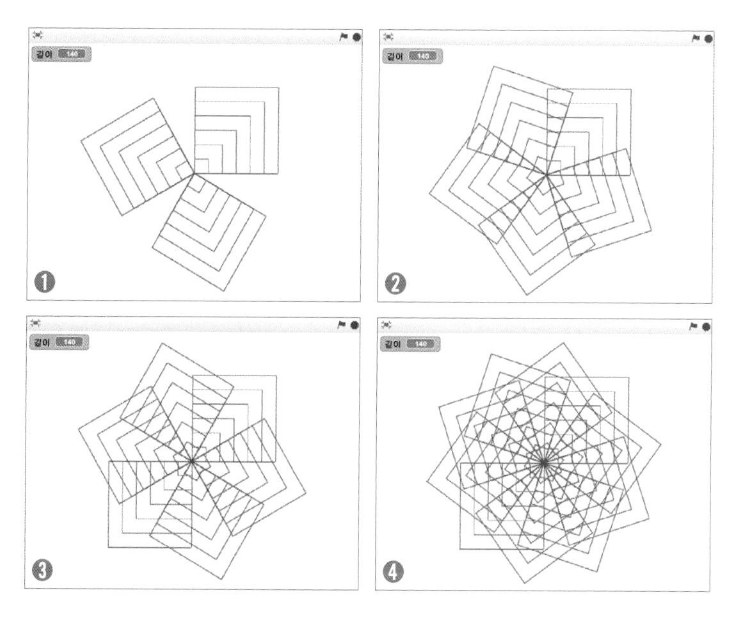

04

숫자 8 이외에도 다양한 숫자를 입력하여 어떤 모양이 그려지는지 확인해볼까요?

❶ 숫자 3을 입력했을 때 완성된 그림

❷ 숫자 5를 입력했을 때 완성된 그림

❸ 숫자 6을 입력했을 때 완성된 그림

❹ 숫자 10을 입력했을 때 완성된 그림

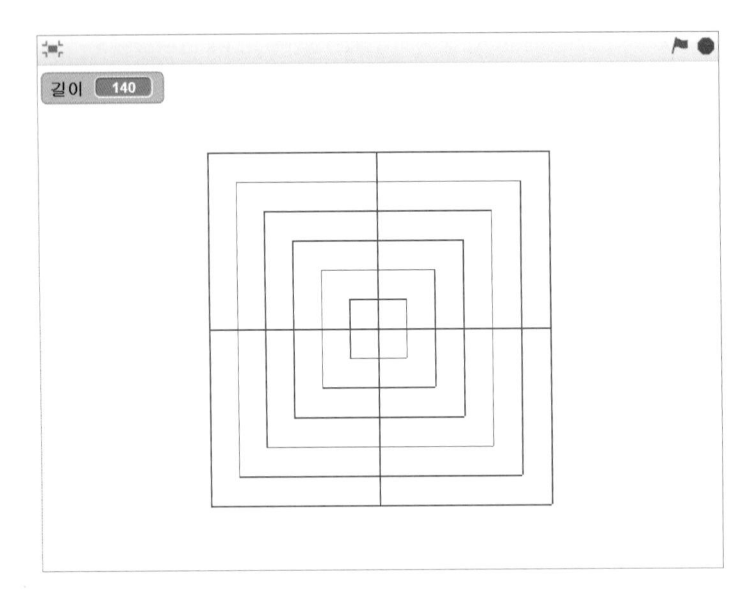

05

6개 정사각형 세트가 입력한 숫자만큼 반복되면서 일정 간격을 두고 그려지고 있네요. 숫자 4를 입력하면 앞에서 완성한 프로젝트와 동일한 모양이 그려지겠죠? 앞에서 완성한 스크립트를 가지고 업그레이드된 프로젝트를 완성시켜 볼까요?

하트

```
클릭했을 때
보이기
x: 0 y: 0 로 이동하기
90 ▼ 도 방향 보기
지우기
펜 내리기
펜 색깔을 ■ (으)로 정하기
숫자를 입력하세요. 묻고 기다리기 ❶
4 번 반복하기
    길이 ▼ 을(를) 20 로 정하기
    6 번 반복하기
        4 번 반복하기
            길이 만큼 움직이기
            ↶ 90 도 돌기
        길이 ▼ 을(를) 20 만큼 바꾸기
    ↶ 90 도 돌기
펜 올리기
숨기기
```

06

먼저 하트 스프라이트가 '숫자를 입력하세요.'라는 말을 할 수 있는 기능을 추가합니다. 어떤 블록을 사용해야 할지 관찰 블록 카테고리에서 찾아볼까요?

❶ 묻고 기다리기 블록을 사용하면 스프라이트가 질문을 하도록 할 수 있어요. 질문을 하면 사용자가 대답을 기록할 수 있는 입력 창이 나타납니다. '숫자를 입력하세요.'라는 말은 직접 블록의 빈 칸을 클릭하여 입력해주세요.

학 생 TIP

스프라이트의 스크립트에서 [묻고 기다리기] 가 실행되면 스프라이트에 말풍선이 등장하면서 입력된 문장으로 질문을 던집니다. 동시에 사용자가 대답을 기록할 수 있는 입력 창이 나타나죠. 사용자가 대답을 입력하게 되면, 입력한 내용이 [대답] 이라는 블록에 저장되어 활용할 수 있습니다.

선생님 TIP

만약 [묻고 기다리기] 블록이 스프라이트가 숨겨진 상태에서 실행되거나, 무대에서 실행되면 말풍선이 등장하지 않고 다음과 같이 입력 창에 질문이 표시됩니다.

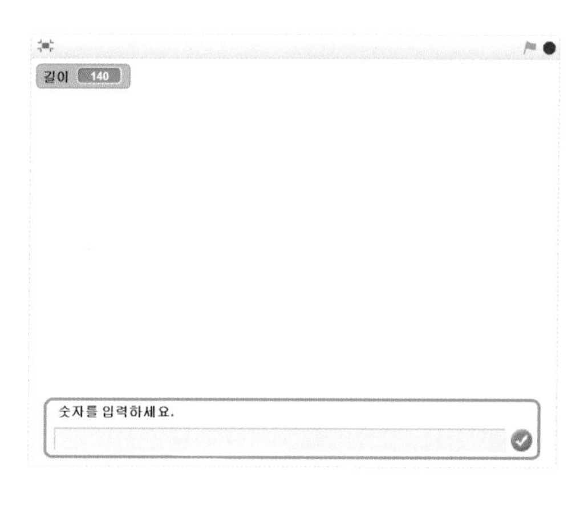

하트

```
클릭했을 때
보이기
x: 0 y: 0 로 이동하기
90 ▼ 도 방향 보기
지우기
펜 내리기
펜 색깔을 [ ] (으)로 정하기
숫자를 입력하세요. 묻고 기다리기
❶ 대답 번 반복하기
    길이 ▼ 을(를) 20 로 정하기
    6 번 반복하기
        4 번 반복하기
            길이 만큼 움직이기
            ↺ 90 도 돌기
        길이 ▼ 을(를) 20 만큼 바꾸기
    ↺ 90 도 돌기
펜 올리기
숨기기
```

07 입력된 숫자만큼 반복해서 정사각형을 그릴 수 있도록 합니다.

❶ 대답 블록을 반복문의 조건 부분에 결합하면, 입력한 숫자만큼 반복문을 실행합니다.

하트

```
클릭했을 때
보이기
x: 0 y: 0 로 이동하기
90 ▼ 도 방향 보기
지우기
펜 내리기
펜 색깔을 (으)로 정하기
숫자를 입력하세요. 묻고 기다리기
대답 번 반복하기
  길이 ▼ 을(를) 20 로 정하기
  6 번 반복하기
    4 번 반복하기
      길이 만큼 움직이기
      ↺ 90 도 돌기
    길이 ▼ 을(를) 20 만큼 바꾸기
  ↺ 360 / 대답 도 돌기
펜 올리기
숨기기
```

❶

08

마지막으로 입력된 숫자에 따라 회전하는 각도가 달라져야겠네요. 어떤 숫자가 입력되더라도 균등한 간격으로 정사각형이 그려질 수 있게 하려면 어떻게 해야할까요? 전체 회전 각도의 합이 360도라는 점을 힌트로 하여 스크립트를 완성합니다.

❶ 전체 회전 각도인 360도에서 입력된 대답의 숫자만큼을 나눈 값을 회전하도록 블록을 결합합니다. 대답에 어떤 숫자가 입력되어도 전체 회전 각도가 360으로 일정하게 유지될 수 있어요.

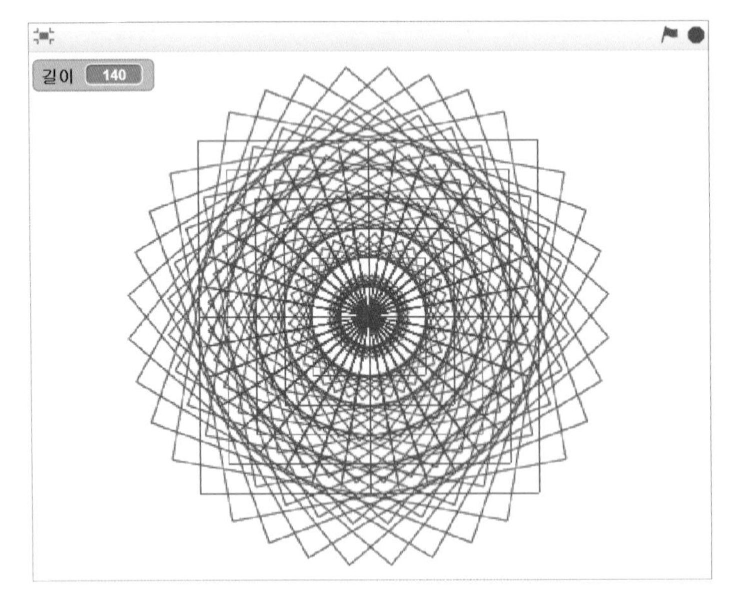

09

업그레이드된 프로젝트가 완성되었습니다.

❶ 숫자 36을 입력하여 완성한 그림

UNIT 04

정리하기

하트

```
클릭했을 때
보이기 ①
x: 0 y: 0 로 이동하기 ②
90 도 방향 보기
지우기 ③
펜 내리기
펜 색깔을 (으)로 정하기
숫자를 입력하세요. 묻고 기다리기 ④
대답 번 반복하기 ⑤
    길이 을(를) 20 로 정하기 ⑥
    6 번 반복하기 ⑦
        4 번 반복하기
            길이 만큼 움직이기
            ↺ 90 도 돌기
        길이 을(를) 20 만큼 바꾸기
    ↺ 360 / 대답 도 돌기 ⑧
펜 올리기 ⑨
숨기기 ⑩
```

❶ 프로젝트가 시작되면 하트 스프라이트가 실행 창에 나타나도록 합니다.

❷ 시작 위치와 방향을 초기화해 주세요.

❸ 이전 실행 시 그려진 그림을 모두 지우고, 펜 내리기 모드를 시작합니다. 펜 색깔을 빨간색으로 정했어요.

❹ 사용자가 숫자를 입력할 수 있도록 질문을 합니다.

❺ 사용자가 입력한 숫자만큼 전체를 반복 실행해요.

❻ 가장 작은 정사각형부터 그리기 위해 길이 변수값을 20으로 정합니다.

❼ 정사각형의 변의 길이가 20씩 증가하면서 6개의 정사각형이 그려지도록 블록을 결합해주세요.

❽ 6개 정사각형 세트가 완성될 때마다 일정한 간격으로 회전할 수 있도록 연산 블록을 사용했어요.

❾ 펜 그리기 모드를 종료합니다.

❿ 그림이 완성되면 하트 스프라이트가 실행 창에서 보이지 않도록 마무리합니다.

SECTION

08

고스트 순간이동

UNIT 01

프로젝트 살펴보기

웹 주소 : https://scratch.mit.edu/projects/65130572/

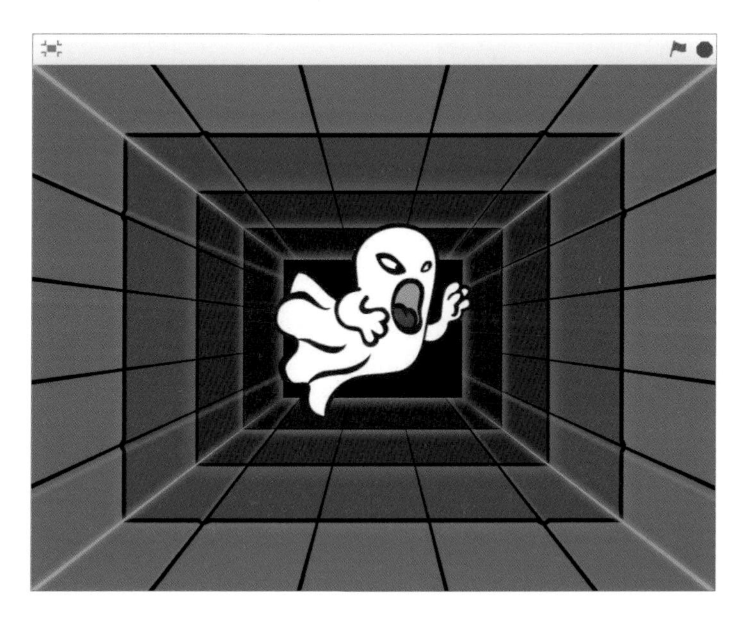

01 이번 섹션에서 만들 프로젝트는 '고스트 순간이동'입니다. 프로젝트를 시작하면 입체공간에 고스트 한 마리가 있네요.

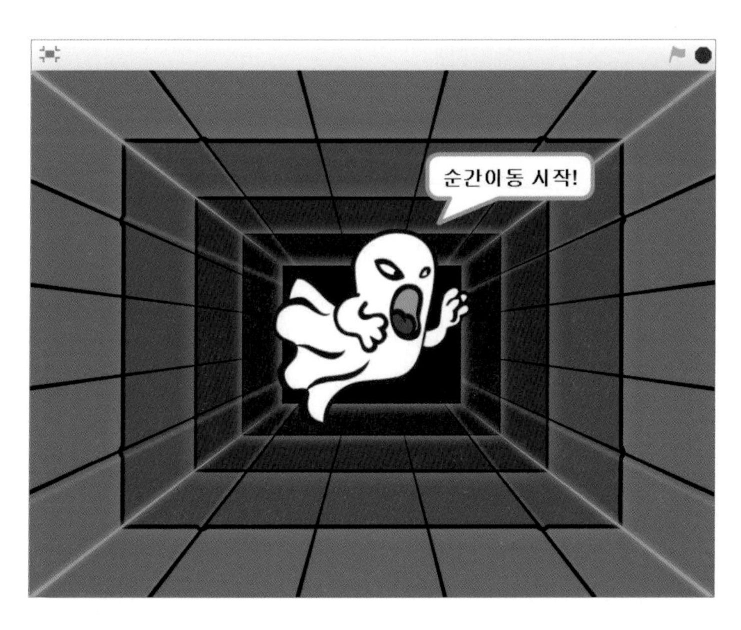

02 무대 중앙에 위치한 고스트를 클릭하면 말풍선이 나타나면서 '순간이동 시작!'이라고 말합니다.

03 말이 끝나기 무섭게 수십 개의 하트가 막 생겨나기 시작합니다. 이제 곧 순간이동을 하려고 하나 보네요.

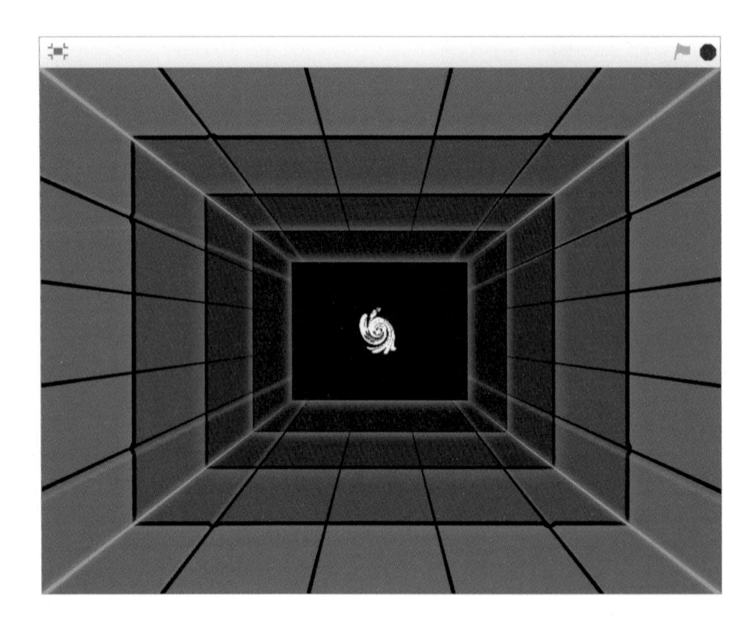

04 고스트에게 갑자기 소용돌이 효과가 나타나며, 회전하기 시작했어요. 고스트가 점점 작아지면서 마치 화면 깊숙한 곳으로 빨려가는 것처럼 보입니다. 이런 효과는 어떻게 연출할 수 있을까요?

05 갑자기 배경이 '바다'로 바뀌고 작아졌던 고스트가 반대 방향으로 회전하면서 원래의 모습으로 돌아옵니다.

06 완전히 본래의 모습으로 돌아온 고스트가 '순간이동 성공!'이라고 말하면서 프로젝트가 종료됩니다. 입체공간에서 바다로의 순간이동이 완벽하게 성공했네요. 프로젝트에 표현된 기능들을 다시 한 번 살펴보면서 어떻게 완성해나갈지 생각해 볼까요?

UNIT 02

프로젝트 완성하기

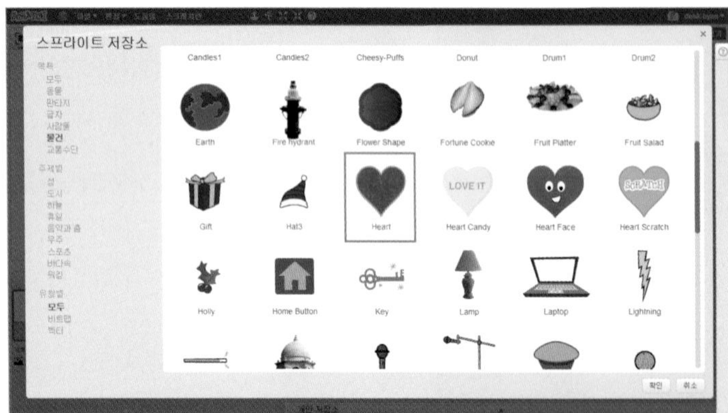

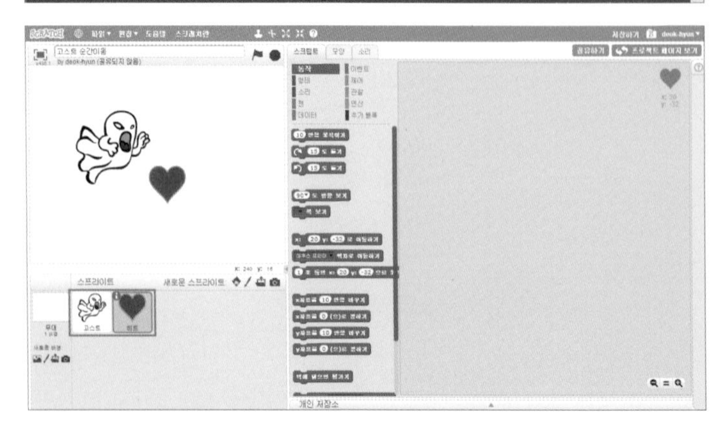

01 새로운 프로젝트를 시작합니다. 프로젝트 제목을 '고스트 순간이동'으로 변경하세요. 고양이 스프라이트는 삭제해야겠네요. 유령 모양 스프라이트인 Ghost2를 추가하고, 이름을 '고스트'로 변경합니다. Heart 스프라이트를 추가한 뒤, 이름을 '하트'로 변경해 주세요.

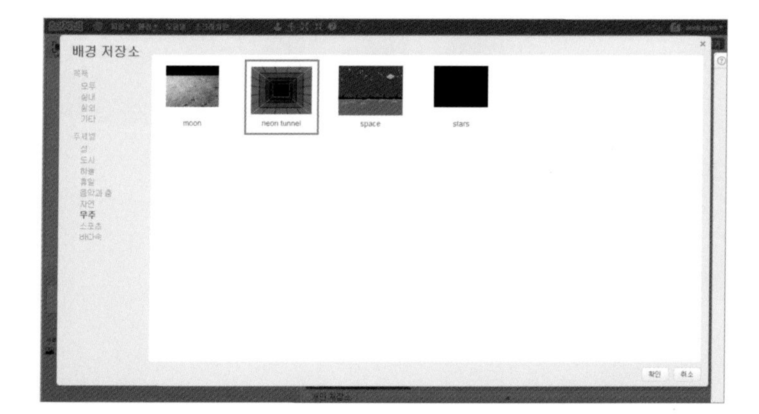

02

이번 프로젝트에는 2가지 배경이 사용됩니다. 배경을 추가해보도록 할까요? 배경 저장소를 열어 'neon tunnel' 배경과 'underwater2' 배경을 추가합니다.

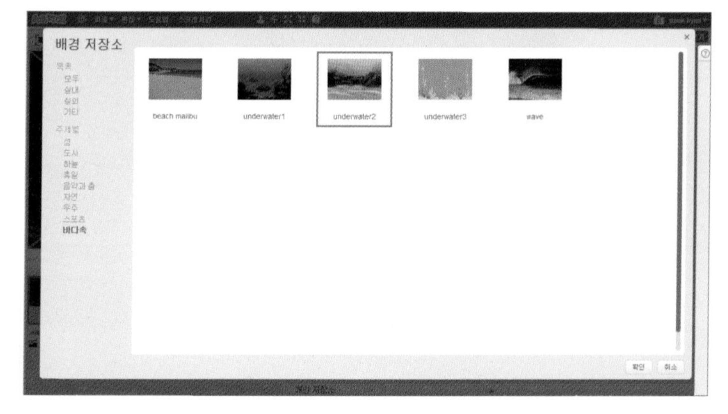

03

총 3개의 배경이 되었네요. 처음에 등록되어 있던 빈 배경은 필요가 없으니 마우스 오른쪽 버튼을 클릭하여 삭제합니다.

04 두 배경의 이름을 변경해 볼까요? 'neon tunnel'은 '입체공간'으로 'underwater2'는 '바다'로 각각 배경의 이름을 변경해 주세요.

학생 TIP

배경 이름을 변경하기 위해서는 그림판의 왼쪽 위에 있는 입력 창에 새로운 배경 이름을 입력합니다.

05 먼저 무대에 필요한 스크립트부터 완성해볼까요? 무대는 처음 프로젝트를 시작하면 '입체공간' 배경에서 시작합니다. 이 부분을 스크립트로 만들어 보죠.

❶ 프로젝트 시작 시 배경을 입체공간으로 변경합니다.

선생님 TIP

[배경을 ▼ (으)로 바꾸기]와 [배경을 ▼ (으)로 바꾸고 기다리기]는 어떤 차이가 있을까?

[배경을 ▼ (으)로 바꾸기]와 [배경을 ▼ (으)로 바꾸고 기다리기]는 모두 배경을 변경하는 기능을 가진 블록입니다. 그런데 두 블록은 무엇이 다를까요? '기다리기'라는 부분이 더 추가되었는데 이것은 무엇을 의미하는 걸까요? 무엇을 기다리라고 하는 걸까요?

[배경을 ▼ (으)로 바꾸기]와 [배경을 ▼ (으)로 바꾸고 기다리기]는 두 블록의 아래에 다른 블록이 연결되어 있을 때 차이가 발생해요. [배경을 ▼ (으)로 바꾸기]는 블록을 실행하여 배경을 변경시킨 다음 바로 아래에 연결된 다른 블록을 실행합니다. 그냥 여러분들이 생각하는 대로 바로 사용할 수 있는 블록이지요. 하지만 [배경을 ▼ (으)로 바꾸고 기다리기]는 한 가지 주의할 점이 있어요. [배경을 ▼ (으)로 바꾸고 기다리기]는 [배경이 ▼ (으)로 바뀌었을 때]와 짝을 이루어 사용되기 때문이지요. [배경이 ▼ (으)로 바뀌었을 때]는 특정 배경으로 바뀌는 순간을 체크해서 아래 연결된 블록을 실행시키는 시작 블록(모자 블록)입니다. [배경을 ▼ (으)로 바꾸고 기다리기]에서 기다린다는 의미는 결국 [배경이 ▼ (으)로 바뀌었을 때] 아래에 연결된 모든 블록의 실행이 끝날 때까지 기다린다는 의미입니다. 만약 [배경이 ▼ (으)로 바뀌었을 때]블록 아래에 '3초 기다리기' 블록이 연결되어 있다면 [배경을 ▼ (으)로 바꾸고 기다리기]는 배경을 변경한 뒤 3초 후에야 아래에 연결된 블록을 실행시키는 것이죠.

[배경을 ▼ (으)로 바꾸기]와 [배경을 ▼ (으)로 바꾸고 기다리기]의 차이는 뒤에서 학습하게 될 '방송하기'와 '방송하고 기다리기'의 기능 차이와 유사하니, 미리 알아두는 것이 좋습니다.

고스트

❶

06 다음으로 고스트 스프라이트는 프로젝트가 시작되면 어떤 기능을 수행해야 하는지 고민해볼까요?

❶ 프로젝트가 시작되면 무대의 중앙으로 올 수 있도록 위치를 초기화합니다.

고스트

이 스프라이트를 클릭했을 때 ❶
순간이동 시작! 을(를) 2 초동안 말하기 ❷

07 이제 고스트 스프라이트를 클릭해야 다음 단계로 진행되겠죠? 이벤트 블록 카테고리에서 클릭과 관련된 블록을 찾아봅시다. 그리고 클릭했을 때 어떤 동작을 하는지 떠올려보세요.

❶ 스프라이트를 클릭하는지를 체크하는 시작 블록입니다.

❷ 스프라이트가 클릭되면 '순간이동 시작!'을 2초간 말해주세요.

```
이 스프라이트를 클릭했을 때
순간이동 시작! 을(를) 2 초동안 말하기
순간이동 ▼ 방송하고 기다리기 ❶
```

```
순간이동 ▼ 을(를) 받았을 때 ❷
```

08

고스트 스프라이트는 '순간이동 시작!'을 말한 뒤에 소용돌이 효과가 나타나면서 회전하던 것 기억하죠? 그런데 그런 효과가 나타나기 전에 하트 스프라이트가 여기저기에서 막 생겨났었어요. 마치 고스트 스프라이트의 스크립트와 하트 스프라이트의 스크립트가 연결된 것처럼 적절한 타이밍으로 스크립트가 실행되었죠. 이렇게 두 개의 스크립트가 연결된 것처럼 실행되는 것은 어떻게 할 수 있을까요?

❶ '방송하기'라는 기능을 활용하여 메시지를 보낼 수 있어요. 메시지를 보낸 후, 그 메시지가 모두 사용될 때까지 기다리기 위해 '방송하고 기다리기' 블록을 사용합니다.

❷ '방송하기'로 보낸 메시지는 다른 스프라이트에서 받아서 아래 연결된 블록을 실행시킵니다. 마치 두 스크립트가 연결된 것과 같은 효과가 나타나요.

학생 TIP

방송하기 블록에서 ▼를 클릭 후, 새 메시지... 를 선택하면 새로운 메시지 이름을 만들 수 있어요. '순간이동'이라는 메시지 이름을 만들어 보세요.

학생 TIP

'방송하기'를 알아보자!

방송하기는 스크래치에서 복잡한 스크립트를 만들 때 유용한 기능입니다. 어려운 프로젝트일수록 방송하기도 더 많이 사용되죠. 그렇다면 방송하기는 무엇일까요? 단어가 조금 어렵게 되어 있어서 많은 학생들이 혼란스러워하기도 합니다. 방송하기는 쉽게 '메시지 보내기'로 이해하면 돼요. 한 스프라이트에서 필요한 순간에 메시지를 보내는 거죠. 그럼 그 메시지를 다른 스프라이트나 무대에서 전달받아서 필요한 스크립트를 실행하게 됩니다. 즉, 스프라이트들 간의 스크립트를 자연스럽게 연결시키는 기능입니다.

따라서 [message1 방송하기]와 [message1 을(를) 받았을 때]는 한 쌍을 이루어 사용됩니다. [message1 방송하기]는 메시지를 보내는 블록이고, [message1 을(를) 받았을 때]는 메시지를 받는 블록이죠. 다음 예시를 보면서 좀 더 자세히 이해해보도록 할까요?

❶ 고스트 스프라이트가 10만큼 움직인 후 메시지를 보내고 있어요.
❷ 메시지를 받은 하트 스프라이트는 1초 기다린 후 말하기 명령을 실행하네요.

어때요? 방송하기 기능에 대해 이해가 되나요? 그렇다면 [message1 방송하기]와 [message1 방송하고 기다리기]는 어떤 차이가 있을까요? [message1 방송하기]는 메시지를 보낸 후에 아래에 연결된 블록을 곧바로 실행합니다. 메시지가 어디로 전달되서 어떻게 사용되는지는 전혀 관심이 없어요. 하지만 [message1 방송하고 기다리기]는 자신이 보낸 메시지가 모두 사용될 때까지 기다리죠. 자신이 보낸 메시지가 모두 사용되고 나서야 아래에 연결된 블록이 실행됩니다. 즉, [message1 방송하고 기다리기]는 메시지를 보낸 후, 메시지를 받은 [message1 을(를) 받았을 때]에서 아래에 연결된 블록이 모두 실행될 때까지 기다리는 것이죠. 실행이 완료된 후, [message1 방송하고 기다리기]아래 연결된 블록이 실행됩니다.

간단한 예를 통해서 알아볼까요? 먼저 방송하기가 사용된 경우를 살펴볼게요. 아래 스크립트를 보면 고스트 스프라이트가 메시지를 보낸 후 10만큼 움직이기를 실행할 때, 하트 스프라이트의 1초 기다리기도 동시에 실행됩니다.

❶ 고스트 스프라이트가 10만큼 움직입니다.
❷ 고스트 스프라이트는 메시지를 보낸 후 곧바로 아래 연결된 10만큼 움직이기를 실행하죠.
❸ 메시지를 받은 하트 스프라이트는 1초 기다리기 후 말하기를 실행합니다.

그렇다면 '방송하고 기다리기'의 경우는 어떻게 다를까요?

❶ 고스트 스프라이트가 10만큼 움직입니다.
❷ 고스트 스프라이트는 메시지를 보낸 후 아래 연결된 10만큼 움직이기를 실행하지 않고 대기상태로 기다리죠.
❸ 메시지를 받은 하트 스프라이트는 1초 기다리기 후 말하기를 실행합니다.
❹ 하트 스프라이트의 스크립트가 모두 종료된 뒤에야 고스트 스프라이트가 대기 상태를 종료하고 마지막 블록인 10만큼 움직이기를 실행합니다.

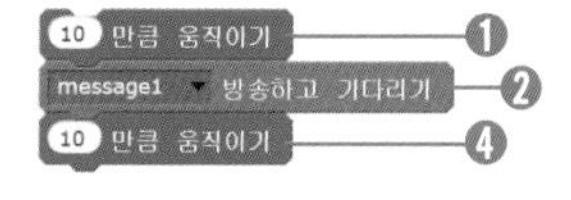

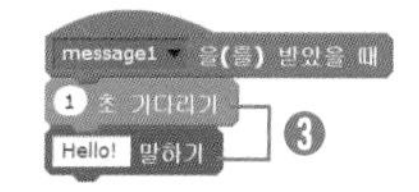

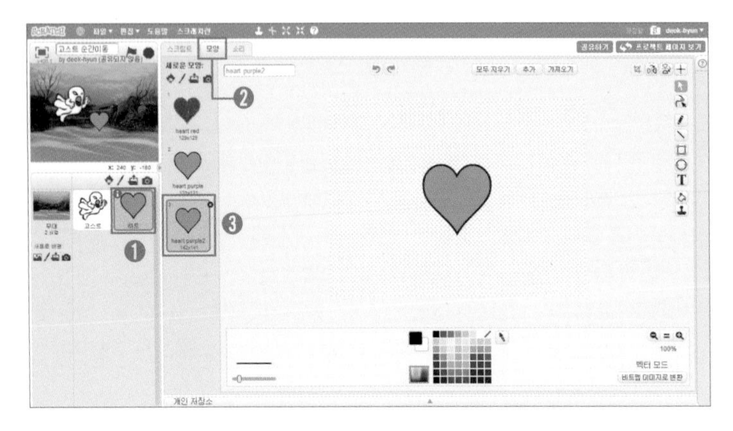

09 잠시 하트 스프라이트로 넘어와서 스크립트의 진행 흐름을 따라가 볼까요? 하트 스프라이트는 화면 곳곳을 뒤덮은 뒤 점점 크기가 커지다가 사라지는 역할을 합니다. 다양한 색깔의 하트 스프라이트가 수십 개 생겨났다가 사라지는 거죠. 그럼 여러분들은 수십 개의 하트 스프라이트를 추가해야 할까요? 하나의 스프라이트로 이 기능을 연출할 수는 없을까요? 물론 가능해요. 단 하나의 하트 스프라이트만으로 수십 개의 서로 다른 스프라이트를 만들어 낼 수 있습니다. 그럼 먼저 이 기능을 학습하기 전에 하트 스프라이트의 모양을 추가해보도록 할게요.

❶ 하트 스프라이트를 선택합니다.

❷ 모양 탭을 클릭하세요.

❸ 2개의 모양이 등록되어 있네요. 마우스 오른쪽 버튼을 클릭한 뒤 메뉴가 나타나면 '복사'를 선택하세요. 동일한 모양이 하나 더 생겨났습니다.

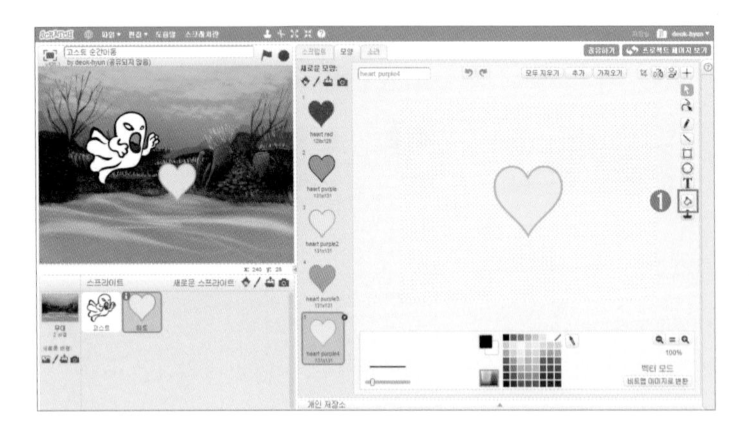

10 새로 만들어진 모양의 색깔을 변경해주세요. 앞에서 학습한 그림판의 기능을 활용하면 쉽게 변경할 수 있어요. 다양한 색깔의 하트 모양을 3개 더 만들어 주세요.

❶ 색칠하기( ) 아이콘을 클릭한 후, 원하는 색깔을 선택하고, 하트를 클릭하면 색깔이 변경됩니다.

하트

11 이제 수십 개의 하트 스프라이트가 만들어지는 기능을 살펴볼까요? 80개의 하트를 만들어봅시다.

❶ 80개의 하트 스프라이트를 만들기 위해 반복문을 사용했어요.

❷ 복제하기 기능을 사용하여 많은 스프라이트를 만들어 낼 수 있어요.

학생 TIP

'복제하기'는 어떤 기능인가요?

복제하기는 자신과 동일한 스프라이트를 임시로 만들어내는 기능입니다. 1개를 만들 수도 있고 수십 개 이상을 만들 수도 있어요. 그러면 section03에서 다룬 '도장찍기'와는 어떤 차이가 있을까요? '도장찍기'도 자신과 동일한 스프라이트를 만들어내는 기능이었어요. 마치 마법사가 분신술을 사용하는 것과 같았죠. '복사하기'는 '도장찍기'보다 좀 더 업그레이드된 분신술입니다.

'도장찍기'로 만들어진 스프라이트는 움직이거나 소리를 내는 등의 명령을 수행할 수 없었어요. 단순히 '지우기'를 실행하면 모든 스프라이트가 한꺼번에 사라지기만 할 뿐이었죠. 하지만 '복제하기'는 달라요. 복제하기로 만들어진 스프라이트를 '복제본'이라고 합니다. 이 복제본들은 각각 다르게 움직이거나 소리를 내거나, 모양을 바꾸는 등 여러 가지 명령을 수행합니다. 도장찍기보다 훨씬 더 다양한 기능을 연출할 수 있는 것이죠.

복제하기에서는 몇 가지 주의할 점이 있어요. 먼저 원래의 스프라이트를 원본이라 하면, 복제본은 원본의 현재 상태와 동일하게 복제됩니다. 원본의 색깔이 변경된 상태라면 그 색깔 그대로 복제되고, 원본이 숨기기 상태라면 보이지 않는 상태 그대로 복제가 되는 것이죠. 또한 복제본을 조종하기 위해서는 [복제되었을 때] 블록을 사용해야 합니다. [복제되었을 때] 아래에 연결된 명령어는 원본에게 적용되지 않고, 오직 복제본에게만 영향을 미쳐요.

복제하기는 재미있는 기능이기도 하지만 한편으로는 조금 복잡하고 어려운 기능이기도 해요. 하지만 화려하고 역동적인 프로젝트를 만들기 위해서는 꼭 학습해야할 기능이죠. 앞으로 다루게 될 여러 프로젝트를 통해 복제하기를 배워가도록 합시다.

하트

순간이동 을(를) 받았을 때
80 번 반복하기
x좌표를 -240 부터 240 사이의 난수 (으)로 정하기
y좌표를 -180 부터 180 사이의 난수 (으)로 정하기 ❶
나 자신 복제하기

12 하트 스프라이트가 고정된 위치에서 복제를 하는 것이 아니라, 무대 곳곳을 랜덤하게 돌아다니면서 복제를 실행하도록 할까요?

❶ 정하기와 난수 블록을 활용하여 무대의 임의의 위치로 이동하도록 해주세요.

하트

```
순간이동 ▾ 을(를) 받았을 때
80 번 반복하기
    x좌표를 -240 부터 240 사이의 난수 (으)로 정하기
    y좌표를 -180 부터 180 사이의 난수 (으)로 정하기
    크기를 20 부터 50 사이의 난수 % 로 정하기 ❶
    나 자신 ▾ 복제하기
```

13 위치를 이동한 후에는 크기도 랜덤하게 변경되도록 해주세요.

❶ 난수 블록과 정하기 블록을 결합하여 하트 스프라이트가 임의의 크기로 변하도록 했어요.

하트

```
순간이동 ▾ 을(를) 받았을 때
80 번 반복하기
    x좌표를 -240 부터 240 사이의 난수 (으)로 정하기
    y좌표를 -180 부터 180 사이의 난수 (으)로 정하기
    크기를 20 부터 50 사이의 난수 % 로 정하기
    모양을 1 부터 5 사이의 난수 (으)로 바꾸기 ❶
    나 자신 ▾ 복제하기
```

14 위치와 크기를 변경했다면, 하트 스프라이트의 모양도 5가지 모양 중 하나의 모양으로 랜덤하게 변경시켜야겠네요.

❶ 5가지의 모양 중 임의의 모양으로 변경하기 위해 난수 블록을 활용합니다.

선생님 TIP

난수 블록을 활용한 모양 변경

[모양을 1 부터 5 사이의 난수 (으)로 바꾸기]는 스프라이트의 모양을 임의의 모양으로 변경하기 위해 난수 블록을 활용한 것입니다. 일반적으로 스프라이트의 모양 변경은 특정 모양을 선택하여 변경하도록 합니다. 하지만 등록된 모양 중 임의의 모양으로 변경하도록 하기 위해서는 모양 번호를 활용할 수 있어요.

하트 스프라이트는 총 5개의 모양을 가지고 있습니다. 각 모양은 자신만의 이름을 가지고 있기도 하지만 자신만의 번호인 모양번호를 가지고 있죠. 각 모양의 왼쪽 위에 적힌 작은 숫자가 바로 모양 번호입니다. 1~5까지의 숫자가 적혀 있는 것을 확인할 수가 있네요. 난수 블록을 사용하여 모양을 변경하는 것은 바로 이 모양 번호를 이용하여 스프라이트의 모양을 변경하는 것입니다. 난수 블록에서 숫자 1이 출력되면 모양 번호가 1인 빨간 하트로 모양이 변경되는 것이죠.

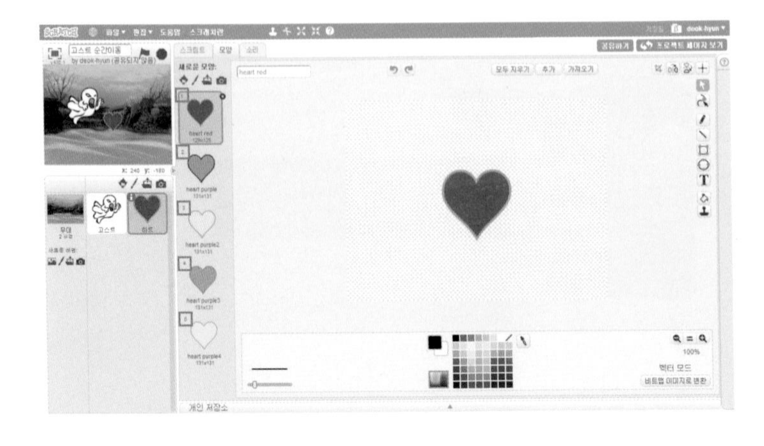

```
[깃발] 클릭했을 때
숨기기 ①

순간이동 ▼ 을(를) 받았을 때
보이기 ②
80 번 반복하기
    x좌표를 -240 부터 240 사이의 난수 (으)로 정하기
    y좌표를 -180 부터 180 사이의 난수 (으)로 정하기
    크기를 20 부터 50 사이의 난수 % 로 정하기
    모양을 1 부터 5 사이의 난수 (으)로 바꾸기
    나 자신 ▼ 복제하기
숨기기 ③
```

15 하트 스프라이트는 프로젝트를 시작할 때 보이지 않는 상태가 되도록 합니다. 이후 복제할 때는 원본의 상태가 그대로 복제본으로 이어지기 때문에 보이는 상태로 변경해 주세요. 복제가 모두 완료된 후에는 다시 숨기기 상태로 돌아갑니다.

❶ 프로젝트 시작 시 숨기기 상태로 변경됩니다. 프로젝트가 중간에서 종료될 경우, 보이기 상태에서 시작할 수 있으니 꼭 숨기기 상태로 초기화가 필요해요.

❷ 복제하기 전 보이기 상태로 변경해 주세요.

❸ 복제하기가 완료되면 다시 원래의 숨기기 상태로 돌아갑니다.

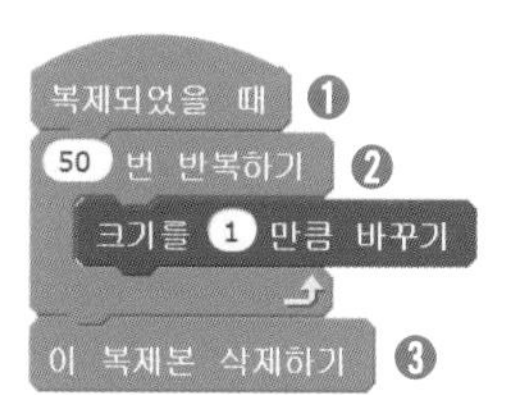

16 복제하기가 실행된 후 복제본은 어떤 기능을 하게 될까요? 프로젝트를 살펴보면 점점 크기가 조금씩 커지다가 실행 창에서 사라지게 됩니다. 함께 만들어 볼까요?

❶ 복제본에게 명령을 내리기 위해서는 이 블록을 사용해야 해요.

❷ 크기가 1씩 커지는 것을 50번 반복하도록 합니다.

❸ 반복문이 종료되면 복제본이 삭제되도록 해주세요.

학생 TIP

복제본을 삭제하기 위해서는 [이 복제본 삭제하기]를 사용합니다. [숨기기]를 사용할 수도 있지만 [숨기기]는 복제본을 삭제하는 것이 아니라 단순히 보이지 않는 상태로만 변경하는 것이죠. 여전히 복제본이 존재하는 상태입니다. 복제본이 너무 많이 존재하게 되면, 컴퓨터의 속도가 느려지기도 하고, 더 이상 복제본이 만들어지지 않아 프로젝트에 오류가 발생하기도 해요. 필요가 없어진 복제본을 삭제할 때는 꼭 [숨기기]가 아닌 [이 복제본 삭제하기]를 사용해야합니다.

고스트

```
이 스프라이트를 클릭했을 때
순간이동 시작! 을(를) 2 초동안 말하기
순간이동 ▾ 방송하고 기다리기
100 번 반복하기 ❶
    ↺ 15 도 돌기 ❷
    소용돌이 ▾ 효과를 5 만큼 바꾸기 ❸
    크기를 -1 만큼 바꾸기 ❹
```

17

이제 하트 스프라이트의 스크립트가 모두 완성되었으니 다시 고스트 스프라이트로 넘어올까요? 앞에서 고스트 스프라이트가 보낸 메시지가 하트 스프라이트에서 모두 처리되었습니다. 메시지를 보낸 뒤 대기 상태였던 고스트 스프라이트는 대기 상태가 종료되면서 아래에 연결된 블록을 실행할 차례네요. 이제 고스트 스프라이트는 회전하면서 소용돌이 효과가 나타나고, 크기가 줄어드는 기능을 수행해야 합니다.

❶ 변화가 조금씩 발생하면서 자연스럽게 연결되도록 반복 횟수를 늘리고, 변화량을 적게 만든 반복문입니다.

❷ 회전하는 효과를 만들기 위해서 돌기 블록을 활용했어요.

❸ 소용돌이 효과가 나타나면서 고스트 스프라이트에 변화가 나타나요.

❹ 크기가 점점 작아지는 효과는 마이너스(−)를 활용하면 쉽게 표현할 수 있어요.

고스트

```
이 스프라이트를 클릭했을 때
순간이동 시작! 을(를) 2 초동안 말하기
순간이동 ▾ 방송하고 기다리기
100 번 반복하기
    ↺ 15 도 돌기
    소용돌이 ▾ 효과를 5 만큼 바꾸기
    크기를 -1 만큼 바꾸기
배경을 바다 ▾ (으)로 바꾸기 ❶
100 번 반복하기 ❷
    ↻ 15 도 돌기
    소용돌이 ▾ 효과를 -5 만큼 바꾸기
    크기를 1 만큼 바꾸기
순간이동 성공! 을(를) 2 초동안 말하기 ❸
```

18

고스트에 효과가 나타난 뒤에는 배경을 '바다'로 변경해야 합니다. 배경이 변경된 뒤에는 다시 앞에서 나타난 효과가 반대로 적용되면서 원래의 모습으로 돌아와야 하겠죠?

❶ 배경을 '바다'로 변경합니다.

❷ 앞에서 나타난 효과가 반대로 적용되도록 해주세요. 회전방향은 반대로 하면 되겠네요.

❸ 효과가 모두 완료된 후에는 '순간이동 성공!'을 2초동안 말해주세요.

고스트

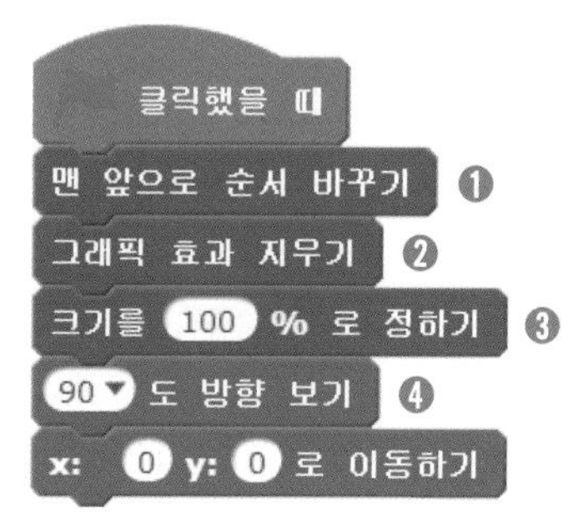

19 프로젝트가 중간에서 종료되는 경우를 대비해 고스트 스프라이트에 몇 가지 초기화가 더 추가되어야 합니다. 어떤 초기화가 필요할까요?

❶ 여러 스프라이트가 겹쳐질 경우 고스트 스프라이트가 맨 위에 보이도록 해주세요.

❷ 소용돌이 효과가 나타난 채로 프로젝트가 시작될 경우, 원래의 상태로 회복시킵니다.

❸ 작아진 상태에서 종료되었다면 크기도 원래대로 변경해야 겠네요.

❹ 회전된 상태에서 종료되었을 경우를 대비해서 방향도 초기화합니다.

학생 TIP

맨 앞으로 순서 바꾸기 는 언제 사용할까요?

프로젝트를 실행하다보면, 여러 스프라이트가 등장할 경우 스프라이트가 서로 겹쳐지는 경우가 발생합니다. 이때 특정 스프라이트가 다른 스프라이트보다 위로 올라와야하는 경우가 생기게되죠. 맨 앞으로 순서 바꾸기 는 두 개 이상의 스프라이트가 겹쳐졌을 경우, 특정 스프라이트를 맨 위의 위치로 이동시키기 위해서 사용하는 블록입니다.

반대로 여러 스프라이트가 겹쳐졌을 경우 다른 스프라이트 아래로 이동시키는 블록도 있겠죠? 바로 1 번째로 물러나기 입니다. 1 번째로 물러나기 는 특정 스프라이트를 겹쳐진 다른 스프라이트의 아래로 이동시키며, 입력된 숫자에 따라 더 아래층으로 이동할 수 있어요.

예를 보면서 좀 더 자세히 이해해 볼까요? 하트 스프라이트와 고스트 스프라이트가 다음과 같이 겹쳐져 있어요. 이때 어떤 블록을 실행하는가에 따라서 겹쳐진 위치가 달라지게 됩니다.

❶ 하트 스프라이트에서 이 블록을 실행하면 다음과 같이 두 스프라이트의 위치가 변경되죠.

하트

맨 앞으로 순서 바꾸기

❷ 위 상태에서 다시 하트 스프라이트가 이 블록을 실행하면 결과는 다시 처음과 같이 변경됩니다.

하트

1 번째로 물러나기

20 고스트 순간이동 프로젝트가 완성되었습니다.

UNIT 03 프로젝트 업그레이드 하기

웹 주소: https://scratch.mit.edu/projects/65162496/

01 원래 프로젝트는 고스트 스프라이트가 '입체공간'에서 '바다'로 순간이동하는 것이죠. 그러나 한 번 바다로 이동한 고스트는 다시 입체공간으로 돌아올 수 없습니다.

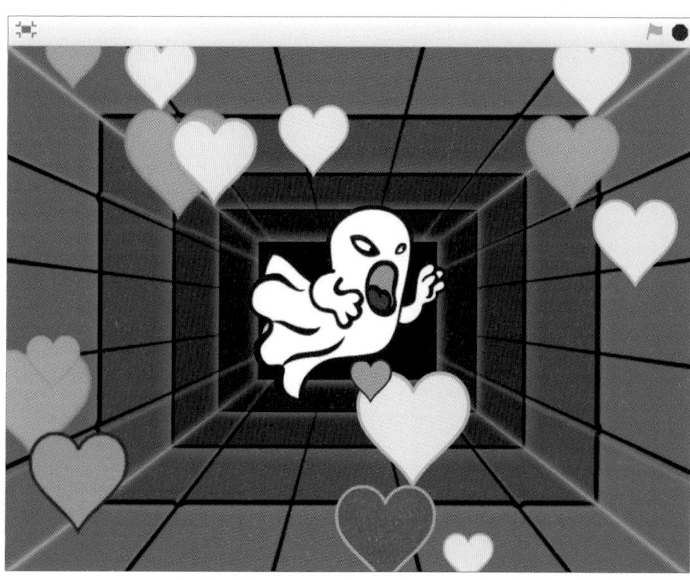

02 이 부분을 보완해서 이번에는 입체공간에서 바다로, 다시 바다에서 입체공간으로 자유자재로 순간이동할 수 있는 프로젝트를 만들어보려고 해요.

고스트

```
이 스프라이트를 클릭했을 때
순간이동 시작! 을(를) 2 초동안 말하기
순간이동 ▼ 방송하고 기다리기
100 번 반복하기
    ↶ 15 도 돌기
    소용돌이 ▼ 효과를 5 만큼 바꾸기
    크기를 -1 만큼 바꾸기
배경을 바다 ▼ (으)로 바꾸기 ❶
100 번 반복하기
    ↷ 15 도 돌기
    소용돌이 ▼ 효과를 -5 만큼 바꾸기
    크기를 1 만큼 바꾸기
순간이동 성공! 을(를) 2 초동안 말하기
```

03 이번 업그레이드는 아주 간단하게 완성할 수 있습니다. 고스트 스프라이트의 스크립트 중 한 부분만 수정해주면 끝이죠. 어느 부분을 수정해야 할까요?

❶ 이 부분을 수정해주어야 해요. 이 스크립트에서는 고스트 스프라이트를 클릭했을 때 배경이 무조건 '바다'로만 변경되도록 되어 있어요. 이 부분의 문제를 해결하면 원하는 프로젝트를 만들 수 있겠죠?

고스트

```
이 스프라이트를 클릭했을 때
순간이동 시작! 을(를) 2 초동안 말하기
순간이동 ▼ 방송하고 기다리기
100 번 반복하기
    ↶ 15 도 돌기
    소용돌이 ▼ 효과를 5 만큼 바꾸기
    크기를 -1 만큼 바꾸기
[          ] ❶
100 번 반복하기
    ↷ 15 도 돌기
    소용돌이 ▼ 효과를 -5 만큼 바꾸기
    크기를 1 만큼 바꾸기
순간이동 성공! 을(를) 2 초동안 말하기
```

04 고스트 스프라이트를 클릭하면 무조건 바다 배경으로 변하는 것이 아니라, 상황에 따라 바다로도 변했다가 입체공간으로도 변했다가 해야겠네요. 어떻게 하면 원하는 기능을 만들 수 있을까요?

❶ 이 부분을 조건에 따라 각각 다른 배경으로 바뀌도록 해주어야 합니다.

고스트

```
이 스프라이트를 클릭했을 때
순간이동 시작! 을(를) 2 초동안 말하기
순간이동 ▾ 방송하고 기다리기
100 번 반복하기
    ↺ 15 도 돌기
    소용돌이 ▾ 효과를 5 만큼 바꾸기
    크기를 -1 만큼 바꾸기
만약 < > 라면 ❶
아니면
100 번 반복하기
    ↻ 15 도 돌기
    소용돌이 ▾ 효과를 -5 만큼 바꾸기
    크기를 1 만큼 바꾸기
순간이동 성공! 을(를) 2 초동안 말하기
```

05 조건에 따라 실행결과가 달라진다면 조건문이 결합되어야겠네요. 조건문을 만드는 블록은 2가지 종류가 있습니다. 두 종류의 블록 중 어느 블록을 사용해 조건문을 만들어야 할까요?

❶ 조건에 따라 2가지 명령어 중에서 하나를 선택해서 실행해야하기 때문에 이 블록으로 조건문을 만들어줍니다.

고스트

```
이 스프라이트를 클릭했을 때
순간이동 시작! 을(를) 2 초동안 말하기
순간이동 ▾ 방송하고 기다리기
100 번 반복하기
    ↺ 15 도 돌기
    소용돌이 ▾ 효과를 5 만큼 바꾸기
    크기를 -1 만큼 바꾸기
만약 <(배경 이름) = 입체공간> 라면 ❶
아니면
100 번 반복하기
    ↻ 15 도 돌기
    소용돌이 ▾ 효과를 -5 만큼 바꾸기
    크기를 1 만큼 바꾸기
순간이동 성공! 을(를) 2 초동안 말하기
```

06 조건문의 조건 부분을 먼저 채워볼까요? 현재 배경이 무엇인지를 체크해야하겠죠? 어떤 블록을 사용하면 현재 배경이 무엇인지를 알 수 있을까요?

❶ 형태 블록 카테고리에 있는 블록을 사용하여 현재 배경 이름이 무엇인지 체크할 수 있어요. 비교 연산 블록과 함께 결합하여 조건문의 조건 부분을 완성하세요.

고스트

```
이 스프라이트를 클릭했을 때
순간이동 시작! 을(를) 2 초동안 말하기
순간이동 ▾ 방송하고 기다리기
100 번 반복하기
    ↺ 15 도 돌기
    소용돌이 ▾ 효과를 5 만큼 바꾸기
    크기를 -1 만큼 바꾸기
만약 〈배경 이름 = 입체공간〉 라면
    배경을 바다 ▾ (으)로 바꾸기 ❶
아니면
    배경을 입체공간 ▾ (으)로 바꾸기 ❷
100 번 반복하기
    ↻ 15 도 돌기
    소용돌이 ▾ 효과를 -5 만큼 바꾸기
    크기를 1 만큼 바꾸기
순간이동 성공! 을(를) 2 초동안 말하기
```

07 조건에 따라 각각 어떤 배경으로 변경해야 할지 판단하여 조건문의 나머지 부분을 완성합니다.

❶ 만약 현재 배경 이름이 '입체공간'이라면 '바다' 배경으로 변경합니다.

❷ 만약 현재 배경 이름이 '입체공간'이 아니면(= '바다'라면) '입체공간' 배경으로 변경합니다.

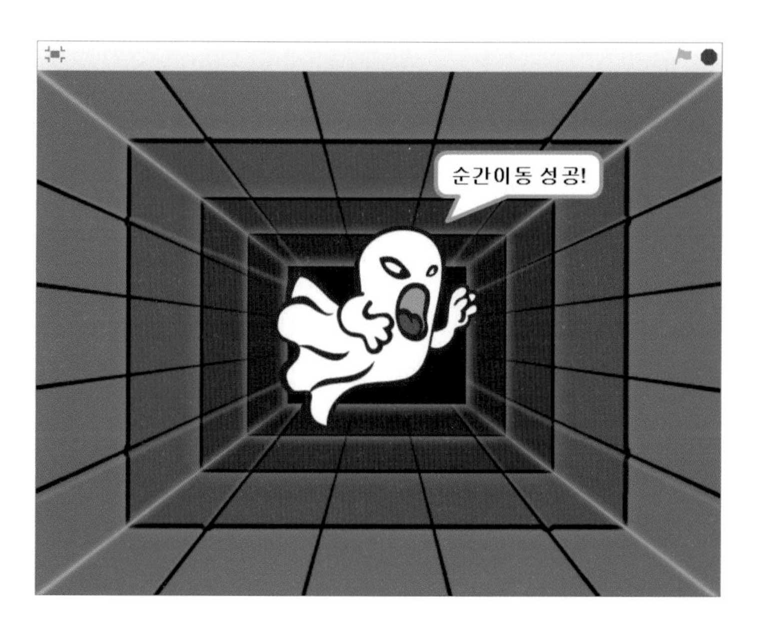

08 업그레이드된 프로젝트가 완성되었어요.

UNIT 04

정리하기

01 무대

❶ 프로젝트가 시작되면 배경을 '입체공간'으로 변경해요.

```
클릭했을 때
숨기기 ❶

순간이동 을(를) 받았을 때
보이기 ❷
80 번 반복하기
    x좌표를 -240 부터 240 사이의 난수 (으)로 정하기
    y좌표를 -180 부터 180 사이의 난수 (으)로 정하기
    크기를 20 부터 50 사이의 난수 % 로 정하기
    모양을 1 부터 5 사이의 난수 (으)로 바꾸기        ❸
    나 자신 복제하기 ❹
숨기기 ❺

복제되었을 때 ❻
50 번 반복하기
    크기를 1 만큼 바꾸기
이 복제본 삭제하기
```

02 하트 스프라이트

❶ 프로젝트가 시작되면 숨기기 상태로 초기화해주세요.

❷ 순간이동 메시지를 받으면 보이기 상태로 변경합니다.

❸ 무대를 이동하면서 크기와 모양을 랜덤하게 변경해요.

❹ 반복하며 복제본을 만들어 냅니다.

❺ 복제가 완료된 후에는 다시 숨기기 상태로 변경해야겠죠?

❻ 복제본은 크기가 조금씩 커지는 효과를 내다가 삭제되도록 해주세요.

고스트

```
(깃발) 클릭했을 때
맨 앞으로 순서 바꾸기 ①
그래픽 효과 지우기
크기를 (100) % 로 정하기
(90▼) 도 방향 보기                ②
x: (0) y: (0) 로 이동하기
```

```
이 스프라이트를 클릭했을 때
[순간이동 시작!] 을(를) (2) 초동안 말하기
[순간이동▼] 방송하고 기다리기 ③
(100) 번 반복하기
    ↺ (15) 도 돌기
    [소용돌이▼] 효과를 (5) 만큼 바꾸기        ④
    크기를 (-1) 만큼 바꾸기
만약 <(배경 이름) = [입체공간]> 라면
    배경을 [바다▼] (으)로 바꾸기
아니면                                      ⑤
    배경을 [입체공간▼] (으)로 바꾸기
(100) 번 반복하기
    ↻ (15) 도 돌기
    [소용돌이▼] 효과를 (-5) 만큼 바꾸기       ⑥
    크기를 (1) 만큼 바꾸기
[순간이동 성공!] 을(를) (2) 초동안 말하기 ⑦
```

03 고스트 스프라이트

❶ 프로젝트가 시작되면 고스트 스프라이트가 맨 앞으로 나오도록 초기화합니다.

❷ 그래픽 효과와 크기, 방향, 위치 등도 함께 초기화해주세요.

❸ 순간이동이 시작되면 하트 스프라이트에 메시지를 전달하고, 전달된 메시지가 완료될 때까지 기다려야겠네요.

❹ 대기 상태가 종료되면, 회전하기와 소용돌이 효과, 크기 변경하기가 되도록 반복문을 실행합니다.

❺ 효과가 나타난 후에는 배경이름에 따라 어떤 배경으로 변경할지 선택하여 명령을 실행해요.

❻ 배경을 변경하고 나서 다시 원래 상태로 돌아가기 위해 앞에 일어난 효과가 반대로 작용하도록 했어요.

❼ 순간이동이 성공하였습니다.

우주 행성 대탐험

UNIT 01

프로젝트 살펴보기

웹 주소 : https://scratch.mit.edu/projects/65536852/

01 이번 섹션에서 함께 만들 프로젝트는 '우주 행성 대탐험'입니다. 우주선을 타고 우주 행성을 탐험하는 이야기이죠. 우주선을 방해하는 행성이 날아오면 미사일을 발사해 행성을 맞추는 게임 프로젝트입니다.

02 배경을 먼저 살펴볼까요? 우주의 모습을 하고 있는 배경이네요. 프로젝트에 어울리는 배경을 추가하여 실감나는 게임을 만들어보세요.

03 프로젝트의 주인공인 우주선 스프라이트가 등장합니다. 우주선 스프라이트는 사용자가 직접 키보드의 화살표 키를 사용해 위, 아래로 움직일 수 있어요. 앞, 뒤로는 움직이지 못하고 위, 아래로만 움직일 수 있다는 점을 기억해야겠네요.

04 우주선과 짝을 이루는 미사일 스프라이트입니다. 미사일 스프라이트는 평소에는 보이지 않지만 스페이스 키를 누르면 우주선 스프라이트의 앞부분에서 나타나 발사됩니다. 발사된 마사일 스프라이트는 무대의 오른쪽 끝까지 날아가네요. 어떻게 하면 미사일 스프라이트의 기능을 완성할 수 있을지 고민해볼까요?

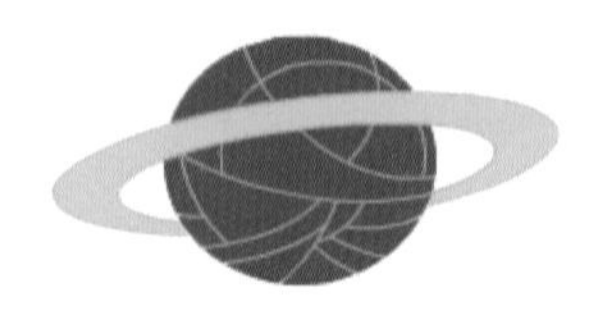

05 다음은 우주선을 방해하는 행성 스프라이트네요. 행성 스프라이트는 무대의 오른쪽 끝에서 여러 개가 왼쪽으로 날아와요. 우주선은 미사일을 발사해 이 행성을 폭파시켜야 하죠. 행성 스프라이트는 미사일 스프라이트에 맞으면 바로 사라집니다.

06 마지막으로 등장하는 하트 스프라이트입니다. 하트 스프라이트는 우주선의 생명을 표시하고 있어요. 우주선이 행성과 부딪히면 하트가 하나씩 줄어들게 되죠. 5개의 하트가 모두 없어지면 프로젝트가 종료됩니다.

07 실행 창의 왼쪽 위에 점수가 보이나요? 변수를 사용하여 점수를 표시하고 있어요. 우주선에서 발사한 미사일이 행성을 1개 폭파시킬 때마다 점수가 1점씩 올라갑니다. 쉽게 만들 수 있겠죠? 전체 프로젝트는 조금 복잡해보이지만, 생각보다 간단하게 완성할 수 있어요. 함께 도전해봅시다.

UNIT 02

프로젝트 완성하기

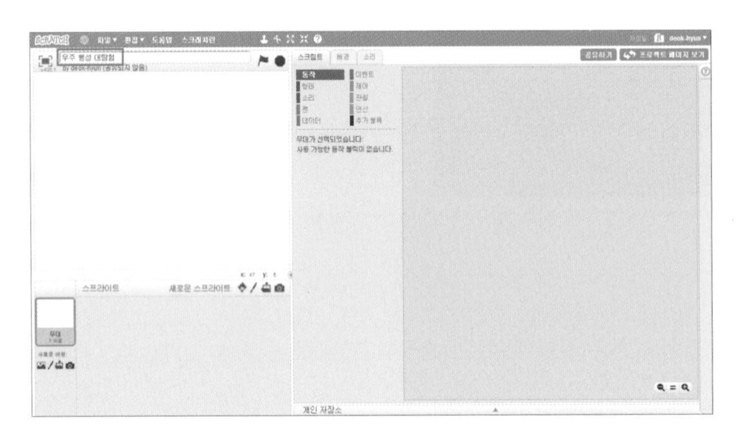

01 새로운 프로젝트를 시작하고, 프로젝트의 제목을 '우주 행성 대탐험'으로 수정하세요. 고양이 스프라이트는 사용하지 않으니 삭제해 주세요.

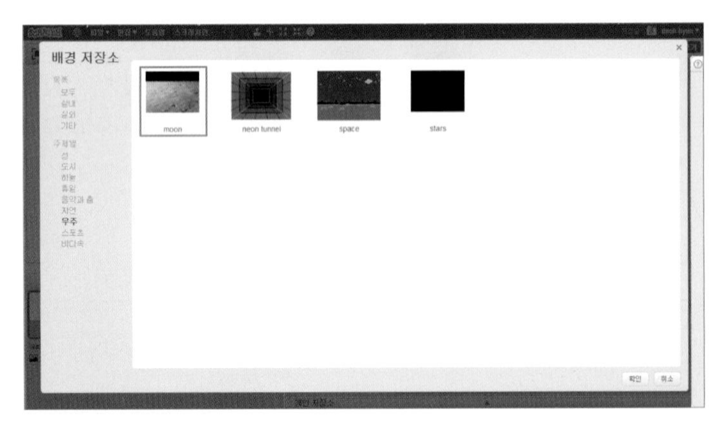

02 먼저 무대에 배경을 추가해주세요. 배경 저장소에서 주제별 카테고리의 '우주'를 선택하면 원하는 배경을 찾을 수 있어요. moon이란 배경을 추가해주세요.

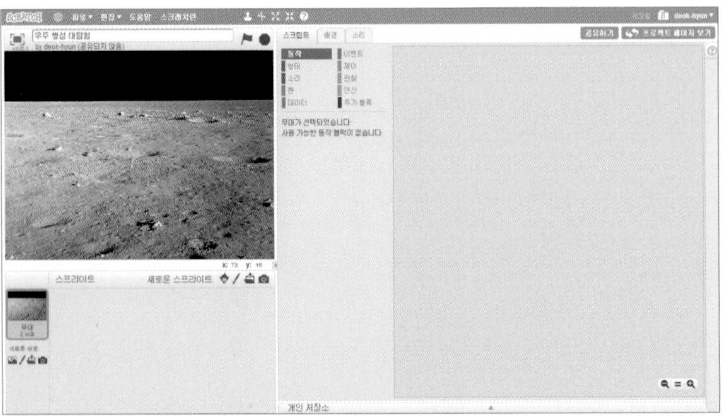

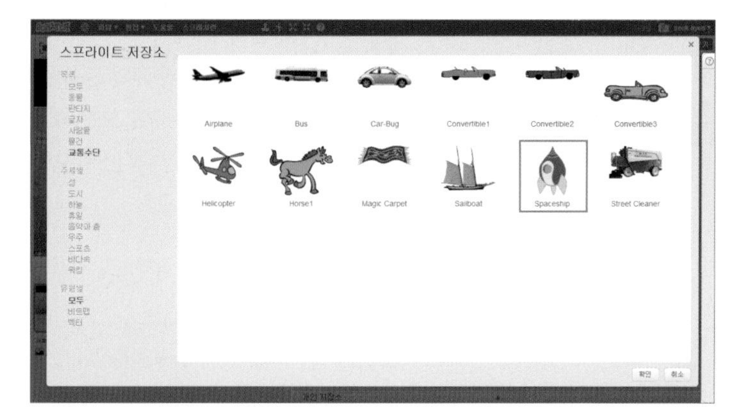

03 우주선 스프라이트를 추가해 주세요. 스프라이트 저장소에서 Spaceship 스프라이트를 추가하고, 스프라이트의 이름을 '우주선'으로 수정합니다.

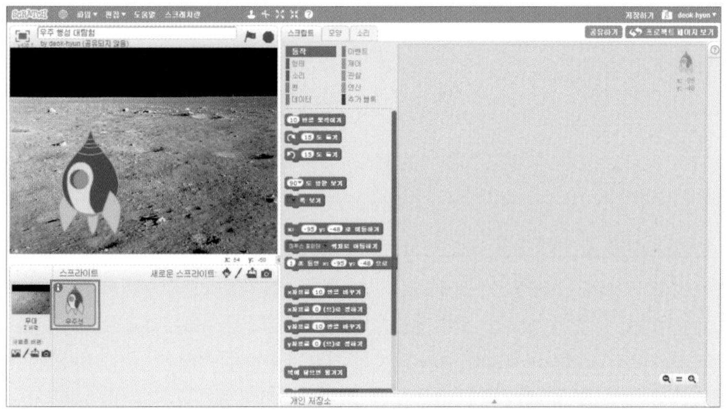

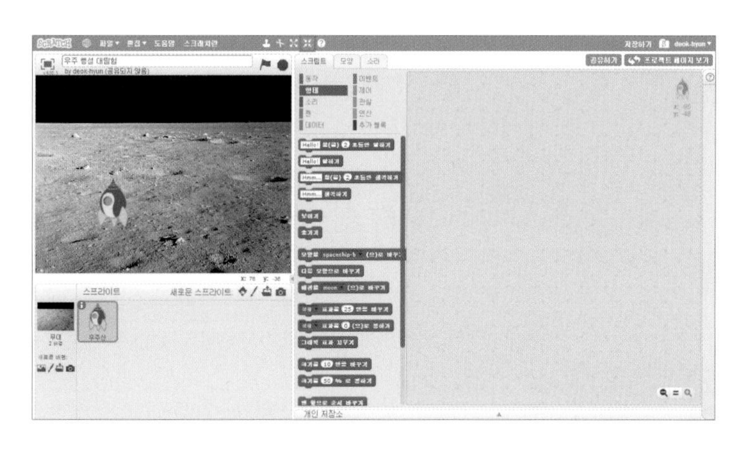

04 우주선의 크기가 너무 커요. 툴바의 축소 버튼(⌘)을 사용하여 우주선의 크기를 줄여주면 되겠죠?

```
클릭했을 때
x: -190 y: 0 로 이동하기 ❶
180▼ 도 방향 보기 ❷
```

05 우주선 스프라이트는 프로젝트가 시작되면 무대의 왼쪽 끝부분에 위치하고, 앞부분이 오른쪽을 바라보도록 해주어야 합니다. 위치와 방향을 초기화시켜 볼까요?

❶ 무대의 왼쪽 끝부분의 중앙으로 위치를 초기화합니다.

❷ 방향 초기화를 통해 우주선의 앞부분이 오른쪽을 향하도록 해주세요. 이때 90도 방향보기가 아닌 180도 방향보기를 해야한다는 것에 주의하세요.

선생님 TIP

스프라이트의 기본 방향

스프라이트 저장소에서 스프라이트를 불러오면, 모든 스프라이트의 기본 방향은 90도(오른쪽)로 설정되어 있습니다. 이 부분에서 실수가 많이 일어나는데요, 고양이 스프라이트처럼 오른쪽을 바라보고 있는 모양의 스프라이트는 쉽게 이해할 수 있죠. 하지만 우주선 스프라이트처럼 마치 위쪽을 바라보고 있는 모양의 스프라이트는 헷갈리기가 쉽습니다. 위쪽을 바라보고 있기 때문에 방향도 위쪽인 0도로 되어 있다고 착각하는 것이죠. 하지만 모든 스프라이트의 기본 방향은 90도이기 때문에 우주선 스프라이트의 경우 앞부분이 오른쪽을 향하는 형태로 바꾸어주려면 180도 방향보기를 해야 합니다.
스프라이트 중에는 처음부터 왼쪽을 바라보고 있는 모양의 스프라이트도 있습니다. 마찬가지로 기본 방향은 90도로 설정되어 있으니, 학생들이 혼동하지 않도록 안내해주세요.

```
클릭했을 때
x: -190 y: 0 로 이동하기
180▼ 도 방향 보기
무한 반복하기 ❶
    만약 위쪽 화살표▼ 키를 눌렀는가? 라면 ❷
        y좌표를 5 만큼 바꾸기
    만약 아래쪽 화살표▼ 키를 눌렀는가? 라면 ❸
        y좌표를 -5 만큼 바꾸기
```

06 우주선 스프라이트는 화살표 키를 사용하여 위, 아래로 움직일 수 있어요. 반복문과 조건문을 적절하게 사용하여 기능을 완성해주세요.

❶ 사용자가 화살표 키를 누르는지 계속해서 체크하기 위해 반복문을 만들었어요.

❷ 위쪽 화살표 키를 누르면 우주선 스프라이트가 위쪽으로 이동합니다.

❸ 반대로 아래쪽 화살표 키를 누르면 우주선 스프라이트가 아래쪽으로 이동하겠죠?

07

미사일 스프라이트를 추가해주세요. 스프라이트 저장소에서 Magic Wand를 찾아 추가한 후, 이름을 '미사일'로 변경해주면 됩니다.

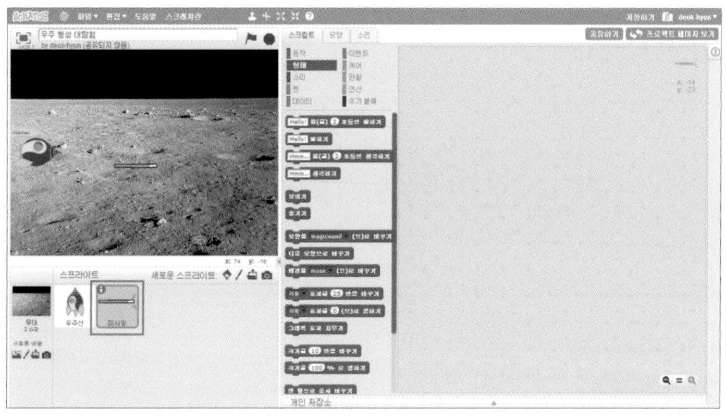

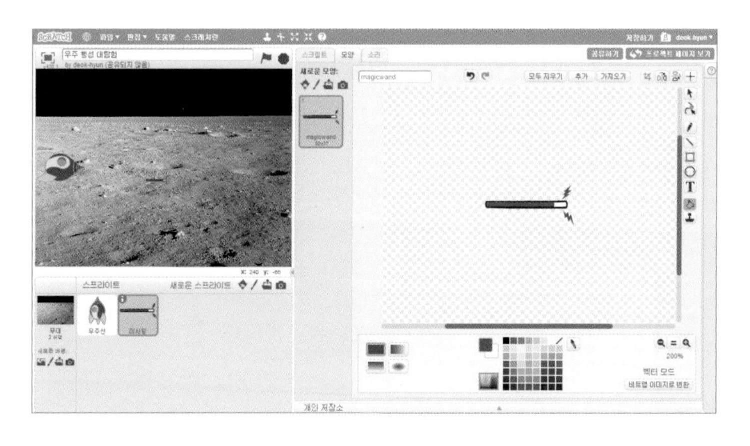

08

미사일 스프라이트의 크기를 적절하게 줄여주세요. 우주선과 비슷하도록 색깔을 빨간색으로 바꿔볼까요?

❶ 그림판에서 색칠하기( ) 기능을 활용하면 쉽게 해결할 수 있어요.

미사일

09

미사일 스프라이트는 우주선 스프라이트의 앞부분에서 발사됩니다. 우주선이 움직일 때마다 함께 움직여서 항상 우주선의 앞부분에 있도록 해주어야겠네요. 어려운 것 같다구요? 어떤 블록을 사용하면 쉽게 해결할 수 있을까요. 관찰 블록 카테고리에서 해답을 찾을 수 있어요.

❶ 반복문을 사용하여, 우주선이 움직일 때마다 계속 미사일의 위치가 바뀌도록 해주세요.

❷ 우주선의 위치 좌표를 확인하여 적절한 위치로 이동하도록 했네요. 산술 연산(+) 블록을 활용하면 우주선보다 조금 오른쪽(우주선의 앞부분)에 위치하도록 할 수 있겠죠?

학생 TIP

x좌표 of 우주선 블록은 어떤 블록일까?

관찰 블록 카테고리의 x좌표 of 우주선 는 다른 스프라이트의 데이터를 가져와 사용할 수 있는 블록입니다. 예를 들어 미사일 스프라이트에서는 우주선 스프라이트의 데이터를 가져와 활용할 수 있는 것이죠.
하나의 스프라이트는 여러 가지 데이터를 가지고 있어요. 위치를 표시하는 x좌표와 y좌표, 어느 곳을 향하고 있는가를 표시하는 방향, 모양 번호와 모양 이름, 크기, 음량 등이 포함되죠. x좌표 of 우주선 는 다른 스프라이트가 가지고 있는 데이터 값을 출력하기 때문에 이를 잘 활용하면 여러 기능을 만들 수 있습니다. 또한 다른 스프라이트뿐만 아니라, 무대가 가지고 있는 데이터도 활용할 수 있으니 기억해두세요.

❶ 다른 스프라이트가 가지고 있는 데이터 값을 활용할 수 있어요.
❷ 무대의 데이터 값도 활용할 수 있어요.

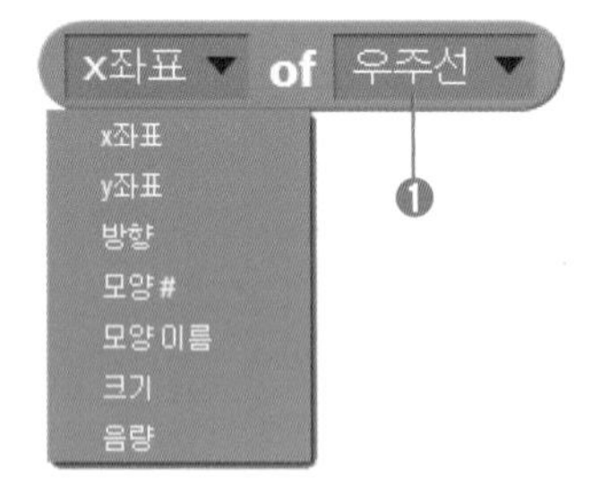

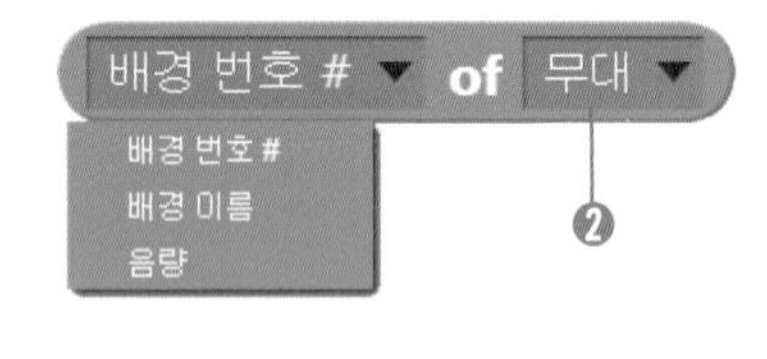

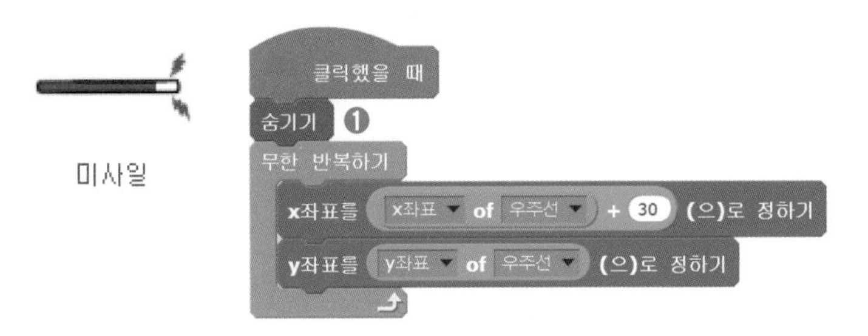

10 미사일 스프라이트는 평소에 보이지 않도록 처리해주세요.

❶ 프로젝트가 시작되면 숨기기 상태로 바꿔 줍니다.

미사일

```
클릭했을 때
숨기기
무한 반복하기
  x좌표를 x좌표 of 우주선 + 30 (으)로 정하기
  y좌표를 y좌표 of 우주선 (으)로 정하기
  만약 스페이스 키를 눌렀는가? 라면 ❶
    나 자신 복제하기 ❷
    1 초 기다리기 ❸
```

11 이제 미사일이 발사되는 효과를 만들 차례입니다. 미사일은 스페이스 키를 누르면 발사되었죠? 발사될 때 원본 스프라이트는 그대로 있고, 새롭게 복제된 스프라이트가 발사되도록 해주세요.

❶ 스페이스 키를 누르면 조건문의 내부가 실행됩니다.

❷ 새로운 복제본을 만들어내요.

❸ 미사일이 연속해서 발사되는 것을 방지하기 위해서 기다리기를 결합했어요.

12 미사일의 복제본이 만들어졌으니, 복제본이 어떻게 움직여야 할지를 고민해야겠네요. 그전에 먼저 미사일의 원본이 숨기기 상태에서 복제되었기 때문에 복제본은 보이기 상태로 전환해야합니다.

❶ 복제본을 조종할 수 있는 시작 블록(모자 블록)을 결합하세요.

❷ 숨기기 상태에서 복제된 복제본을 보이기 상태로 변경합니다.

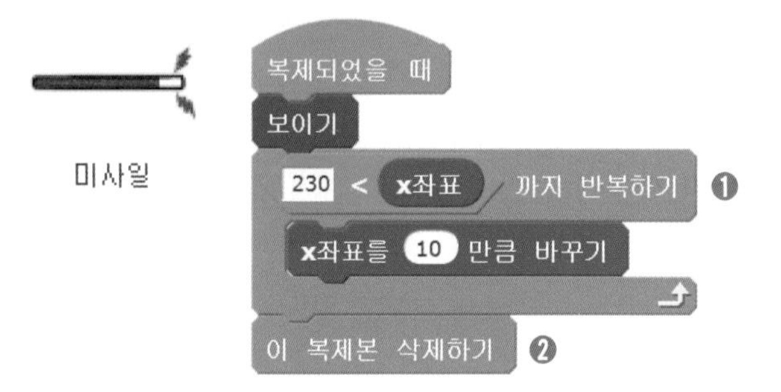

13 보이기 상태로 바뀐 미사일 스프라이트의 복제본이 무대의 오른쪽 끝까지 움직일 수 있도록 해주세요.

❶ 조건이 참이 될 때까지 반복문을 실행합니다. 미사일 복제본의 x좌표가 230보다 더 커질 때까지 계속해서 오른쪽으로 이동하겠죠?

❷ 반복문이 종료되면 자기 역할을 끝낸 복제본은 삭제해주세요.

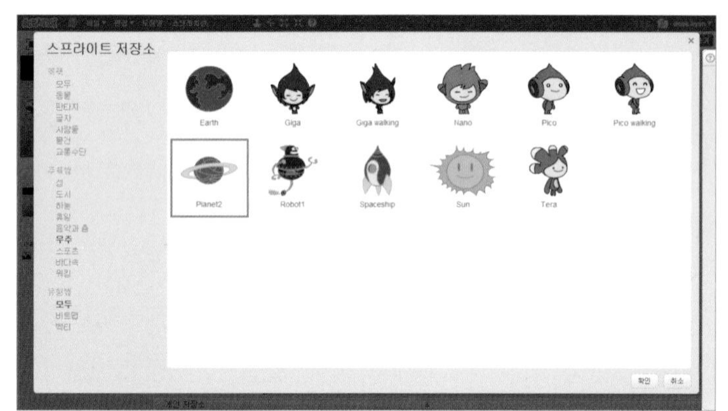

14 행성 스프라이트를 추가해주세요. 스프라이트 저장소에서 Planet2를 추가한 후 이름을 '행성'으로 변경하면 됩니다. 스프라이트의 크기도 우주선보다 조금 작게 조절해주면 더 좋겠죠?

```
클릭했을 때
숨기기 ❶
x좌표를 240 (으)로 정하기 ❷
```

15 행성 스프라이트는 무대의 오른쪽 끝에서 복제본을 만들어 내고, 복제본은 왼쪽으로 이동하죠. 먼저 행성 스프라이트의 위치부터 초기화할까요?

❶ 프로젝트가 시작되면 숨기기 상태로 초기화합니다. 원본은 보이지 않는 상태에서 계속 복제본을 만들어 내는 것이죠.

❷ 무대의 오른쪽 끝에서 위치하도록 초기화합니다.

```
클릭했을 때
숨기기
x좌표를 240 (으)로 정하기
무한 반복하기
    y좌표를 -150 부터 150 사이의 난수 (으)로 정하기 ❶
    나 자신 ▼ 복제하기 ❷
    0.2 초 기다리기 ❸
```

16 오른쪽 끝에 위치한 행성 스프라이트는 아래, 위를 불특정하게 이동하면서 복제본을 만들어냅니다.

❶ 무대의 아래부터 위까지 임의의 위치로 반복해서 이동할 수 있도록 했어요.

❷ 이동할 때마다 복제본을 만들어냅니다.

❸ 복제한 후에는 0.2초간 간격을 둔 뒤 다시 이동과 복제하기를 반복합니다. 기다리기가 없으면 너무 많은 복제본이 만들어지니 꼭 넣어주세요.

```
복제되었을 때
보이기 ❶
x좌표 < -230 까지 반복하기 ❷
    x좌표를 -10 만큼 바꾸기
이 복제본 삭제하기 ❸
```

17 행성 스프라이트의 복제본은 미사일 복제본과는 반대로 움직이도록 만들어주세요.

❶ 숨기기 상태에서 복제된 복제본은 보이기 상태로 변경해주세요.

❷ 무대의 왼쪽 끝까지 이동하도록 반복문을 사용했어요.

❸ 무대의 왼쪽 끝까지 이동한 복제본은 삭제됩니다.

행성

```
복제되었을 때
보이기
x좌표 < -230 까지 반복하기
    x좌표를 -10 만큼 바꾸기
    만약 미사일 에 닿았는가? 라면   ❶
        이 복제본 삭제하기
    만약 우주선 에 닿았는가? 라면   ❷
        이 복제본 삭제하기
이 복제본 삭제하기
```

18 행성의 복제본은 무대의 왼쪽 끝에 닿기 전에 삭제될 수도 있어요. 도중에 미사일에 맞아 폭파되거나, 우주선과 닿았을 경우에도 삭제되죠. 조건문을 사용해 만들어봅시다.

❶ 이동 중에 미사일에 맞으면 복제본이 삭제됩니다.

❷ 우주선과 충동했을 때도 복제본이 삭제되겠죠?

행성

```
복제되었을 때
보이기
x좌표 < -230 까지 반복하기
    x좌표를 -10 만큼 바꾸기
    만약 미사일 에 닿았는가? 라면
        점수 을(를) 1 만큼 바꾸기   ❶
        이 복제본 삭제하기
    만약 우주선 에 닿았는가? 라면   ❷
        하트 감소 방송하기
        이 복제본 삭제하기
이 복제본 삭제하기
```

우주선

```
클릭했을 때
맨 앞으로 순서 바꾸기   ❸
x: -190 y: 0 로 이동하기
180 도 방향 보기
무한 반복하기
    만약 위쪽 화살표 키를 눌렀는가? 라면
        y좌표를 5 만큼 바꾸기
    만약 아래쪽 화살표 키를 눌렀는가? 라면
        y좌표를 -5 만큼 바꾸기
```

19 행성 복제본이 미사일에 닿았을 경우에는 점수가 1점 올라가고, 우주선에 닿았을 경우에는 우주선의 생명을 표시하는 하트가 1개 줄어들어요. 이 부분은 어떻게 만들어낼 수 있을까요?

❶ 점수 변수를 만들고, 미사일과 행성이 닿을 때마다 1점이 추가되도록 해주세요.

❷ 하트가 줄어들 수 있도록 하기 위해서는 행성이 우주선과 닿을 때마다, 행성 스프라이트에서 다른 스프라이트로 메시지를 보내서 알려주어야겠죠?

❸ 복제된 행성과 우주선이 겹쳐질 경우 우주선이 앞으로 나올 수 있도록 초기화에 추가해주세요.

20 마지막으로 하트 스프라이트를 추가합니다. 스프라이트 저장소에서 Heart를 추가하고, 이름을 하트로 변경해주세요.

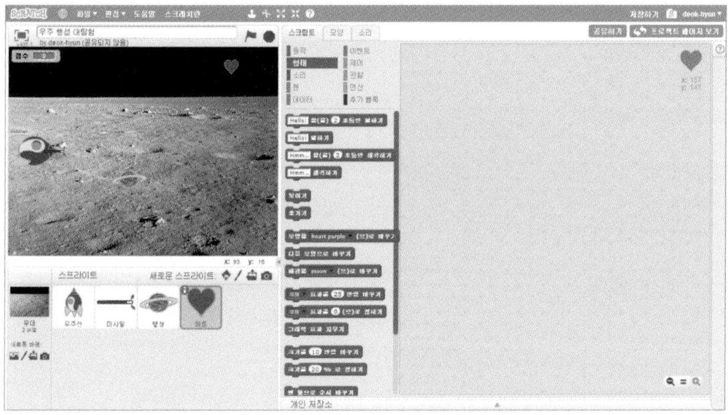

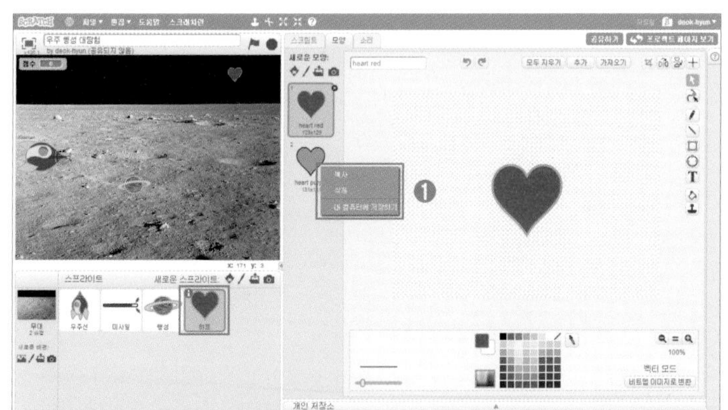

21 프로젝트에 사용할 하트 스프라이트는 5개의 하트 모양이 이어져 있는 형태로 바꿔주어야 합니다. 그림판을 이용하기 위해서 모양 탭을 클릭해주세요.

❶ 사용하지 않는 모양번호 2번의 보라색 하트는 삭제합니다.

❷ 선택하기( ) 상태에서 그림판의 하트를 클릭한 후, 하트의 크기를 줄여주세요.

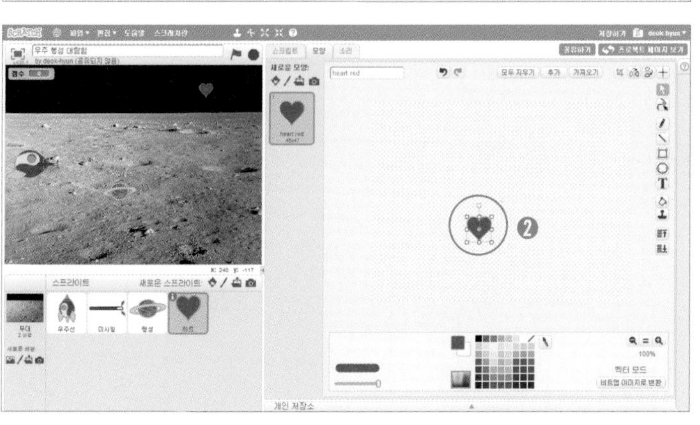

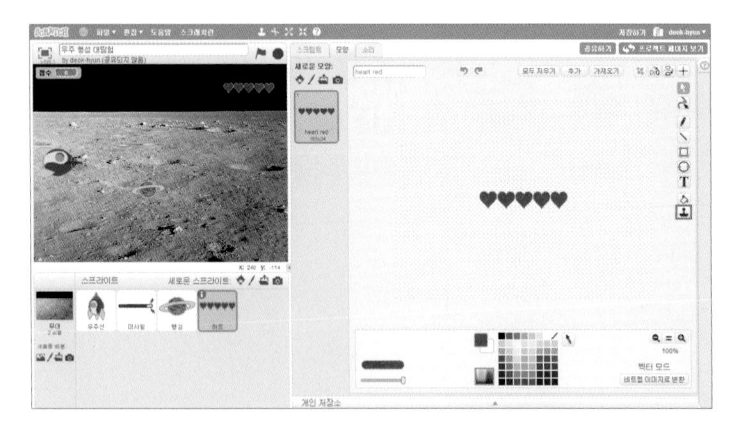

22

그림판의 복사(⊥) 기능을 활용하여 원하는 하트 스프라이트의 모양을 만들어 주세요.

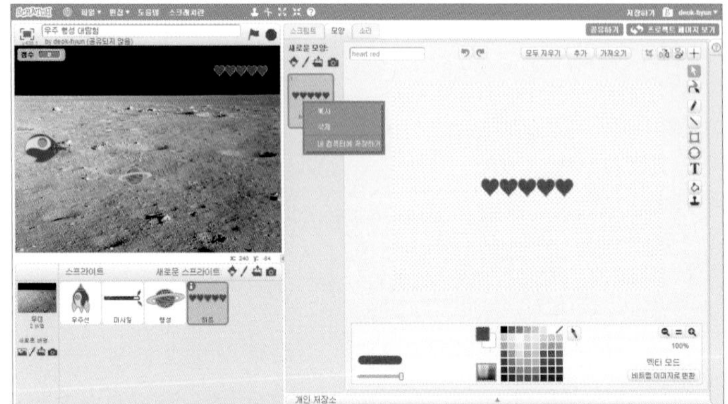

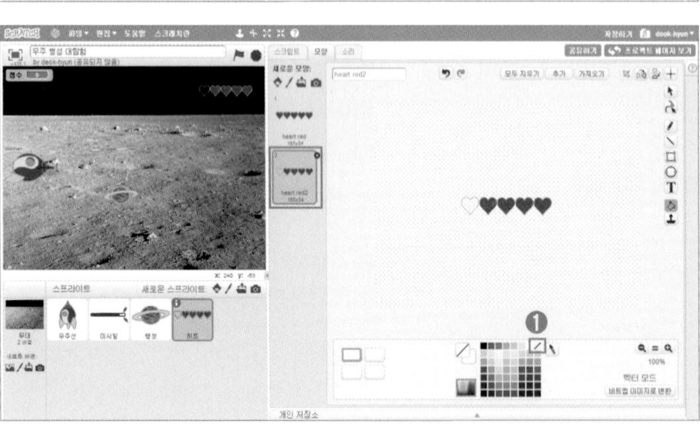

23

1번 모양을 복사한 후, 색칠하기(◇)를 활용해 왼쪽 하트의 빨간색을 지워주세요.

❶ 색깔을 선택할 때 〈／〉을 선택하면, 빨간색을 빈 칸으로 변경할 수 있어요.

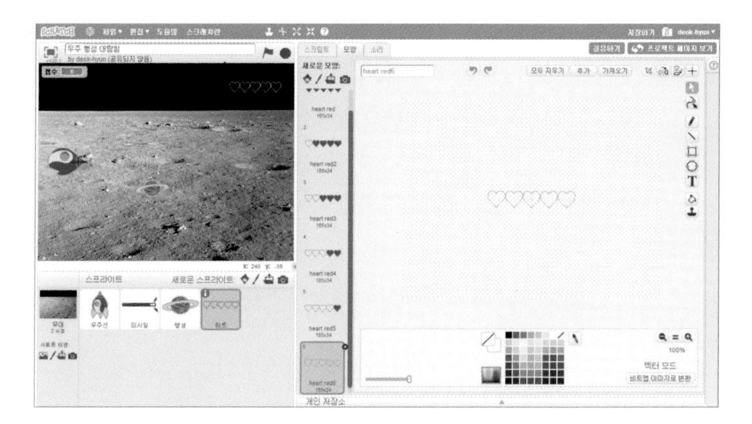

24

같은 방식으로 총 6개의 모양을 가진 하트 스프라이트를 완성해주세요.

학생 TIP

하트 스프라이트의 모양은 모양 번호 1번이 5개의 하트가 모두 빨간색으로 칠해진 것에서 시작해, 번호가 내려갈수록 하트의 빨간색도 하나씩 없어지도록 배열해주세요. 마지막 6번 모양이 되면 5개의 하트가 모두 빈 칸이 되도록 합니다. 이렇게 차례대로 배열해야 원하는 기능을 간단하게 만들 수 있어요.

하트

25

하트 스프라이트는 프로젝트가 시작되면 위치를 초기화하고, 모양을 5개의 하트가 모두 빨간색으로 칠해져 있는 1번 모양으로 바꾸어줍니다.

❶ 무대의 오른쪽 위로 위치하도록 초기화합니다.

❷ 모양도 초기화하여 1번 모양으로 시작할 수 있도록 했어요.

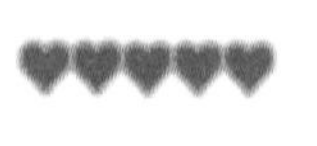

하트

26 행성 스프라이트로부터 전달된 '하트 감소'라는 메시지를 받은 하트 스프라이트에서는 하트가 하나씩 줄어드는 효과를 만들어주세요. 그리고 만약 하트가 모두 감소하면 프로젝트가 종료됩니다.

❶ 메시지를 받으면 아래 명령이 실행됩니다.

❷ 모양을 다음으로 바꿈으로써 하트가 감소하는 효과를 낼 수 있어요.

❸ 만약 모양이 바뀌다가 6번 모양이 된다면, 하트가 모두 없어졌기 때문에 프로젝트가 종료됩니다.

무대

27 프로젝트 완성을 위해 한 가지 필요한 기능이 있어요. 무엇일까요? 네 맞아요. 프로젝트를 새로 시작해도 점수 변수가 초기화되지 않네요. 점수 변수를 0으로 초기화하면 해결되겠죠? 무대 스크립트에 만들어주세요.

❶ 점수 변수값을 0으로 초기화합니다.

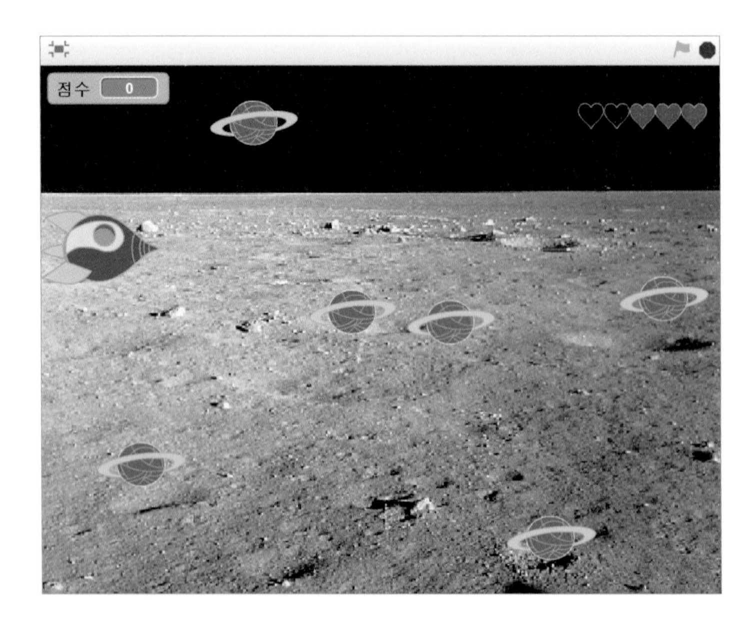

28 프로젝트가 완성되었습니다.

UNIT 03

프로젝트 업그레이드 하기

웹 주소 : https://scratch.mit.edu/projects/66019388/

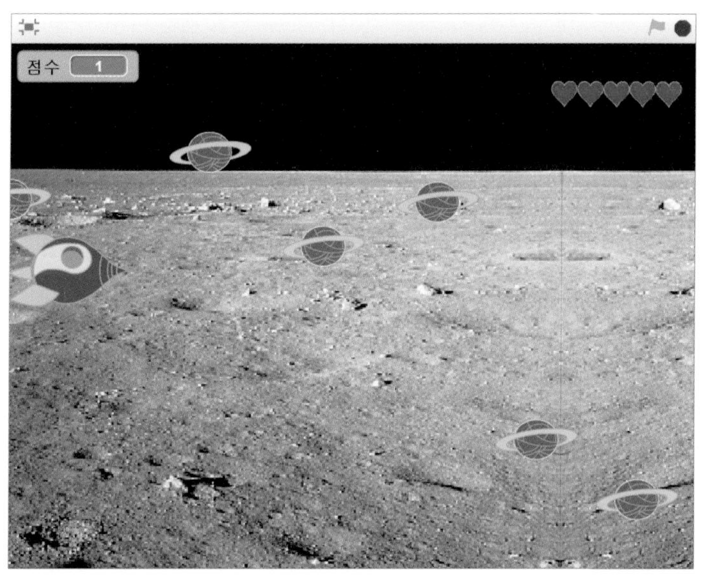

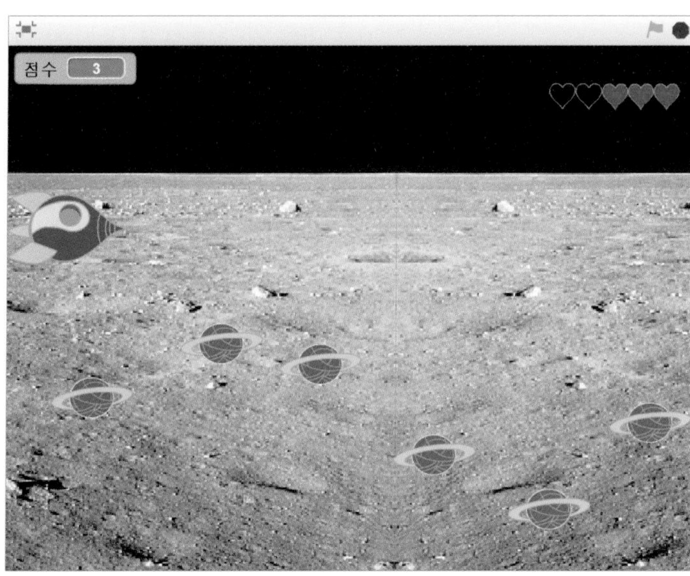

01 프로젝트를 업그레이드해서 더 실감나는 게임 프로젝트를 만들어볼까요? 먼저 업그레이된 프로젝트를 살펴보고 어떤 기능이 추가되었는지 살펴봅시다. 프로젝트를 시작하면, 멈춰있던 배경이 뒤로 조금씩 움직이는 것을 볼 수 있어요. 마치 우주선이 우주를 진짜 날아다니는 것과 같은 효과가 나타나네요.

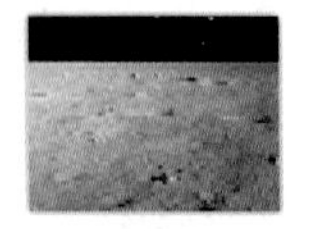
우주1

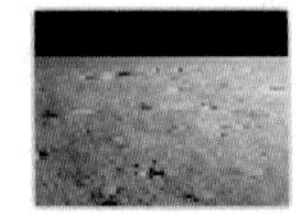
우주2

02 지금까지 학습한 바로는 '무대는 움직일 수 없다'고 알고 있을 텐데요. 무대를 선택하고 블록을 살펴보면, 동작 블록 카테고리에는 사용할 수 있는 블록이 하나도 없었죠. 무대는 움직일 수 없기 때문이에요. 그런데 업그레이드된 프로젝트에서는 어떻게 무대의 배경이 움직이는 걸까요? 우주 배경이 무대가 아닌 스프라이트라는 것이죠. 배경 이미지를 무대에 추가하는 것이 아니라 스프라이트에 추가하는 거죠.

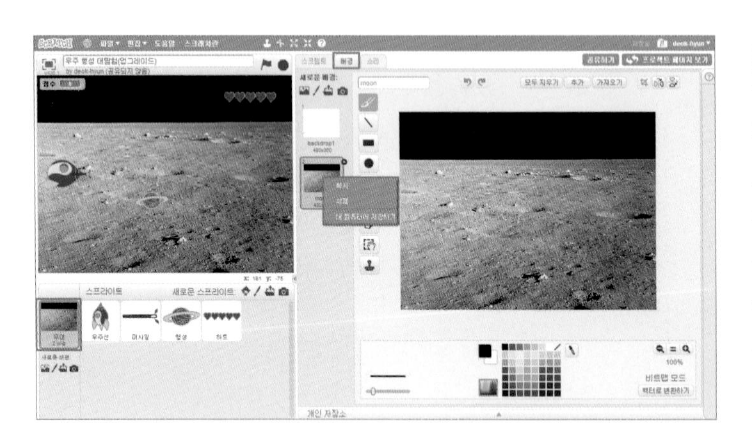

03 배경 이미지를 스프라이트에 추가하는 것부터 해볼까요? 배경으로 사용된 이미지는 바로 스프라이트로 추가할 수 없어요. 스프라이트 저장소에 있는 이미지와 배경 저장소에 있는 이미지가 다르기 때문이죠. 배경 저장소에 있는 이미지를 스프라이트로 사용하기 위해서는 이미지를 먼저 컴퓨터에 저장한 뒤 스프라이트로 추가해야 합니다. 먼저 무대를 선택한 후 배경 탭을 클릭하세요. 배경 이미지를 마우스 오른쪽 버튼으로 클릭하여 '내 컴퓨터에 저장하기'를 클릭하면, 이미지가 컴퓨터에 저장됩니다.

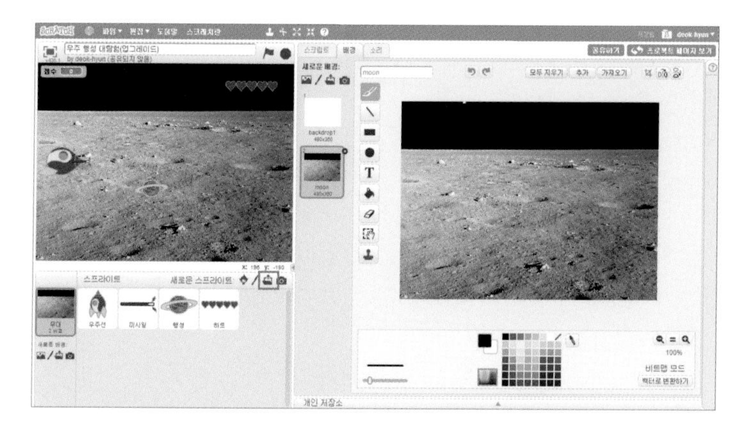

04 컴퓨터에 있는 이미지를 스프라이트로 추가하기 위해 '스프라이트 파일 업로드하기(⏏)'를 클릭하세요. 저장된 이미지를 찾아 클릭하면 스프라이트로 추가됩니다.

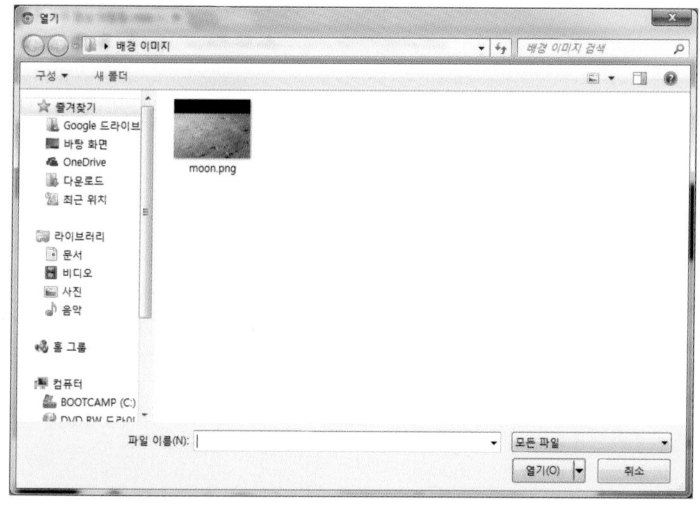

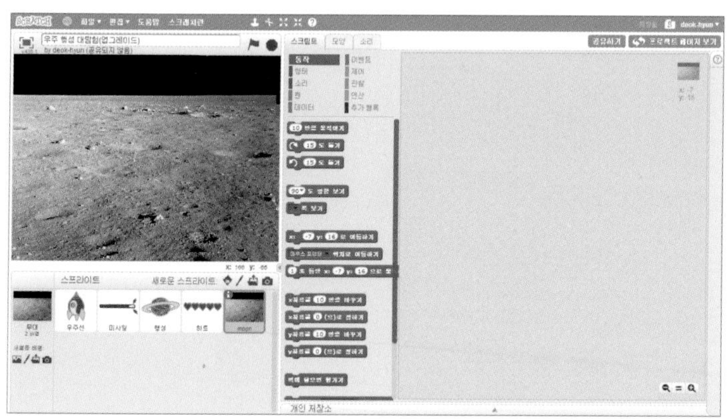

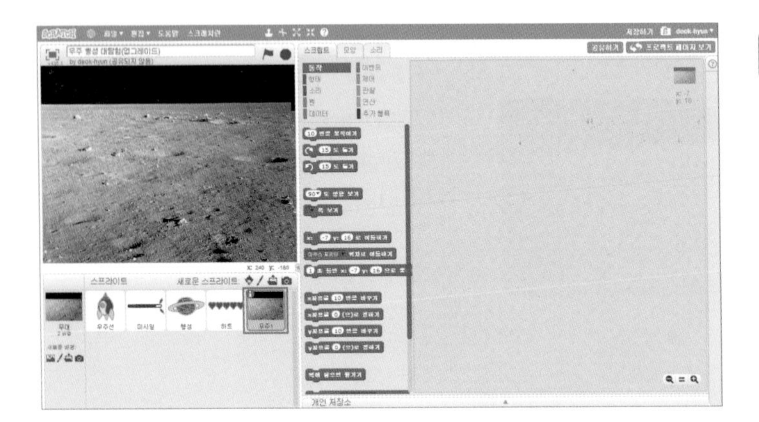

05 추가된 스프라이트의 이름을 '우주1'로 변경해주세요.

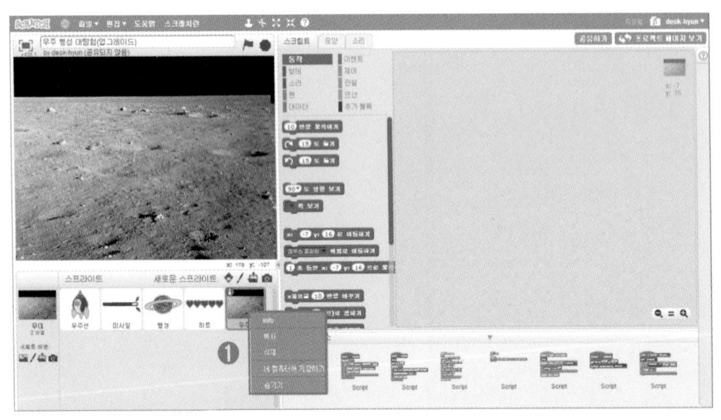

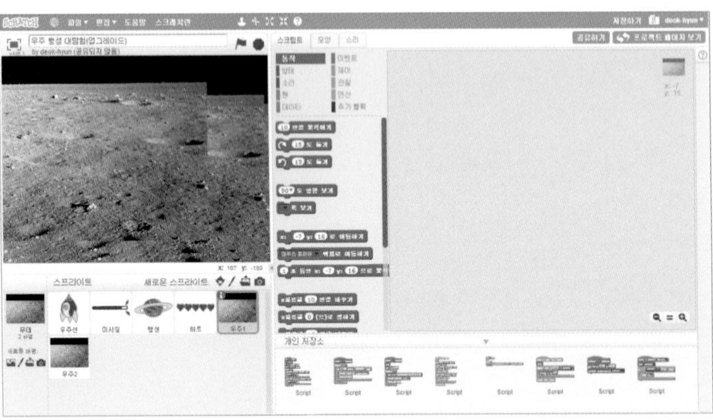

06 이제 배경 이미지를 스프라이트에 추가하였으니, 이 스프라이트가 배경이 흘러가는 것처럼 움직이는 기능을 만들어주어야 겠네요. 그런데 무대 크기의 스프라이트 1개로 원하는 기능을 만들 수 있을까요? 스프라이트 1개만 움직인다면 움직이지 않는 빈 공간이 생겨 자연스럽게 움직이는 기능이 만들어지지 않아요. 왼쪽으로 흘러가는 배경 기능을 만들기 위해서는 동일한 스프라이트 2개가 필요합니다.

❶ 우주1 스프라이트에서 마우스 오른쪽 버튼을 클릭한 후, 복사를 선택하세요.

❷ 우주2 스프라이트가 새로 추가되었습니다.

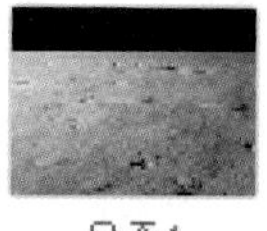
우주1

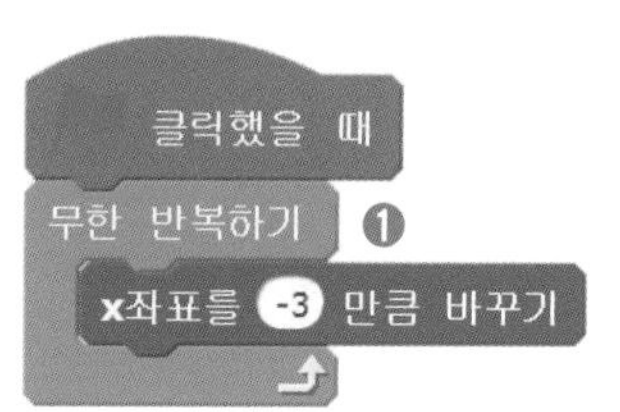

07

이제 2개의 동일한 스프라이트가 움직이면서 배경이 왼쪽으로 흘러가는 효과를 만들 수 있겠네요. 먼저 우주1 스프라이트의 스크립트를 만들어 볼까요?

❶ 프로젝트가 시작되면 무대의 왼쪽 방향으로 조금씩 반복해서 움직이도록 반복문을 완성하세요.

08

이 상태에서 프로젝트를 시작하면 우주1 스프라이트의 x좌표가 –465까지 이동한 뒤 더 이상 움직이지 않아요. 무대 크기와 동일한 스프라이트는 x좌표가 –465 ~ 465인 범위 사이에서 움직일 수 있는 것이죠. 이 움직임의 범위를 이용해서 원하는 기능을 만들 수 있어요.

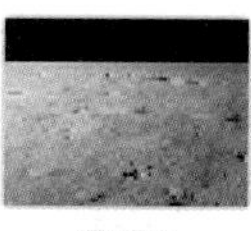
우주1

09

우주1 스프라이트가 왼쪽 끝 부분까지 이동하면 다시 오른쪽 끝으로 이동하여 왼쪽으로 움직이는 것을 반복하도록 조건문을 완성합니다.

❶ x좌표가 –464보다 작아지면, 오른쪽 끝 부분으로 이동하도록 x좌표를 465로 정합니다.

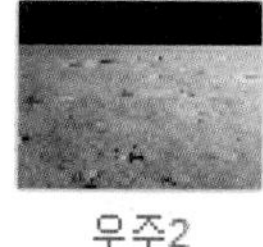
우주2

10

우주2 스프라이트도 동일하게 움직이면 되겠죠?

우주1

```
클릭했을 때
x: -232 y: 0 로 이동하기 ❶
무한 반복하기
  x좌표를 -3 만큼 바꾸기
  만약 x좌표 < -464 라면
    x좌표를 465 (으)로 정하기
```

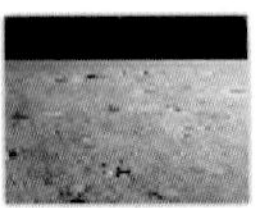

우주2

```
클릭했을 때
x: 232 y: 0 로 이동하기 ❷
무한 반복하기
  x좌표를 -3 만큼 바꾸기
  만약 x좌표 < -464 라면
    x좌표를 465 (으)로 정하기
```

11 우주1 스프라이트와 우주2 스프라이트의 시작 위치를 초기화합니다.

❶ 무대의 중앙인 'x좌표=0'과 왼쪽 끝 부분인 'x좌표=-465'의 중간인 'x좌표=-232'로 위치를 초기화해 주세요.

❷ 무대의 중앙인 'x좌표=0'과 오른쪽 끝 부분인 'x좌표=465'의 중간인 'x좌표=232'로 위치를 초기화해 주세요.

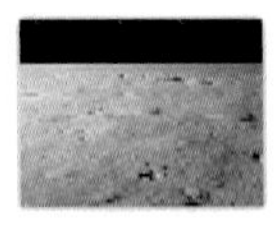

우주1

```
클릭했을 때
5 번째로 물러나기 ❶
x: -232 y: 0 로 이동하기
무한 반복하기
  x좌표를 -3 만큼 바꾸기
  만약 x좌표 < -464 라면
    x좌표를 465 (으)로 정하기
```

우주2

```
클릭했을 때
5 번째로 물러나기 ❶
x: 232 y: 0 로 이동하기
무한 반복하기
  x좌표를 -3 만큼 바꾸기
  만약 x좌표 < -464 라면
    x좌표를 465 (으)로 정하기
```

12 배경 역할을 할 스프라이트가 다른 스프라이트보다 앞에 나와 있다면, 다른 스프라이트가 보이지 않겠죠? 다른 스프라이트보다 뒤로 갈 수 있도록 해주세요.

❶ 물러나기를 활용해 다른 스프라이트들 보다 뒤에 위치할 수 있도록 초기화합니다.

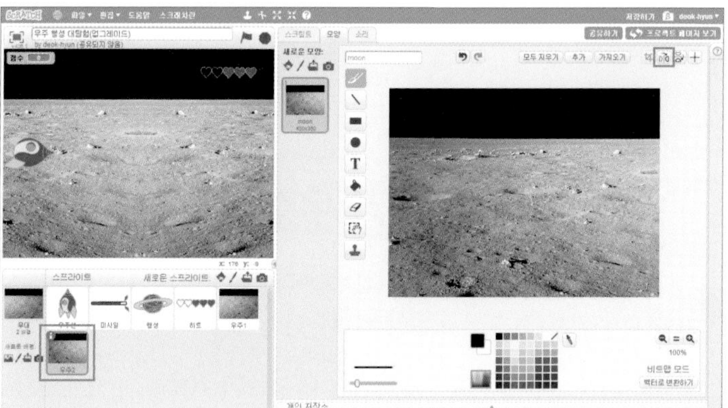

13 우주1 스프라이트와 우주2 스프라이트의 경계 부분의 색 차이가 커서, 연결부분이 부자연스러워요. 두 스프라이트가 만나는 부분이 자연스럽게 보이기 위해서는 어떻게 해야 할까요?

❶ 두 스프라이트가 만나는 경계 부분의 색 차이로 인해 부자연스러워요.

❷ 우주2 스프라이트를 선택한 후, 그림판에서 좌우 반전( )을 클릭하세요. 이미지의 좌우가 반전되어 경계 부분이 유사한 색으로 변경됩니다.

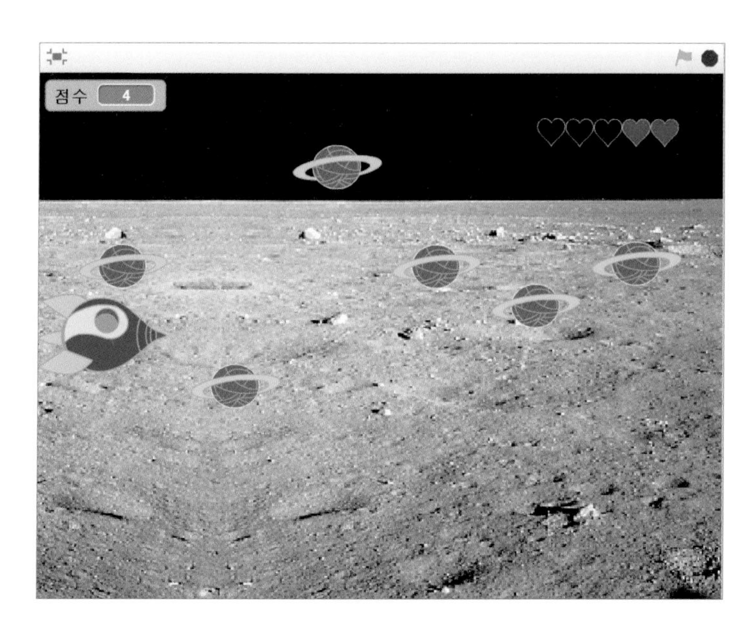

14 업그레이된 프로젝트가 완성되었어요. 친구들과 함께 즐겨 보세요.

UNIT 04

정리하기

01 무대

❶ 프로젝트가 시작되면 점수 변수를 0으로 초기화합니다.

```
클릭했을 때
맨 앞으로 순서 바꾸기 ❶
x: -190 y: 0 로 이동하기 ┐ ❷
180▼ 도 방향 보기 ┘
무한 반복하기
    만약 위쪽 화살표▼ 키를 눌렀는가? 라면 ┐
        y좌표를 5 만큼 바꾸기           │
    만약 아래쪽 화살표▼ 키를 눌렀는가? 라면 │ ❸
        y좌표를 -5 만큼 바꾸기          ┘
```

02 우주선

❶ 다른 스프라이트보다 앞으로 나오도록 초기화합니다.

❷ 위치와 방향을 초기화해 주세요. 오른쪽을 바라보도록 하기 위해 180도로 초기화하는 것에 주의하세요.

❸ 위쪽-아래쪽 화살표 키를 누를 때마다 각각 위쪽-아래쪽으로 이동할 수 있도록 했어요.

미사일

```
[깃발] 클릭했을 때
숨기기 ❶
무한 반복하기
    x좌표를 (x좌표 of 우주선 + 30) (으)로 정하기 ┐
    y좌표를 (y좌표 of 우주선) (으)로 정하기      ┘ ❷
    만약 <스페이스 키를 눌렀는가?> 라면 ❸
        나 자신 복제하기
        1 초 기다리기
```

```
복제되었을 때
보이기 ❹
<230 < x좌표> 까지 반복하기  ┐
    x좌표를 10 만큼 바꾸기    │ ❺
이 복제본 삭제하기           ┘
```

03 미사일

❶ 숨기기 상태로 초기화합니다.

❷ 항상 우주선 스프라이트의 오른쪽 끝 부분에 위치할 수 있도록 해주세요.

❸ 스페이스 키를 누를 때마다 자신을 복제합니다.

❹ 복제된 미사일 스프라이트는 보이기 상태로 변경되겠죠?

❺ 무대의 오른쪽 끝 부분에 닿을 때까지 오른쪽으로 이동한 뒤 삭제됩니다.

행성

```
[깃발] 클릭했을 때
숨기기 ❶
x좌표를 240 (으)로 정하기 ❷
무한 반복하기
    y좌표를 (-150 부터 150 사이의 난수) (으)로 정하기 ❸
    나 자신 복제하기 ❹
    0.2 초 기다리기
```

행성

```
복제되었을 때
보이기 ❺
<x좌표 < -230> 까지 반복하기 ❻
    x좌표를 -10 만큼 바꾸기
    만약 <미사일 에 닿았는가?> 라면
        점수 을(를) 1 만큼 바꾸기 ┐
        이 복제본 삭제하기        ┘ ❼
    만약 <우주선 에 닿았는가?> 라면
        하트 감소 방송하기        ┐
        이 복제본 삭제하기        ┘ ❽
이 복제본 삭제하기 ❾
```

04 행성

❶ 프로젝트가 시작되면 숨기기 상태로 초기화합니다.

❷ 무대의 오른쪽 끝의 위치에서 시작하도록 위치도 초기화하세요.

❸ 무대의 오른쪽 끝에서 계속해서 아래, 위의 임의의 위치로 이동합니다.

❹ 이동한 후에는 자기 자신을 복제해 주세요.

❺ 복제된 스프라이트는 보이기 상태로 변경되어야 겠네요.

❻ 오른쪽 끝에서 복제된 스프라이트는 왼쪽 끝까지 이동합니다.

❼ 이동 중 미사일 스프라이트에 닿으면 점수를 1점 올린 후 삭제하세요.

❽ 이동 중 우주선 스프라이트에 닿으면 하트 감소를 방송한 후 삭제하세요.

❾ 이동 중 미사일이나 우주선 스프라이트에 닿지 않고, 왼쪽 끝까지 이동한 스프라이트는 삭제됩니다.

하트

```
클릭했을 때
x: 160 y: 140 로 이동하기          ❶
모양을 heart red (으)로 바꾸기
```

```
하트 감소 을(를) 받았을 때
다음 모양으로 바꾸기                ❷
만약 모양 # = 6 라면                ❸
    모두 멈추기                     ❹
```

05 하트

❶ 위치를 초기화한 후, 5개의 하트가 모두 빨간색으로 되어있는 1번 모양으로 초기화합니다.

❷ 하트 감소 메시지를 행성으로부터 전달받으면 하트가 하나씩 감소하도록 다음 모양으로 변경하세요.

❸ 하트 스프라이트의 모양이 변경될 때마다 하트가 모두 없어진 6번 모양인지 체크합니다.

❹ 하트가 모두 사라진 6번 모양이 되면 프로젝트가 종료됩니다.

우주1

```
클릭했을 때
5 번째로 물러나기                   ❶
x: -232 y: 0 로 이동하기            ❷
무한 반복하기
    x좌표를 -3 만큼 바꾸기          ❸
    만약 x좌표 < -464 라면          ❹
        x좌표를 465 (으)로 정하기
```

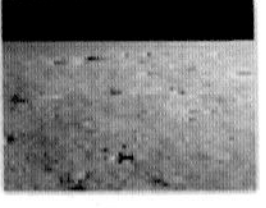
우주2

```
클릭했을 때
5 번째로 물러나기                   ❶
x: 232 y: 0 로 이동하기             ❷
무한 반복하기
    x좌표를 -3 만큼 바꾸기          ❸
    만약 x좌표 < -464 라면          ❹
        x좌표를 465 (으)로 정하기
```

06 우주1과 우주2

❶ 배경 역할을 할 수 있도록 다른 스프라이트보다 뒤쪽으로 보내주세요.

❷ 위치를 초기화합니다. 우주1 스프라이트는 무대 중앙에서 왼쪽 부분으로, 우주2 스프라이트는 오른쪽 부분으로 초기화해주세요.

❸ 반복해서 왼쪽으로 이동합니다.

❹ 왼쪽 끝 부분까지 이동했다면 다시 오른쪽 끝으로 이동해주세요.

도전 퀴즈챔피언

UNIT 01

프로젝트 살펴보기

웹 주소 : https://scratch.mit.edu/projects/66032248/

01 이번 섹션에서 함께 만들어 볼 프로젝트는 '도전 퀴즈 챔피언' 입니다. 직접 문제를 만들고, 친구들과 함께 풀어보면 재미있겠네요. 프로젝트를 시작하면, 진행자가 등장하고 인사를 합니다.

02

인사가 끝나면 국가의 수도를 맞히는 퀴즈가 나타나네요. 자신이 생각한 답을 입력해볼까요?

03

정답을 맞히면 '정답입니다'라고 말해줘요.

04 정답을 확인한 후에는 다음 문제가 나오네요. 이번에는 틀린 답을 입력해볼까요?

05 틀린 답을 입력하면 '오답입니다'라고 말하네요.

06 총 10개의 퀴즈 문제가 모두 끝나면, 퀴즈가 완료된 것을 알려주고, 인사를 하면서 프로젝트가 종료됩니다.

07 10개의 문제를 만들고, 10개의 정답을 만들어서 저장하기 위해서는 많은 변수가 필요하겠네요. 스크립트도 아주 길어질 것 같고요. 이것을 좀 더 간단하게 할 수 있는 방법은 없을까요? 이번 섹션에서는 많은 자료를 쉽게 저장하고 활용할 수 있는 기능에 대해서 배우게 됩니다. 자 준비가 되었다면 함께 프로젝트 만들기에 도전해 볼까요?

UNIT 02

프로젝트 제작하기

01 프로젝트를 만들기 위해 새로운 프로젝트를 시작합니다. 프로젝트 이름을 '도전 퀴즈 챔피언'으로 수정하고, 고양이 스프라이트는 삭제해주세요.

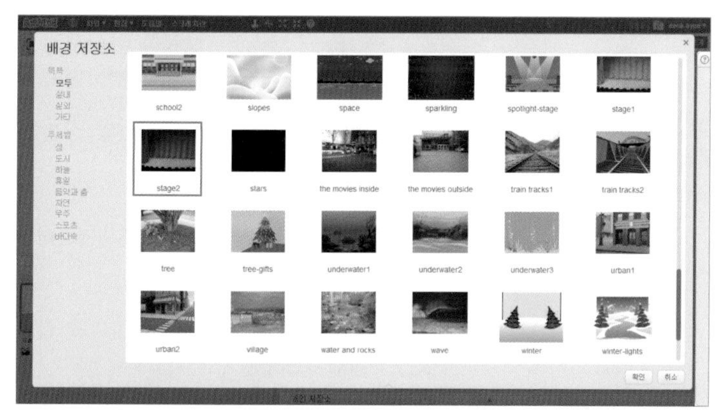

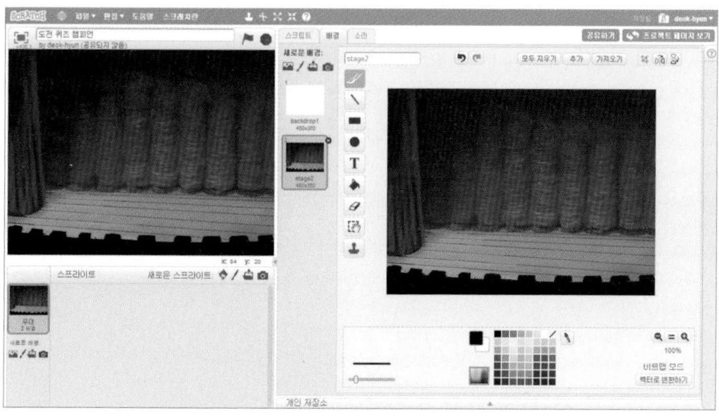

02 무대에 새로운 배경을 추가합니다. 배경 저장소에서 stage2 배경을 찾아 클릭해주세요.

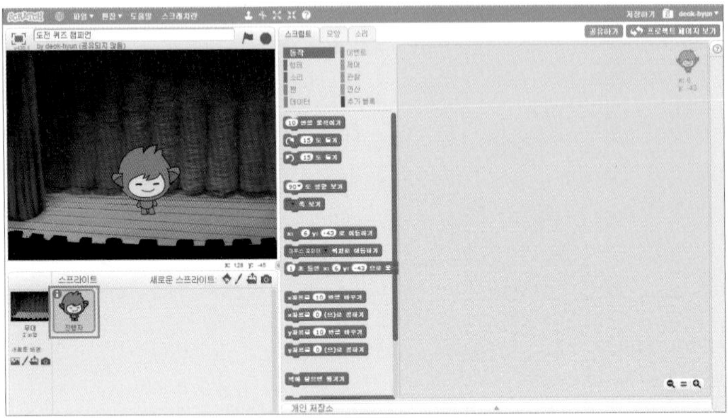

03 배경을 추가했다면, 퀴즈 문제를 내 줄 스프라이트를 추가할까요? 스프라이트 저장소에서 Nano 스프라이트를 찾아 클릭해주세요. 스프라이트의 이름은 '진행자'로 수정하세요.

진행자

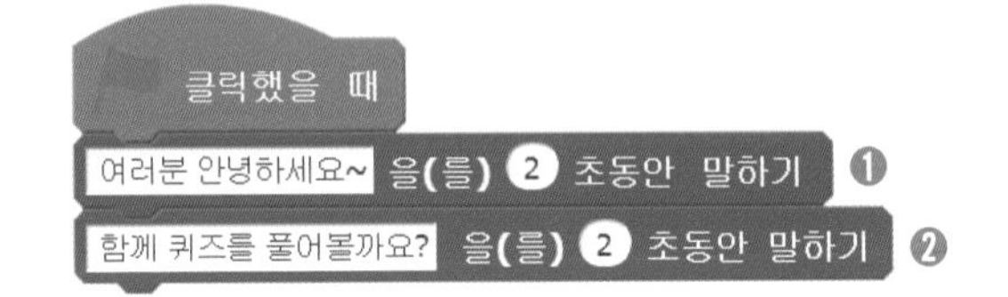

04 이제 스크립트를 완성시켜갈 차례입니다. 진행자 스프라이트를 선택하고, 처음 인사말을 만들어 주세요.

❶ 프로젝트가 시작되면 '여러분 안녕하세요~'를 2초간 말하도록 합니다.

❷ 다음에는 '함께 퀴즈를 풀어볼까요?'를 2초간 말해줍니다.

진행자

클릭했을 때
여러분 안녕하세요~ 을(를) 2 초동안 말하기
함께 퀴즈를 풀어볼까요? 을(를) 2 초동안 말하기
10 번 반복하기 ❶

05 퀴즈 문제를 내기 위해 반복문을 만들어 주세요.

❶ 총 10개의 문제를 내기 위해 10번 반복 실행하는 반복문을 만들었어요. 문제 수에 따라 반복하는 횟수가 달라지겠죠?

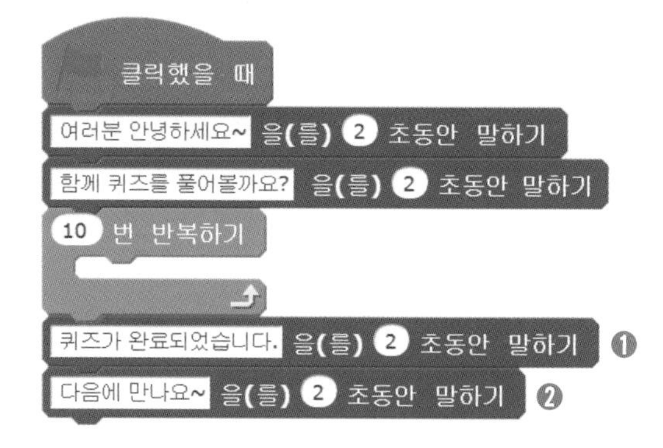

06 퀴즈 문제를 내는 부분은 조금 있다 함께 고민해보도록 해요. 먼저 마지막 부분을 완성할게요. 퀴즈 문제가 끝나면 다시 인사를 하고 프로젝트가 종료됩니다.

❶ 퀴즈 문제가 끝난 뒤에 '퀴즈가 완료되었습니다.'를 2초간 말합니다.

❷ 마지막에 '다음에 만나요~'를 2초간 말합니다.

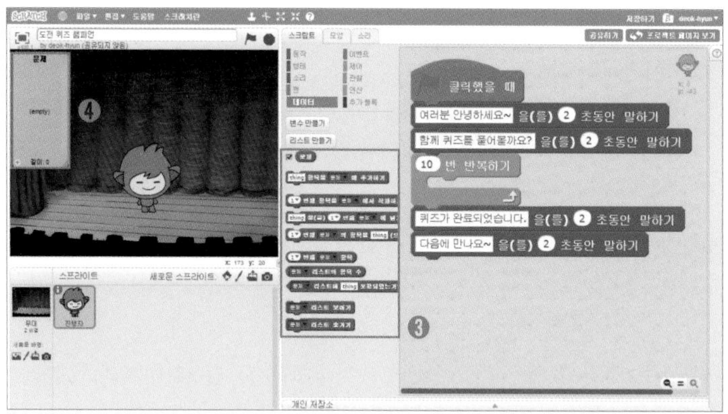

07 퀴즈 문제를 출제하는 반복문의 실행 부분을 완성할 차례입니다. 여러분이 저장해서 사용할 정보는 총 20개입니다. 10개의 문제와 이 문제가 정답인지 아닌지를 판단하기 위해서 10개의 정답을 저장해야 하죠. 데이터를 저장하기 위해서는 변수를 사용했었죠? 그럼 20개의 변수를 만들어야 할까요? 너무 많죠? 이렇게 여러 개의 정보를 저장하고 관리하기 위해서 '리스트'라는 기능을 사용할 수 있어요. 먼저 리스트를 만들어볼까요?

❶ 데이터 블록 카테고리에서 '리스트 만들기'를 클릭합니다.

❷ 리스트 생성 창이 나타나면, 리스트 이름에 '문제'라고 입력한 후 '확인' 버튼을 클릭하세요.

❸ 문제를 저장하기 위한 리스트가 만들어졌어요. 데이터 블록 카테고리에 리스트 기능을 사용할 수 있는 블록들이 나타난 것을 확인할 수 있어요.

❹ 실행 창에도 문제 리스트가 나타납니다.

학생 TIP

리스트 기능 살펴보기

리스트는 많은 데이터를 저장하고, 관리하며, 활용할 수 있는 기능입니다. 변수는 1개의 데이터만을 저장하고 관리할 수 있는 기능이라면, 리스트는 여러 개의 변수가 합쳐진 것이라고 볼 수 있겠네요. 리스트에서는 여러 개의 데이터를 다루기 때문에 이 데이터를 관리할 수 있는 기능들이 변수 보다 많죠. 각 블록들을 함께 살펴보면서 리스트에 대해 더 알아볼까요?

❶ 리스트 만들기 : 데이터 블록 카테고리에서 리스트를 만들기 위한 버튼입니다.

❷ 

: 리스트 만들기 버튼을 클릭하면 리스트 생성 창이 나타납니다. 리스트 이름에 만들고자 하는 리스트의 이름을 입력한 후 '확인' 버튼을 클릭하면 리스트가 만들어져요.

❸ 문제 (empty) 길이: 0 : 만들어진 리스트의 정보가 나타나는 '리스트 창'입니다. 새로 만든 리스트는 저장된 데이터가 없기 때문에 비어있는 리스트 창이 나타납니다. 맨 위에 리스트의 이름인 '문제'라고 표시되어 있네요. 문제와 관련된 데이터를 저장하고 관리할 리스트라는 것을 알 수 있죠. 맨 아래에 길이가 있네요. 리스트에서 길이란 리스트에 저장된 데이터의 개수를 말합니다. 현재 저장된 데이터가 0개이기 때문에 길이도 0으로 표시되고 있어요.

❹ [ ] 항목을 문제 에 추가하기 : 리스트에 데이터를 추가하는 블록입니다. 빈 칸에 내용을 입력한 후 블록을 실행하면 리스트에 새로운 데이터가 추가됩니다. 추가되는 데이터는 현재 리스트에 저장된 데이터 중 가장 마지막에 있는 데이터의 다음 순서에 저장되죠.

❺ 1 번째 항목을 문제 에서 삭제하기 (1 / 마지막 / 모두) : 리스트에 저장된 데이터에서 특정 항목의 데이터를 삭제하는 블록입니다. 숫자를 입력하여 원하는 순서에 있는 데이터를 삭제할 수 있어요. 또 '모두'를 선택하면 리스트에 저장된 모든 데이터가 한꺼번에 삭제됩니다.

❻ [ ] 을(를) 1 번째 문제 에 넣기 (1 / 마지막 / 랜덤) : 리스트에서 원하는 순서에 입력한 데이터를 삽입하는 블록입니다. 추가하기 블록은 항상 마지막 데이터의 다음 순서에 새로운 데이터를 저장하는 데 반해, 넣기는 원하는 순서에 데이터를 끼워넣을 수 있어요. 삽입된 데이터의 다음에 위치한 데이터는 순서가 1씩 밀려서 재배열되어 저장됩니다.

❼ 1 번째 문제 의 항목을 [ ] (으)로 바꾸기 (1 / 마지막 / 랜덤) : 리스트에서 원하는 순서에 저장된 데이터의 값을 입력한 값으로 변경합니다. 리스트의 항목 순서는 변동하지 않고, 특정 데이터의 값만을 변경하는 블록입니다.

❽ 1 번째 문제 항목 (1 / 마지막 / 랜덤) : 리스트에서 원하는 순서에 있는 데이터의 값이 무엇인지를 출력하는 블록입니다. 블록을 실행하면 지정한 순서에 있는 데이터 값이 작은 말풍선으로 표시되기도 해요.

❾ 문제 리스트의 항목 수 : 리스트의 항목 수가 몇 개인지 출력하는 블록입니다. 리스트에 저장되어 있는 데이터가 총 몇 개인지를 알려주는 것이죠. 앞에서 언급한 리스트의 길이와 일치합니다.

❿ 문제 리스트에 [ ] 포함되었는가? : 빈 칸에 입력한 데이터 값이 리스트에 포함된 내용인지를 알려주는 블록입니다. 포함되었을 경우 참(True)이, 포함되지 않았을 경우 거짓(false)가 출력됩니다.

⓫ 문제 리스트 보이기 : 실행 창에서 리스트 창이 보이도록 하는 블록입니다.

⓬ 문제 리스트 숨기기 : 실행 창에서 리스트 창이 보이지 않도록 하는 블록입니다.

⓭ 문제 : 리스트에 저장된 전체 데이터를 출력합니다.

리스트와 관련된 기능들을 모두 살펴봤어요. 생각보다 어렵지 않죠? 그럼 실제로 블록을 활용해서 리스트에 데이터가 어떻게 저장되고 삭제될 수 있는지 살펴보도록 해요. 다음과 같은 순서로 블록을 실행했습니다. 리스트의 데이터가 어떻게 변화하는지 생각해보세요.

❶ : 문제 리스트에서 모든 항목을 삭제하였기 때문에 리스트에는 아무런 데이터가 남아있지 않아요.

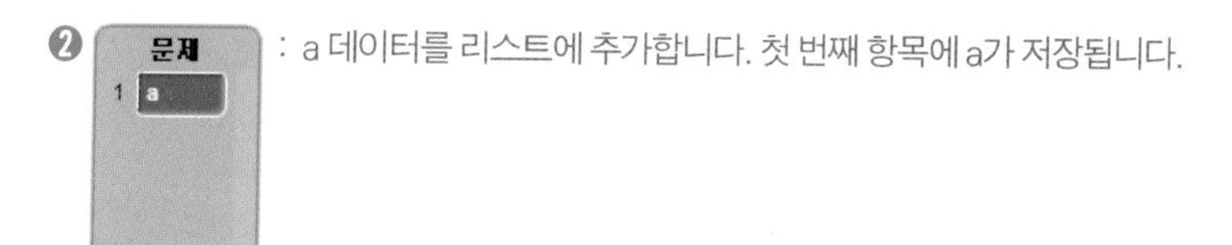

❷ : a 데이터를 리스트에 추가합니다. 첫 번째 항목에 a가 저장됩니다.

❸ : b 데이터를 리스트에 추가합니다. 원래 저장되어 있던 데이터의 가장 마지막인 a 데이터 다음 순서인 2번째 항목에 b가 저장됩니다.

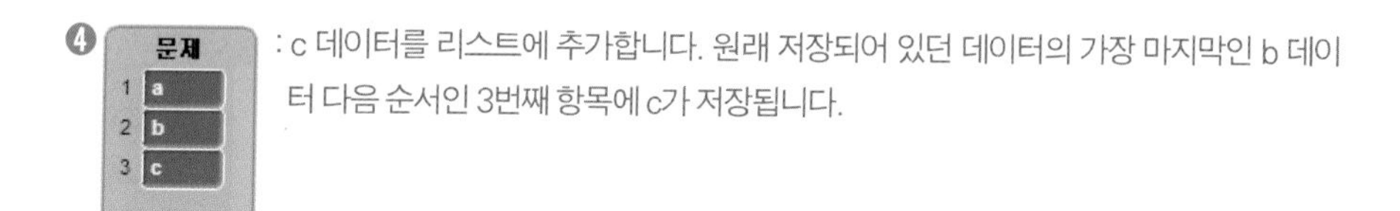

❹ : c 데이터를 리스트에 추가합니다. 원래 저장되어 있던 데이터의 가장 마지막인 b 데이터 다음 순서인 3번째 항목에 c가 저장됩니다.

❺ : d 데이터를 리스트의 2번째 항목에 삽입합니다. 2번째 항목에 d가 저장되고, 원래 2번째와 3번째 순서였던 b와 c는 각각 3번째와 4번째로 한 칸씩 밀려서 저장됩니다.

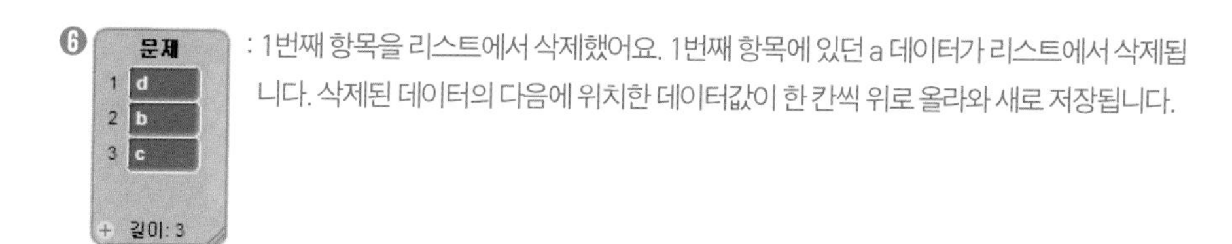

❻ : 1번째 항목을 리스트에서 삭제했어요. 1번째 항목에 있던 a 데이터가 리스트에서 삭제됩니다. 삭제된 데이터의 다음에 위치한 데이터값이 한 칸씩 위로 올라와 새로 저장됩니다.

❼ 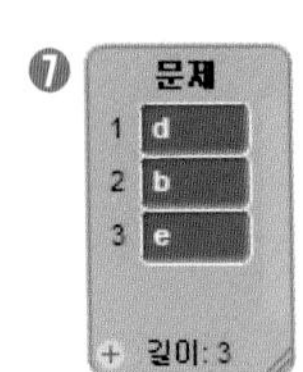

: 마지막 데이터를 e로 변경했어요. 리스트의 마지막에 저장된 데이터 c가 e로 변경됩니다. 리스트의 길이와 순서는 변하지 않고, 데이터 값만 변경됩니다.

❽ 

: 리스트의 항목 수를 말하도록 하면, 현재 리스트에 저장된 데이터의 개수인 3을 말합니다.

❾ 

: 리스트의 마지막 항목을 말하도록 하면, 현재 리스트에 저장된 데이터 중 마지막 3번째 항목에 저장된 e를 말합니다.

❿ 

: 리스트를 말하도록 하면, 현재 리스트에 저장된 3개의 데이터를 순서대로 결합한 결과인 dbe를 말합니다.

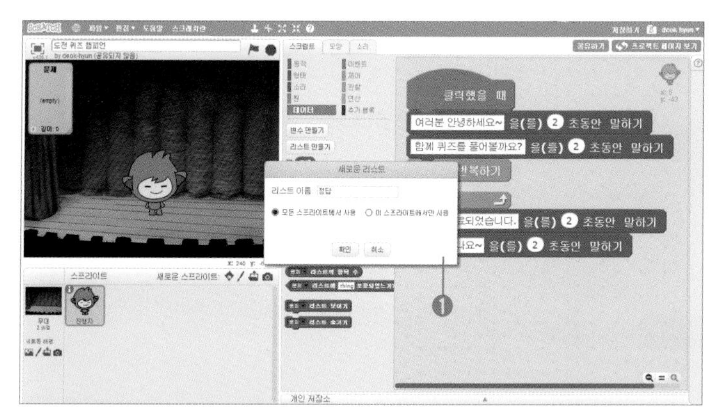

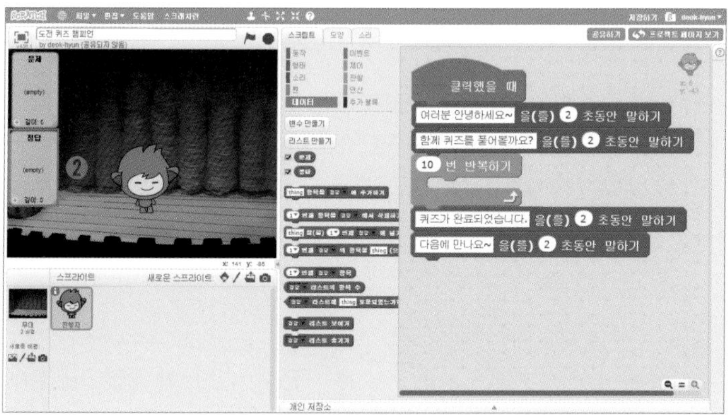

08 문제 리스트를 만들었으니, 10개의 정답 데이터를 저장할 '정답 리스트'도 만들어주세요.

❶ 데이터 블록 카테고리에서 리스트를 생성합니다. 리스트 이름은 '정답'으로 해주세요.

❷ 리스트 생성이 완료되면 관련 블록이 나타나고, 실행 창에도 리스트 창이 하나 늘어납니다.

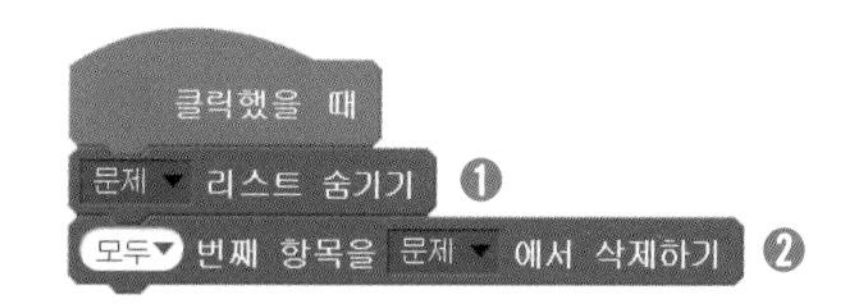

09 10개의 문제와 10개의 정답을 리스트에 저장해 볼까요? 리스트에 관한 정보는 무대에서 스크립트를 만들도록 해요.

❶ 문제와 정답 리스트 창이 실행 창에서 보이지 않도록 숨기기를 실행하세요.

❷ 문제와 정답 리스트에 저장된 데이터를 모두 삭제하여 리스트가 비어 있도록 변경합니다.

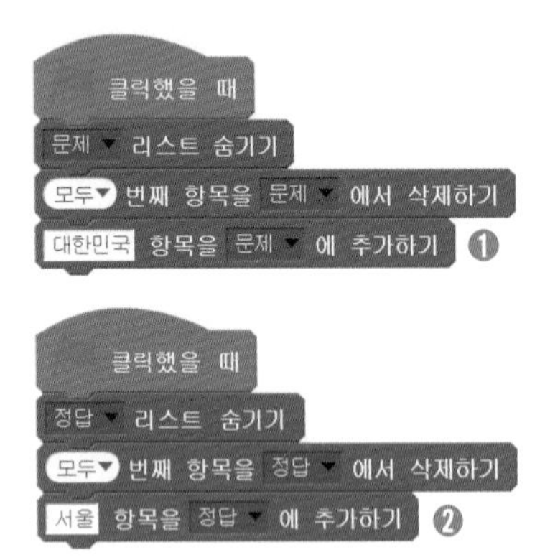

10 문제와 정답을 하나씩 추가합니다. 문제와 정답의 짝이 일치하도록 순서를 맞추어서 추가해주세요.

❶ 문제 리스트에 첫 번째 문제가 될 '대한민국'을 추가하세요.

❷ 정답 리스트에는 첫 번째 문제와 짝을 이루는 정답인 '서울'을 추가해 주세요.

선생님 TIP

실제 출제되는 퀴즈는 전체 문장으로 되어 있지만, 나머지 부분은 동일하고 국가 부분만 변경되기 때문에 리스트에는 국가명만 계속 저장하도록 합니다. 학생들마다 자신이 알고 있는 국가와 수도를 문제로 낼 수 있도록 해주세요. 학생들마다 다양한 퀴즈 문제가 만들어질 수 있어요.

11 문제 리스트와 정답 리스트에 각각 10개의 데이터를 추가합니다.

```
클릭했을 때
문제 리스트 숨기기
모두 번째 항목을 문제 에서 삭제하기
대한민국 항목을 문제 에 추가하기
미국 항목을 문제 에 추가하기
독일 항목을 문제 에 추가하기
그리스 항목을 문제 에 추가하기
체코 항목을 문제 에 추가하기
러시아 항목을 문제 에 추가하기
이집트 항목을 문제 에 추가하기
일본 항목을 문제 에 추가하기
중국 항목을 문제 에 추가하기
케냐 항목을 문제 에 추가하기
```

```
클릭했을 때
정답 리스트 숨기기
모두 번째 항목을 정답 에서 삭제하기
서울 항목을 정답 에 추가하기
워싱턴 항목을 정답 에 추가하기
베를린 항목을 정답 에 추가하기
아테네 항목을 정답 에 추가하기
프라하 항목을 정답 에 추가하기
모스크바 항목을 정답 에 추가하기
카이로 항목을 정답 에 추가하기
도쿄 항목을 정답 에 추가하기
베이징 항목을 정답 에 추가하기
나이로비 항목을 정답 에 추가하기
```

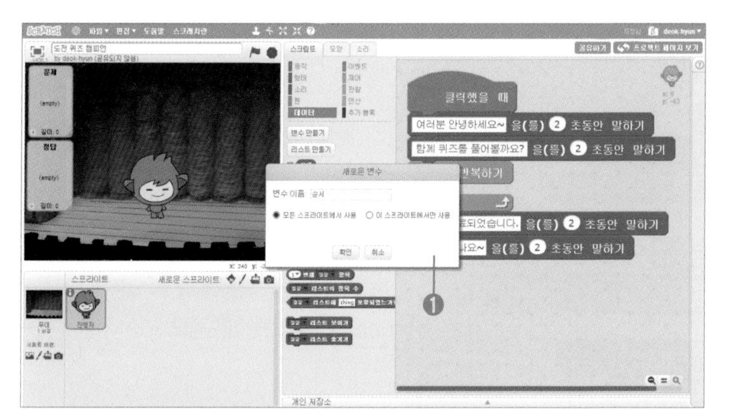

12 이제 문제를 하나씩 질문하도록 해야겠네요. 리스트의 항목을 차례대로 문제로 내기 위해서는 순서를 저장한 변수가 필요해요.

❶ 새로운 변수를 생성합니다. 변수 이름을 '순서'라고 해주세요.

❷ 순서 변수가 생성되었어요.

진행자

```
클릭했을 때
순서 ▼ 을(를) 0 로 정하기 ❶
여러분 안녕하세요~ 을(를) 2 초동안 말하기
함께 퀴즈를 풀어볼까요? 을(를) 2 초동안 말하기
10 번 반복하기
    순서 ▼ 을(를) 1 만큼 바꾸기 ❷
퀴즈가 완료되었습니다. 을(를) 2 초동안 말하기
다음에 만나요~ 을(를) 2 초동안 말하기
```

13 순서 변수값을 초기화하고, 문제가 출제될 때마다 순서값이 증가되도록 합니다.

❶ 순서 변수값을 0으로 초기화하세요.

❷ 문제가 출제되기 전에 순서 변수값을 1증가시켜 다음 순서로 넘어가도록 하세요.

진행자

```
클릭했을 때
순서 을(를) 0 로 정하기
여러분 안녕하세요~ 을(를) 2 초동안 말하기
함께 퀴즈를 풀어볼까요? 을(를) 2 초동안 말하기
10 번 반복하기
    순서 을(를) 1 만큼 바꾸기
    ( 와 의 수도는 어디일까요? 결합하기) 묻고 기다리기   ❶  (❷: 결합하기)
퀴즈가 완료되었습니다. 을(를) 2 초동안 말하기
다음에 만나요~ 을(를) 2 초동안 말하기
```

14 질문을 하기 위해 사용하는 블록 잘 기억하고 있나요? 원하는 질문을 하기 위해서는 어떤 블록을 결합하면 좋을지 생각해보세요.

❶ 묻고 기다리기 블록을 사용해 질문합니다.

❷ 결합하기 블록을 활용해 질문의 공통된 문장 부분을 만들어주세요.

진행자

```
클릭했을 때
순서 을(를) 0 로 정하기
여러분 안녕하세요~ 을(를) 2 초동안 말하기
함께 퀴즈를 풀어볼까요? 을(를) 2 초동안 말하기
10 번 반복하기
    순서 을(를) 1 만큼 바꾸기
    ((순서 번째 문제 항목) 와 의 수도는 어디일까요? 결합하기) 묻고 기다리기   ❶
퀴즈가 완료되었습니다. 을(를) 2 초동안 말하기
다음에 만나요~ 을(를) 2 초동안 말하기
```

15 이제 질문의 나머지 부분을 완성하세요. 문제 리스트의 1번 항목부터 10번 항목까지 차례로 말하도록 하려면 어떤 블록 결합이 필요할까요?

❶ 변하는 순서의 문제 항목을 말하기 위해 두 블록을 결합했어요.

진행자

```
클릭했을 때
순서 을(를) 0 로 정하기
여러분 안녕하세요~ 을(를) 2 초동안 말하기
함께 퀴즈를 풀어볼까요? 을(를) 2 초동안 말하기
10 번 반복하기
    순서 을(를) 1 만큼 바꾸기
    ((순서 번째 문제 항목) 와 의 수도는 어디일까요? 결합하기) 묻고 기다리기
    만약 (순서 번째 정답 항목) = (대답) 라면   ❶  (❷)
    아니면
퀴즈가 완료되었습니다. 을(를) 2 초동안 말하기
다음에 만나요~ 을(를) 2 초동안 말하기
```

16 사용자가 입력한 대답이 정답과 일치하는지를 확인하기 위해 조건문을 만드세요.

❶ 정답일 경우와 오답일 경우를 구분하기 위해 조건문을 활용합니다.

❷ 정답 리스트의 순서 항목에 저장된 데이터가 대답 블록에 저장된 데이터와 일치하는지 비교합니다.

```
클릭했을 때
순서 ▾ 을(를) 0 로 정하기
여러분 안녕하세요~ 을(를) 2 초동안 말하기
함께 퀴즈를 풀어볼까요? 을(를) 2 초동안 말하기
10 번 반복하기
    순서 ▾ 을(를) 1 만큼 바꾸기
    (순서 번째 문제 ▾ 항목) 와 의 수도는 어디일까요? 결합하기 묻고 기다리기
    만약 (순서 번째 정답 ▾ 항목) = 대답 라면
        정답입니다! 을(를) 2 초동안 말하기 ❶
    아니면
        오답입니다! 을(를) 2 초동안 말하기 ❷
퀴즈가 완료되었습니다. 을(를) 2 초동안 말하기
다음에 만나요~ 을(를) 2 초동안 말하기
```

17 정답과 오답인 경우에 따라서 말할 내용을 입력하세요.

❶ 정답일 경우 '정답입니다!'를 2초간 말합니다.

❷ 정답이 아닐 경우에는 '오답입니다!'를 2초간 말합니다.

18 프로젝트가 완성되었어요.

UNIT 03 프로젝트 업그레이드 하기

웹 주소 : https://scratch.mit.edu/projects/66022094/

01 어떤 기능이 업그레이드 되었는지 함께 살펴볼까요? 정답과 오답일 경우 결과를 말로 알려주는 것 외에도 진행자 스프라이트의 모양이 변하고 함께 배경도 변하네요. 어떤 블록을 추가하면 좋을지 고민해보세요.

02 퀴즈가 종료되면 총 문제와 정답의 개수가 나타나고, 몇 점인지도 알려주네요. 몇 가지 블록만 추가하면 쉽게 업그레이드된 프로젝트를 만들 수 있습니다. 함께 도전해볼까요?

03

퀴즈의 정답 개수와 점수를 알려주기 위해서는 정답의 개수를 저장할 변수가 필요합니다. 새로운 변수를 만들어 주세요.

학생 TIP

변수를 생성한 뒤에는 변수 블록 왼쪽에 있는 체크박스를 클릭해 변수가 실행 창에서 보이지 않도록 해주세요. 필요에 따라 변수가 실행 창에 보이도록 할 수도 있고, 보이지 않도록 할 수도 있습니다. 게임 프로젝트에서의 점수처럼 사용자가 계속해서 봐야할 변수가 아니라면 일반적으로는 보이지 않도록 해주는 것이 좋아요.

진행자

```
클릭했을 때
정답 개수 을(를) 0 로 정하기 ❶
순서 을(를) 0 로 정하기
여러분 안녕하세요~ 을(를) 2 초동안 말하기
함께 퀴즈를 풀어볼까요? 을(를) 2 초동안 말하기
10 번 반복하기
    순서 을(를) 1 만큼 바꾸기
    (순서 번째 문제 항목) 와 의 수도는 어디일까요? 결합하기 묻고 기다리기
    만약 (순서 번째 정답 항목) = 대답 라면
        정답 개수 을(를) 1 만큼 바꾸기 ❷
        정답입니다! 을(를) 2 초동안 말하기
    아니면
        오답입니다! 을(를) 2 초동안 말하기
퀴즈가 완료되었습니다. 을(를) 2 초동안 말하기
다음에 만나요~ 을(를) 2 초동안 말하기
```

04 정답 개수 변수값을 초기화하고, 정답일 경우는 변수값을 증가시켜야겠네요.

❶ 변수값을 0으로 초기화합니다.

❷ 사용자가 입력한 대답이 정답과 일치할 경우에는 정답 개수의 값을 1 증가시켜요.

05 진행자 스프라이트를 선택한 후 모양 탭을 클릭하세요. 필요 없는 모양을 삭제하고, 모양 이름을 알맞게 변경합니다.

❶ 4개의 모양 중 2번째 모양을 삭제합니다.

❷ 3개의 모양 이름을 변경합니다. 1번 모양의 이름은 '문제'로, 2번 모양의 이름은 '정답'으로, 3번 모양의 이름은 '오답'으로 변경합니다.

선생님 TIP

진행자 스프라이트의 모양 이름은 반드시 변경해야하는 것은 아니지만, 수업 시 복잡한 모양 이름 대신 단순한 이름으로 통일하면 좀 더 수월하게 수업을 진행할 수 있습니다.

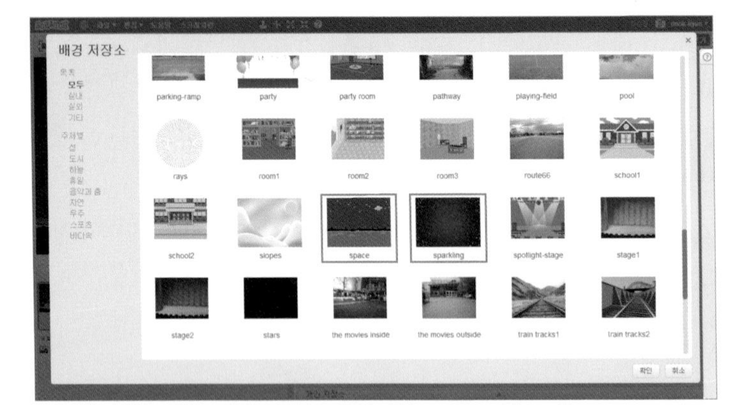

06 무대를 선택한 후 새로운 배경을 추가합니다. 정답에 어울리는 배경인 spotlight-stage와 오답에 어울리는 배경인 sparkling을 추가하세요.

07 모두 3개의 배경이 등록되었어요. 각각의 배경 이름을 변경합니다. stage2 배경은 '문제'로, spotlight-stage는 '정답'으로, sparkling은 '오답'으로 각각 변경하세요.

진행자

```
클릭했을 때
정답 개수 ▾ 을(를) 0 로 정하기
순서 ▾ 을(를) 0 로 정하기
여러분 안녕하세요~ 을(를) 2 초동안 말하기
함께 퀴즈를 풀어볼까요? 을(를) 2 초동안 말하기
10 번 반복하기
    순서 ▾ 을(를) 1 만큼 바꾸기
    (순서 번째 문제 ▾ 항목) 와 (의 수도는 어디일까요?) 결합하기 묻고 기다리기
    만약 (순서 번째 정답 ▾ 항목) = 대답 라면
        정답 개수 ▾ 을(를) 1 만큼 바꾸기
        배경을 정답 ▾ (으)로 바꾸기   ┐ ❶
        모양을 정답 ▾ (으)로 바꾸기   ┘
        정답입니다! 을(를) 2 초동안 말하기
        배경을 문제 ▾ (으)로 바꾸기   ┐ ❷
        모양을 문제 ▾ (으)로 바꾸기   ┘
    아니면
        오답입니다! 을(를) 2 초동안 말하기
퀴즈가 완료되었습니다 을(를) 2 초동안 말하기
다음에 만나요~ 을(를) 2 초동안 말하기
```

08 정답일 경우 모양과 배경을 변경합니다.

❶ 정답일 경우 모양과 배경을 모두 '정답'으로 변경합니다.

❷ '정답입니다!'를 말한 후에는 다시 모양과 배경을 '문제'로 변경해 주세요.

진행자

```
클릭했을 때
정답 개수 ▾ 을(를) 0 로 정하기
순서 ▾ 을(를) 0 로 정하기
여러분 안녕하세요~ 을(를) 2 초동안 말하기
함께 퀴즈를 풀어볼까요? 을(를) 2 초동안 말하기
10 번 반복하기
    순서 ▾ 을(를) 1 만큼 바꾸기
    (순서 번째 문제 ▾ 항목) 와 (의 수도는 어디일까요?) 결합하기 묻고 기다리기
    만약 (순서 번째 정답 ▾ 항목) = 대답 라면
        정답 개수 ▾ 을(를) 1 만큼 바꾸기
        배경을 정답 ▾ (으)로 바꾸기
        모양을 정답 ▾ (으)로 바꾸기
        정답입니다! 을(를) 2 초동안 말하기
        배경을 문제 ▾ (으)로 바꾸기
        모양을 문제 ▾ (으)로 바꾸기
    아니면
        배경을 오답 ▾ (으)로 바꾸기   ┐ ❶
        모양을 오답 ▾ (으)로 바꾸기   ┘
        오답입니다! 을(를) 2 초동안 말하기
        배경을 문제 ▾ (으)로 바꾸기   ┐ ❷
        모양을 문제 ▾ (으)로 바꾸기   ┘
퀴즈가 완료되었습니다 을(를) 2 초동안 말하기
다음에 만나요~ 을(를) 2 초동안 말하기
```

09 오답일 경우에도 정답일 경우와 동일한 방식으로 모양과 배경을 변경해야겠네요.

❶ 오답일 경우에는 모양과 배경을 '오답'으로 변경하세요.

❷ '오답입니다!'를 2초간 말한 후에는 모양과 배경을 다시 '문제'로 변경합니다.

진행자

```
클릭했을 때
모양을 문제 ▾ (으)로 바꾸기
배경을 문제 ▾ (으)로 바꾸기   ❶
정답 개수 ▾ 을(를) 0 로 정하기
순서 ▾ 을(를) 0 로 정하기
여러분 안녕하세요~ 을(를) 2 초동안 말하기
함께 퀴즈를 풀어볼까요? 을(를) 2 초동안 말하기
10 번 반복하기
    순서 ▾ 을(를) 1 만큼 바꾸기
    (순서 번째 문제 ▾ 항목) 와 의 수도는 어디일까요? 결합하기 묻고 기다리기
    만약 (순서 번째 정답 ▾ 항목) = 대답 라면
        정답 개수 ▾ 을(를) 1 만큼 바꾸기
        배경을 정답 ▾ (으)로 바꾸기
        모양을 정답 ▾ (으)로 바꾸기
        정답입니다! 을(를) 2 초동안 말하기
        배경을 문제 ▾ (으)로 바꾸기
        모양을 문제 ▾ (으)로 바꾸기
    아니면
        배경을 오답 ▾ (으)로 바꾸기
        모양을 오답 ▾ (으)로 바꾸기
        오답입니다! 을(를) 2 초동안 말하기
        배경을 문제 ▾ (으)로 바꾸기
        모양을 문제 ▾ (으)로 바꾸기
퀴즈가 완료되었습니다. 을(를) 2 초동안 말하기
다음에 만나요~ 을(를) 2 초동안 말하기
```

10 모양과 배경을 '문제' 상태로 초기화합니다.

❶ 모양과 배경을 각각 '문제' 상태로 초기화하여 프로젝트 시작 시 항상 동일한 상태가 되도록 하세요.

진행자

```
클릭했을 때
모양을 문제 ▾ (으)로 바꾸기
배경을 문제 ▾ (으)로 바꾸기
정답 개수 ▾ 을(를) 0 로 정하기
순서 ▾ 을(를) 0 로 정하기
여러분 안녕하세요~ 을(를) 2 초동안 말하기
함께 퀴즈를 풀어볼까요? 을(를) 2 초동안 말하기
10 번 반복하기
    순서 ▾ 을(를) 1 만큼 바꾸기
    (순서 번째 문제 ▾ 항목) 와 의 수도는 어디일까요? 결합하기 묻고 기다리기
    만약 (순서 번째 정답 ▾ 항목) = 대답 라면
        정답 개수 ▾ 을(를) 1 만큼 바꾸기
        배경을 정답 ▾ (으)로 바꾸기
        모양을 정답 ▾ (으)로 바꾸기
        정답입니다! 을(를) 2 초동안 말하기
        배경을 문제 ▾ (으)로 바꾸기
        모양을 문제 ▾ (으)로 바꾸기
    아니면
        배경을 오답 ▾ (으)로 바꾸기
        모양을 오답 ▾ (으)로 바꾸기
        오답입니다! 을(를) 2 초동안 말하기
        배경을 문제 ▾ (으)로 바꾸기
        모양을 문제 ▾ (으)로 바꾸기
퀴즈가 완료되었습니다. 을(를) 2 초동안 말하기
10개의 문제 중 정답은 와 (정답 개수) 와 개입니다. 결합하기 결합하기 을(를) 2 초동안 말하기   ❶
당신의 점수는 와 (정답 개수) * 10 와 점입니다. 결합하기 결합하기 을(를) 2 초동안 말하기   ❷
다음에 만나요~ 을(를) 2 초동안 말하기
```

11 퀴즈가 종료되면, 정답 개수와 점수를 말해주도록 합니다.

❶ 정답 개수 변수를 활용하여 정답 개수를 알려주세요.

❷ 정답 개수 변수와 산술 연산 블록을 결합하여 점수를 알려줍니다.

12 업그레이드된 프로젝트가 완성되었어요. 자신이 만든 프로젝트를 친구들과 함께 풀어보도록 해요.

UNIT 04

정리하기

```
클릭했을 때
문제 ▼ 리스트 숨기기  ❶
모두▼ 번째 항목을 문제 ▼ 에서 삭제하기  ❷
대한민국 항목을 문제 ▼ 에 추가하기  ┐
미국 항목을 문제 ▼ 에 추가하기
독일 항목을 문제 ▼ 에 추가하기
그리스 항목을 문제 ▼ 에 추가하기
체코 항목을 문제 ▼ 에 추가하기
러시아 항목을 문제 ▼ 에 추가하기  ❸
이집트 항목을 문제 ▼ 에 추가하기
일본 항목을 문제 ▼ 에 추가하기
중국 항목을 문제 ▼ 에 추가하기
케냐 항목을 문제 ▼ 에 추가하기  ┘
```

```
클릭했을 때
정답 ▼ 리스트 숨기기  ❶
모두▼ 번째 항목을 정답 ▼ 에서 삭제하기  ❷
서울 항목을 정답 ▼ 에 추가하기  ┐
워싱턴 항목을 정답 ▼ 에 추가하기
베를린 항목을 정답 ▼ 에 추가하기
아테네 항목을 정답 ▼ 에 추가하기
프라하 항목을 정답 ▼ 에 추가하기
모스크바 항목을 정답 ▼ 에 추가하기  ❸
카이로 항목을 정답 ▼ 에 추가하기
도쿄 항목을 정답 ▼ 에 추가하기
베이징 항목을 정답 ▼ 에 추가하기
나이로비 항목을 정답 ▼ 에 추가하기  ┘
```

01 무대

❶ 리스트가 실행 창에서 보이지 않도록 합니다.

❷ 리스트에 저장된 데이터를 모두 삭제하여 리스트가 비어 있도록 합니다.

❸ 문제 리스트와 정답 리스트에 각각 짝을 맞추어 문제 데이터와 정답 데이터를 순서대로 추가하세요.

진행자

```
클릭했을 때
모양을 문제 (으)로 바꾸기          ❶
배경을 문제 (으)로 바꾸기
정답 개수 을(를) 0 로 정하기        ❷
순서 을(를) 0 로 정하기
여러분 안녕하세요~ 을(를) 2 초동안 말하기
함께 퀴즈를 풀어볼까요? 을(를) 2 초동안 말하기
10 번 반복하기                      ❸
  순서 을(를) 1 만큼 바꾸기          ❹
  (순서 번째 문제 항목) 와 의 수도는 어디일까요? 결합하기 묻고 기다리기   ❺
  만약 (순서 번째 정답 항목) = 대답 라면   ❻
    정답 개수 을(를) 1 만큼 바꾸기   ❼
    배경을 정답 (으)로 바꾸기
    모양을 정답 (으)로 바꾸기
    정답입니다! 을(를) 2 초동안 말하기
    배경을 문제 (으)로 바꾸기
    모양을 문제 (으)로 바꾸기
  아니면
    배경을 오답 (으)로 바꾸기        ❽
    모양을 오답 (으)로 바꾸기
    오답입니다! 을(를) 2 초동안 말하기
    배경을 문제 (으)로 바꾸기
    모양을 문제 (으)로 바꾸기
퀴즈가 완료되었습니다. 을(를) 2 초동안 말하기
10개의 문제 중 정답은 와 정답 개수 와 개입니다. 결합하기 결합하기 을(를) 2 초동안 말하기   ❾
당신의 점수는 와 정답 개수 * 10 와 점입니다. 결합하기 결합하기 을(를) 2 초동안 말하기
다음에 만나요~ 을(를) 2 초동안 말하기
```

02 진행자

❶ 스프라이트 모양과 배경을 초기화합니다.

❷ 정답 개수 변수와 순서 변수를 0으로 초기화하세요.

❸ 반복문을 사용해 10개의 퀴즈 문제를 출제합니다.

❹ 문제를 낼 때마다 순서 변수값을 증가시켜 다음 순서의 문제를 질문하도록 하세요.

❺ 여러 블록을 결합하여, 문제의 공통 부분과 달라지는 부분이 조합될 수 있도록 했어요.

❻ 정답 리스트를 활용하여 사용자의 대답이 정답과 일치하는지 확인합니다.

❼ 정답일 경우 정답 개수를 1 증가시키고, 배경과 모양을 정답으로 변경합니다.

❽ 오답일 경우 배경과 모양을 오답으로 변경하세요.

❾ 퀴즈가 종료되면 정답 개수와 점수를 말해줍니다.

CHAPTER 04

어려운 프로그래밍 도전하기

앞 부분까지 모든 내용을 잘 따라왔다면 여러분은 이미 스크래치 중급 수준에 도달한 것입니다. 이제 남아있는 몇 가지 기능들을 익히고, 그것을 활용해 프로젝트를 만들 수 있다면 고급 수준에까지 오르게 되는 것이죠. 하지만 이제부터 배울 내용들은 결코 만만하지가 않아요. 조금 어려울 수도 있기 때문에 더 집중해서 학습해야 합니다. 미리 포기할 필요는 없습니다. 새로운 것에 도전하는 것만큼 신나는 일도 없으니까요.

Section 11 밤하늘의 별자리

Section 12 바나나 위치 지도 만들기

Section 13 오토플립 시계

밤하늘의 별자리

UNIT 01

프로젝트 살펴보기

웹 주소 : https://scratch.mit.edu/projects/66062438/

01 이번 섹션에서 만들 프로젝트는 '밤하늘의 별자리'입니다. 밤하늘에 반짝이는 별들의 모습이 떠오르지 않나요? 완성된 프로젝트를 먼저 살펴볼게요. 캄캄한 밤 하늘에 20개의 별이 별자리를 이루며 떠 있습니다. 어떤 과정을 통해서 이렇게 결과물이 만들어지게 되는지 살펴봅시다.

02 이번 프로젝트에 사용되는 무대의 배경은 캄캄한 밤하늘입니다. 아주 작은 별들이 멀리서 반짝이고 있네요.

03 스프라이트로는 별이 등장하네요. 별 스프라이트는 밤하늘을 바쁘게 돌아다니면서 별자리를 수놓는 역할을 합니다.

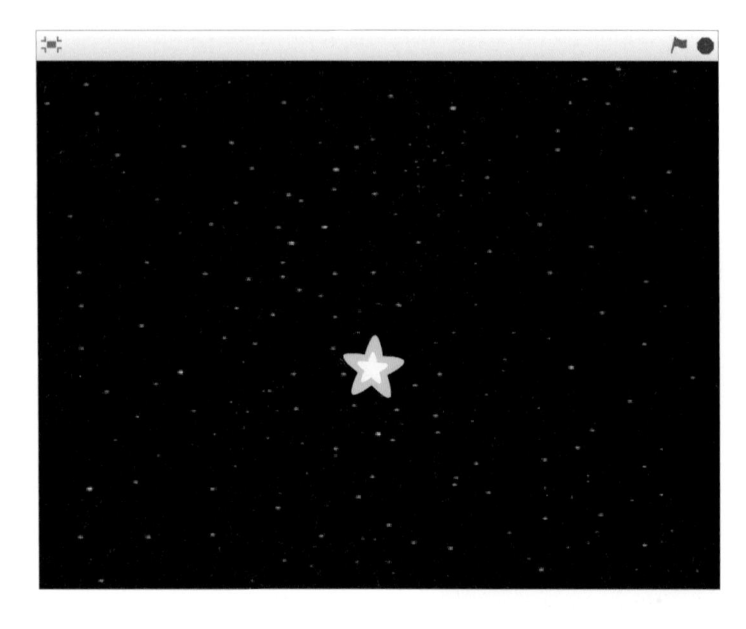

04 프로젝트가 시작되면 고요하던 밤하늘에 별 스프라이트가 나타납니다.

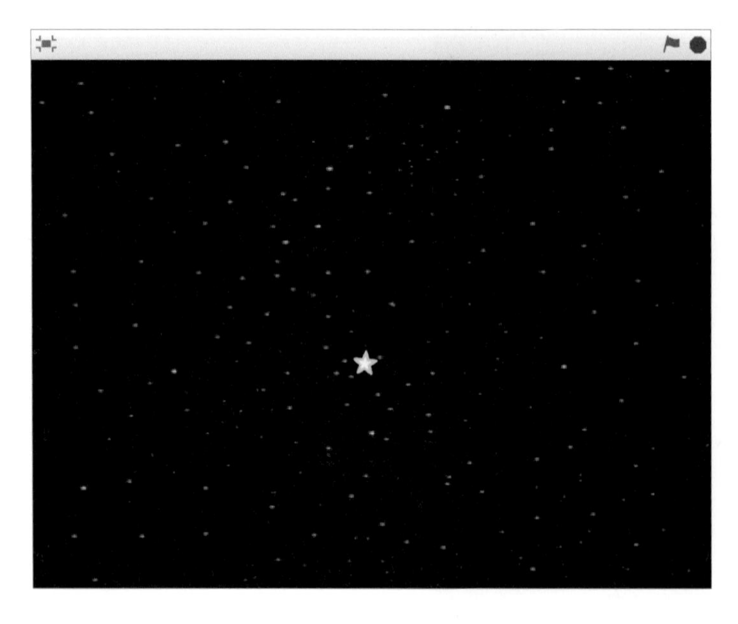

05 눈 앞에 나타난 별이 갑자기 작아지면서 저 멀리 밤하늘로 올라가는 것과 같은 효과가 나타나네요.

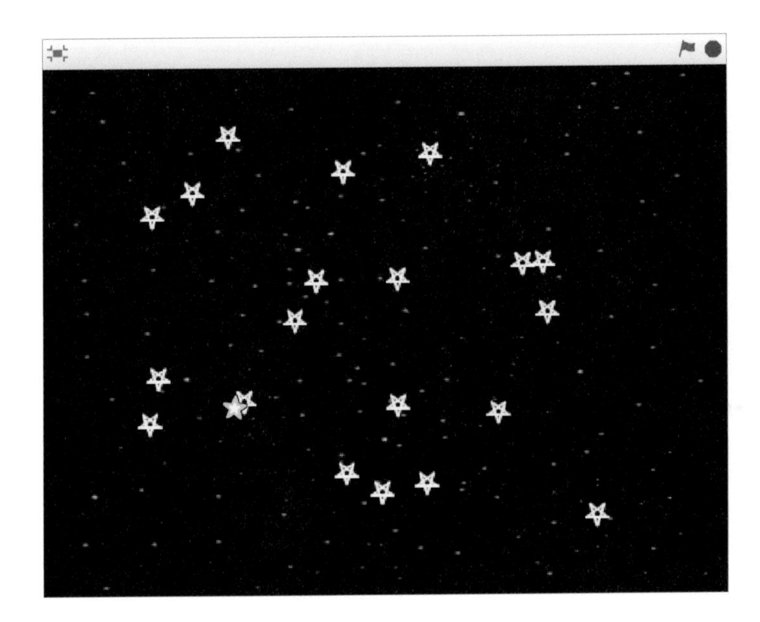

06 하늘 높이 올라간 별 스프라이트는 이곳저곳 돌아다니면서 밤하늘을 수놓은 별자리를 완성합니다.

07 별자리를 완성한 뒤에는 멀어졌던 별이 다시 점점 원래의 크기로 커지게 돼요.

08 자신의 임무를 끝마친 별 스프라이트는 사라지고 밤하늘에은 반짝이는 별자리만 남아있게 됩니다. 여러분들이 만든 프로젝트는 어떤 별자리를 그리게 될지 궁금하지 않나요? 함께 멋진 별자리를 완성해봅시다.

UNIT 02

프로젝트 제작하기

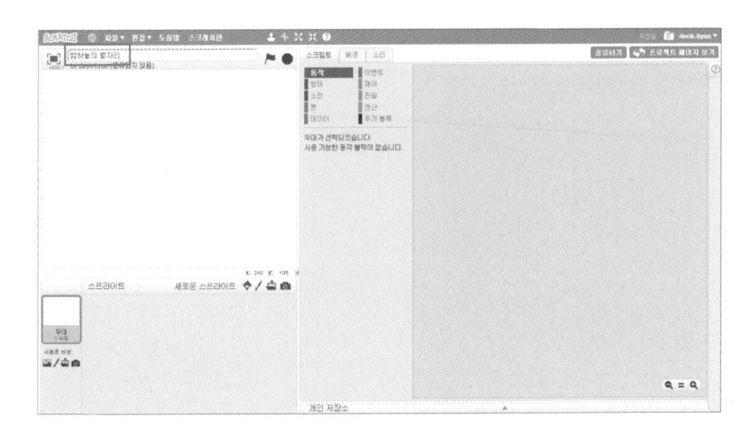

01 새로운 프로젝트를 시작합니다. 프로젝트의 이름을 '밤하늘의 별자리'로 수정하세요. 고양이 스프라이트는 삭제합니다.

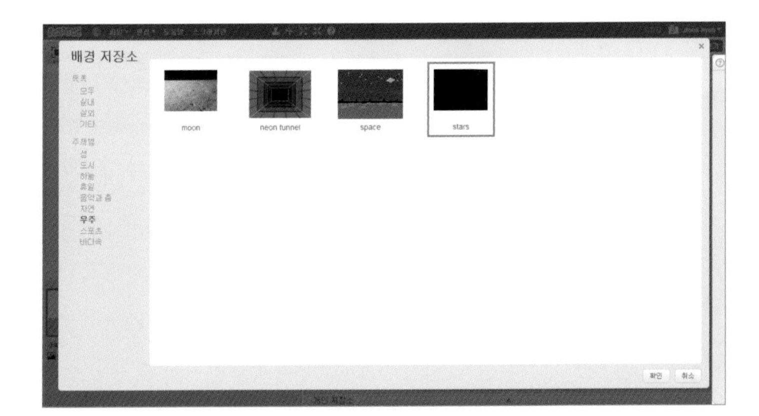

02 무대에 밤하늘 배경을 추가합니다. 배경 저장소를 열어서 stars 배경을 추가하세요.

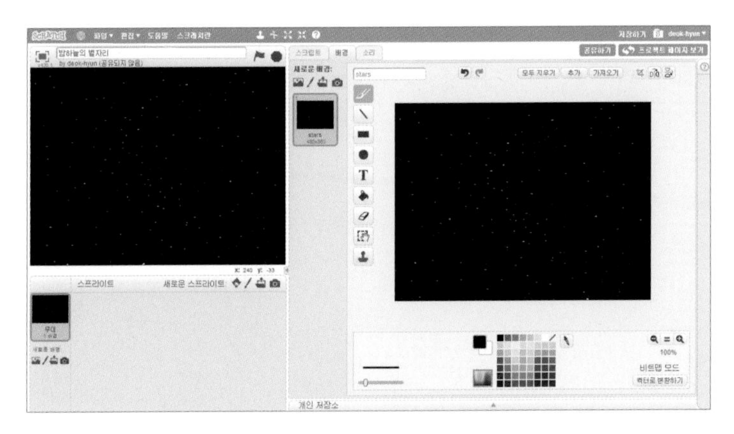

03 별 스프라이트를 추가할 차례네요. 스프라이트 저장소를 열고 Star1 스프라이트를 클릭합니다. 추가된 스프라이트의 이름을 '별'로 수정하세요.

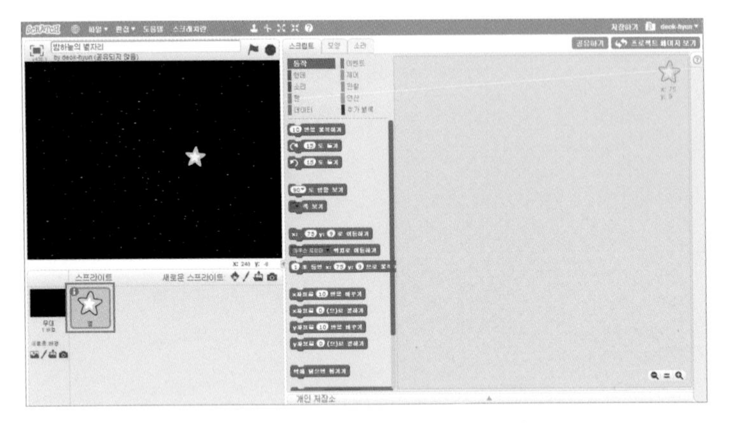

별

04 별 스프라이트의 크기가 점점 작아졌다가 점점 커지는 효과를 먼저 만들어주세요.

❶ 반복문을 사용하여 별의 크기가 조금씩 작아지도록 하세요.

❷ 이번에는 반대로 반복문을 사용하여 별의 크기가 조금씩 커지도록 할까요?

별

```
클릭했을 때
보이기 ①
30 번 반복하기
  크기를 -2 만큼 바꾸기
30 번 반복하기
  크기를 2 만큼 바꾸기
숨기기 ②
```

05 별 스프라이트가 시작할 때는 나타났다가 프로젝트가 끝날 때에는 보이지 않도록 블록을 추가하세요.

① 프로젝트가 시작되면 보이기 상태로 변경됩니다.

② 프로젝트의 마지막에서는 다시 숨기기 상태로 변경됩니다.

별

```
클릭했을 때
보이기
크기를 100 % 로 정하기 ①
30 번 반복하기
  크기를 -2 만큼 바꾸기
30 번 반복하기
  크기를 2 만큼 바꾸기
숨기기
```

06 프로젝트가 도중에 종료되면 별의 크기가 작아진 상태에서 끝날수도 있어요. 이런 경우를 대비해서 처음 시작 시에는 별 스프라이트의 크기가 원래 크기에서 시작할 수 있도록 초기화하세요.

① 별 스프라이트의 크기를 100%로 초기화합니다.

별

```
클릭했을 때
보이기
크기를 100 % 로 정하기
지우기 ①
펜 색깔을 ■ (으)로 정하기 ②
펜 굵기를 2 (으)로 정하기 ③
30 번 반복하기
  크기를 -2 만큼 바꾸기
30 번 반복하기
  크기를 2 만큼 바꾸기
숨기기
```

07 별자리를 그리기 위해서는 section07에서 학습한 펜 그리기 모드를 시작해야 겠네요. 잠깐 그전에 먼저 펜 그리기 모드를 시작할 때 필요한 초기화를 몇 가지 해주도록 할까요?

① 지우기로 이전에 그려졌던 펜 그리기를 모두 삭제합니다.

② 펜 색깔을 흰색으로 초기화합니다.

③ 펜 굵기를 2로 고정시켜 항상 일정한 굵기로 그림이 그려지도록 하세요.

별

```
클릭했을 때
보이기
크기를 100 % 로 정하기
90 ▼ 도 방향 보기 ❶
지우기
펜 색깔을 ■ (으)로 정하기
펜 굵기를 2 (으)로 정하기
30 번 반복하기
    크기를 -2 만큼 바꾸기
30 번 반복하기
    크기를 2 만큼 바꾸기
숨기기
```

08 펜 그리기에서 중요한 초기화가 한 가지 더 남아있어요. 방향 초기화도 잊어버리지 마세요.

❶ 방향을 90도로 초기화하여 항상 일정한 조건을 유지시켜 주세요.

선생님 TIP

기존에 학습한 내용 중 펜 그리기 모드를 사용할 때는 '위치 초기화'도 중요하다고 다루었습니다. 항상 동일한 위치에서 시작해야 동일한 그림을 그릴 수 있기 때문이죠. 하지만 이번 스프라이트에서는 별자리를 항상 동일한 위치가 아닌 랜덤한 위치에 그리기 때문에 위치 초기화가 따로 필요하지 않습니다.

별

```
클릭했을 때
보이기
크기를 100 % 로 정하기
90 ▼ 도 방향 보기
지우기
펜 색깔을 ■ (으)로 정하기
펜 굵기를 2 (으)로 정하기
30 번 반복하기
    크기를 -2 만큼 바꾸기
펜 내리기 ❶
5 번 반복하기                ❷
    15 만큼 움직이기
    ↶ 144 도 돌기
펜 올리기 ❸
30 번 반복하기
    크기를 2 만큼 바꾸기
숨기기
```

09 별자리를 그리기 위해서 먼저 별 한 개를 그리는 기능부터 완성해볼까요? 별 그리는 방법은 다 기억하고 있죠? section07에서 반복문을 사용해서 쉽게 그렸었요.

❶ 펜 그리기 모드를 시작합니다.

❷ 반복문을 사용해 5개의 선분을 그려 별을 완성하세요.

❸ 펜 그리기 모드를 종료합니다.

별

```
클릭했을 때
보이기
크기를 100 % 로 정하기
90 도 방향 보기
지우기
펜 색깔을 ■ (으)로 정하기
펜 굵기를 2 (으)로 정하기
30 번 반복하기
    크기를 -2 만큼 바꾸기
x좌표를 -200 부터 200 사이의 난수 (으)로 정하기   ❶
y좌표를 -140 부터 140 사이의 난수 (으)로 정하기
펜 내리기
5 번 반복하기
    15 만큼 움직이기
    ↺ 144 도 돌기
펜 올리기
30 번 반복하기
    크기를 2 만큼 바꾸기
숨기기
```

10 임의의 위치에 별이 그려지도록 블록을 추가하세요.

❶ 무대의 랜덤한 위치에 별이 그려지도록 난수 블록을 활용하여 이동하도록 했어요.

별

```
클릭했을 때
보이기
크기를 100 % 로 정하기
90 도 방향 보기
지우기
펜 색깔을 ■ (으)로 정하기
펜 굵기를 2 (으)로 정하기
30 번 반복하기
    크기를 -2 만큼 바꾸기
20 번 반복하기   ❶
    x좌표를 -200 부터 200 사이의 난수 (으)로 정하기
    y좌표를 -140 부터 140 사이의 난수 (으)로 정하기
    펜 내리기
    5 번 반복하기
        15 만큼 움직이기
        ↺ 144 도 돌기
    펜 올리기
30 번 반복하기
    크기를 2 만큼 바꾸기
숨기기
```

11 20개의 별을 그려 별자리를 완성하세요.

❶ 이동해서 하나의 별을 그리는 과정을 완성하기 위해 반복문을 활용합니다.

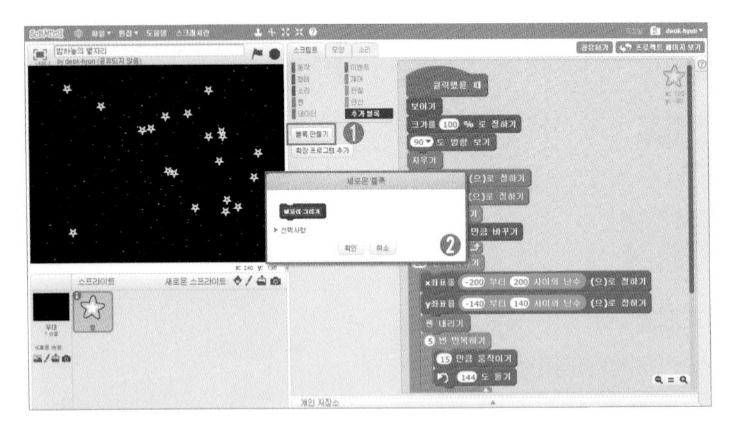

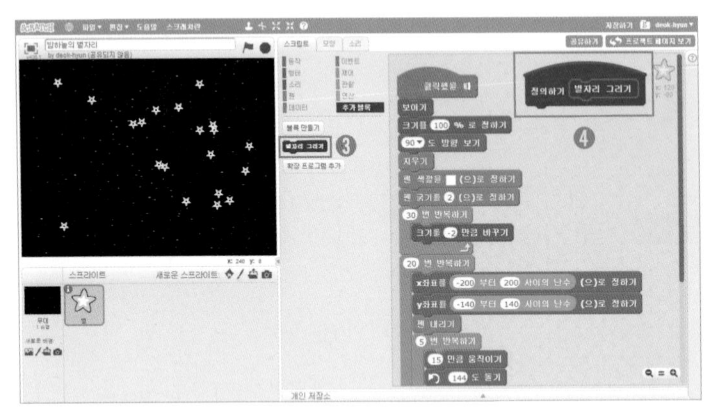

12 원하는 기능은 모두 완성되었습니다. 하지만 이게 끝은 아니죠. 이제부터 여러분들은 새로운 기능을 하나 학습할 겁니다. 사용자 정의 블록이라는 것이죠. 복잡한 스크립트를 아주 간단하게 변경할 수 있도록 도와주는 기능입니다. 먼저 사용자 정의 블록을 만들어보도록 할게요.

❶ 추가블록 카테고리를 선택한 후, 블록만들기를 클릭하세요.

❷ 새로운 블록 생성 창이 나타나면 새로 만들 블록 이름을 입력하세요. 이번 프로젝트에서는 별자리를 그릴 수 있는 기능을 하나의 블록으로 만들려고 합니다. 별자리 그리기를 입력하고 확인을 클릭하세요.

❸ 추가블록 카테고리에 별자리 그리기라는 블록이 만들어졌어요.

❹ 정의하기 블록도 함께 생성되었어요. 정의하기 블록 밑에 기능을 완성하면 별자리 그리기 블록을 활용할 수 있습니다.

학생 TIP

사용자 정의 블록을 자세히 알아보자.

사용자 정의 블록이란 프로젝트를 만드는 사람이 직접 원하는 기능을 모아서 하나의 새로운 블록을 만드는 것을 말해요. 여러분들이 원하는 기능을 가진 블록이 스크래치에 없다면 직접 만들어서 사용할 수 있는 것이죠. 예를 들어 좌우로 계속해서 왔다갔다하는 기능을 가진 '계속해서 이동하기'라는 블록이 필요하다면 직접 만들 수 있어요.

❶ 새로운 블록 카테고리에서 '계속해서 이동하기'라는 새로운 블록을 생성합니다.

❷ 계속해서 이동하기라는 블록이 실행할 기능을 정의하기 블록 밑에 만들어주세요.

이렇게 원하는 기능을 모아서 완전 새로운 블록을 만들고, 이를 활용해 스크립트를 완성할 수 있어요. 사용자 정의 블록을 활용하면 다음과 같은 장점이 있어요. 첫째, 반복되는 부분을 간단하게 만들 수 있어요. 매번 복잡한 블록 결합을 연결할 필요없이 사용자 정의 블록을 결합하면 쉽게 반복되는 부분을 만들 수 있습니다. 둘째, 복잡한 스크립트를 단순한 구조로 변경할 수 있어요. 스크립트가 너무 길고 복잡하면, 공간도 많이 차지할 뿐 아니라 전체 구조도 이해하기 어렵게 됩니다. 오류가 발생하거나 기능을 수정하고 싶을 때 어려움이 많죠. 하지만 사용자 정의 블록을 사용해 기능별로 분류해 놓으면 전체 구조를 한 눈에 파악할 수 있어요.

별

```
클릭했을 때
보이기
크기를 100 % 로 정하기
90 ▼ 도 방향 보기
지우기
펜 색깔을 ■ (으)로 정하기
펜 굵기를 2 (으)로 정하기
30 번 반복하기
  크기를 -2 만큼 바꾸기
별자리 그리기 ❶
30 번 반복하기
  크기를 2 만큼 바꾸기
숨기기
```

```
정의하기 별자리 그리기 ❷
20 번 반복하기
  x좌표를 -200 부터 200 사이의 난수 (으)로 정하기
  y좌표를 -140 부터 140 사이의 난수 (으)로 정하기
  펜 내리기
  5 번 반복하기
    15 만큼 움직이기
    ↶ 144 도 돌기
  펜 올리기
```

13 직접 만든 별자리 그리기 블록을 활용하여 스크립트의 구조를 단순하게 변경시키세요.

❶ 별자리를 그리는 복잡한 부분을 별자리 그리기 블록으로 변경합니다.

❷ 별자리 그리기의 정의하기 블록 아래에 원래 기능을 그대로 옮겨 결합하세요.

❸ 별자리 그리기 블록이 실행되면 정의하기 블록에 연결된 모든 블록이 실행됩니다.

별

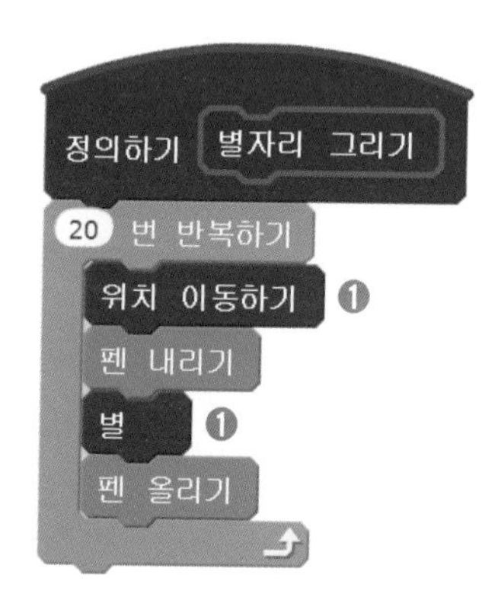


```
정의하기 위치 이동하기 ❷
x좌표를 -200 부터 200 사이의 난수 (으)로 정하기
y좌표를 -140 부터 140 사이의 난수 (으)로 정하기
```

14 별자리 그리기 블록의 기능을 둘로 나누어 분리시키세요. 위치 이동하기와 별 블록을 만들어 나누어 줍니다.

❶ 위치 이동하기 블록과 별 블록을 만들어 별자리 그리기의 기능을 둘로 분리시켰어요.

❷ 위치 이동하기 블록은 스프라이트의 위치를 무대의 임의의 위치로 이동시키는 기능을 수행해요.

❸ 별 블록은 하나의 별을 그리는 명령을 수행합니다.

선생님 TIP

사용자 정의 블록의 실행순서

사용자 정의하기 블록을 사용하면 전체 블록이 실행되는 순서에 주의해야 합니다. 오류가 발생했을 경우 실행 순서를 명확하게 이해하고 있어야 이를 수정할 수 있어요.

❶ 별자리 그리기 블록이 실행됩니다. 별자리 그리기 블록의 실행이 완료되기 전까지 아래에 연결된 블록은 실행되지 않아요.
❷ 별자리 그리기 블록이 실행되어 반복문이 실행됩니다. 반복문 안에서는 위치 이동하기 블록과 별 블록이 차례대로 20번 반복 실행합니다.
❸ 별자리 그리기 블록의 기능 내부에 있는 위치 이동하기 블록이 실행됩니다. 별 블록은 위에 연결된 위치 이동하기 블록이 종료될 때까지 실행되지 않겠죠?
❹ 위치 이동하기 블록이 실행되며 스프라이트가 임의의 위치로 이동합니다.
❺ 위치 이동하기 블록이 실행 완료되어 별 블록이 실행됩니다.
❻ 별 블록이 실행되어 별을 그립니다.
❼ 별자리 그리기 블록의 실행이 완료되어 마지막 남은 스크립트가 실행됩니다.

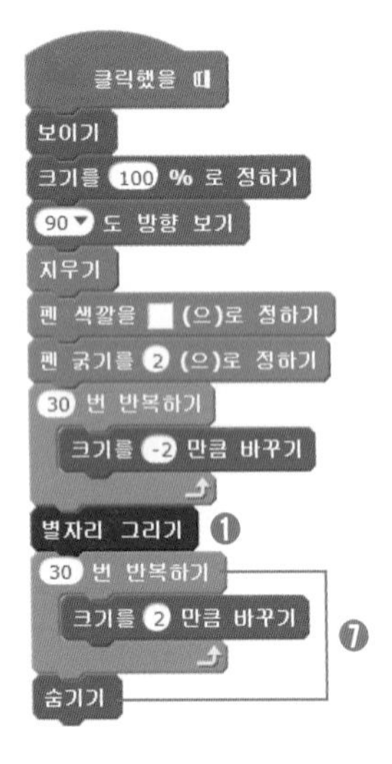

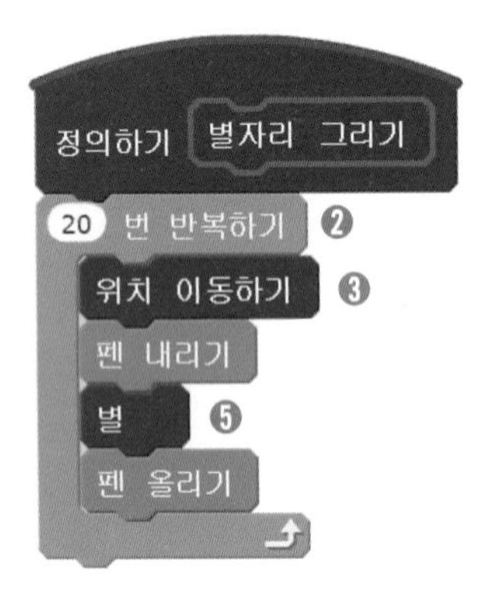

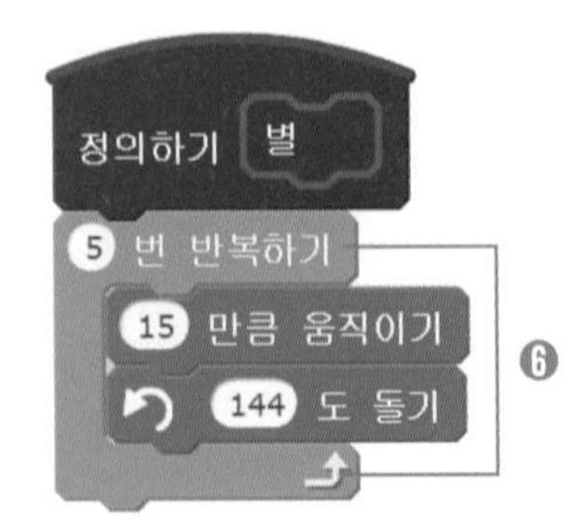

15 밤하늘의 별자리 프로젝트가 완료되었습니다.

UNIT 03

프로젝트 업그레이드 하기

웹 주소 : https://scratch.mit.edu/projects/66051006/

01

프로젝트를 업그레이드 시켜 더욱 멋진 별자리를 완성하세요. 먼저 프로젝트를 살펴보도록 하겠습니다. 밤하늘에 별들 뿐만이 아니라 별 6개가 모인 별무리와 별 5개가 모인 오각별, 별 10개가 모인 십각별이 함께 떠 있어요. 조금 복잡해 보이지만 앞에서 배운 사용자 정의 블록을 활용하면 쉽게 만들 수 있습니다. 자 시작해볼까요?

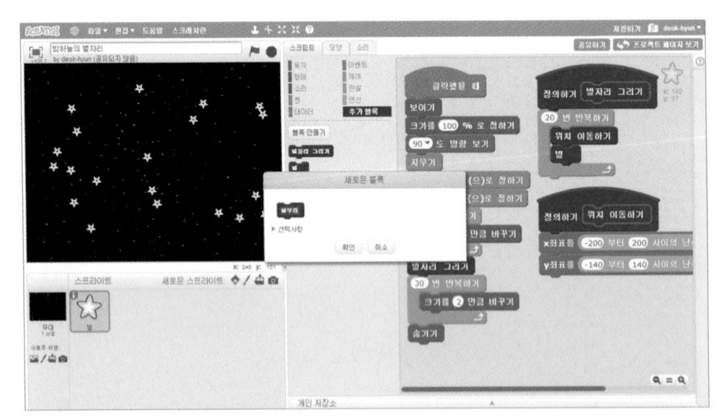

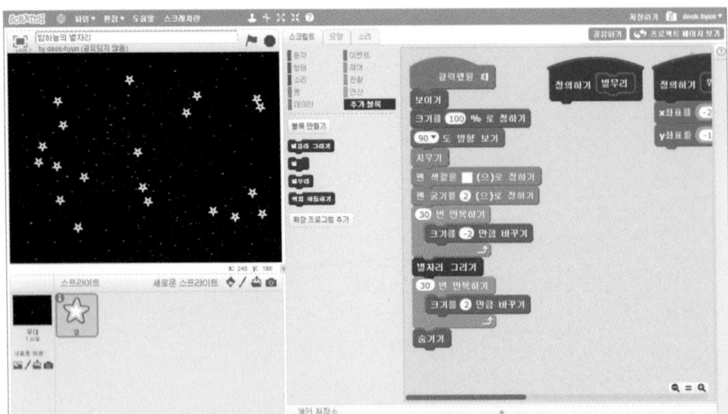

02

별무리를 그리기 위해 새로운 사용자 정의 블록을 생성합니다. 블록의 이름은 별무리로 하세요.

03 별무리 블록의 기능을 만들어 주세요. 먼저 별을 그리는 기능을 완성합니다.

❶ 6개의 별이 모인 별무리를 그리기 위해서는 기본적인 별 그리기 구조가 필요해요.

04 별 그리기 구조 내부에 다시 별 그리기를 삽입해, 별무리를 완성하세요.

❶ 외부의 별을 하나 완성한 후, 내부 별의 선분을 하나 그리는 과정을 5번 반복하면 6개의 별이 모인 별무리가 완성됩니다.

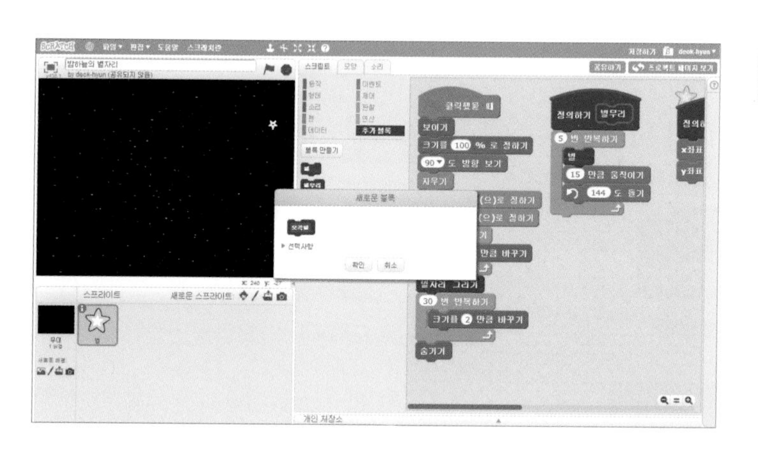

05 추가블록 카테고리에서 오각별 블록을 생성합니다.

06 정의하기 블록에 오각별의 기능을 완성하세요. 오각별은 5개의 별이 오각형 형태로 연결된 별입니다.

❶ 별 하나를 완성한 뒤에 처음 그린 별의 두 번째 선분의 끝 부분으로 이동합니다. 즉 먼저 별 하나가 완성되면 펜 그리기 모드가 종료된 상태에서 시계 방향의 다음 꼭지점으로 이동하는 것이죠.

별

07 이동한 뒤에는 방향을 수정하고 다음 반복문을 실행합니다.

❶ 이동 후에 72도를 회전하여 다음 별이 오각형 형태로 이어질 수 있도록 조절하세요.

08 추가블록 카테고리에서 십각별 블록을 생성합니다.

별

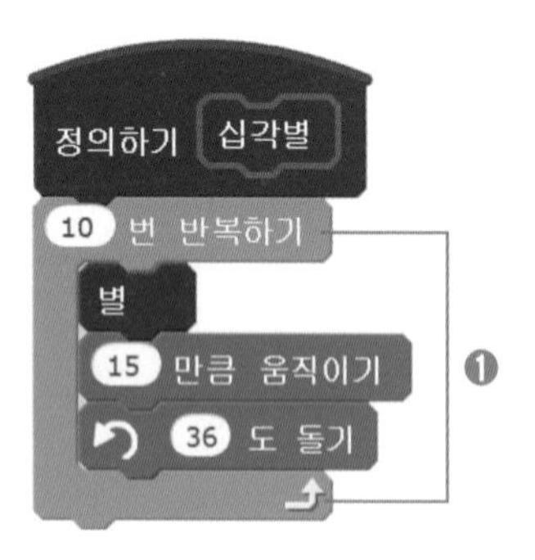

09 정의하기 블록 아래에 블록들을 결합하여 십각별의 기능을 완성하세요. 10개의 별이 십각형 형태로 모여 하나의 모양을 만들어냅니다.

❶ 하나의 별을 그린 뒤, 15만큼 이동과 36도 회전하는 동작을 10회 반복합니다.

선생님 TIP

사용자 정의 블록을 사용하여 도형 등을 그릴 때에는 정의하기 블록 안에 구현된 기능 안에서 시작과 종료 시 방향을 일정하게 유지하는 것이 중요합니다. 즉 정의하기 블록 시작 시 스프라이트의 방향과 종료 시 스프라이트의 방향이 동일해야 하는 것이죠. 반복문의 실행 횟수와 반복문 안에서 회전한 각도를 곱했을 때 360도의 배수가 되도록 블록을 결합해야 합니다. 만약 방향이 일정하게 유지되지 않도록 스크립트를 구성하면 원하는 그림이 그려지지 않고 형태가 어긋나게 됩니다.

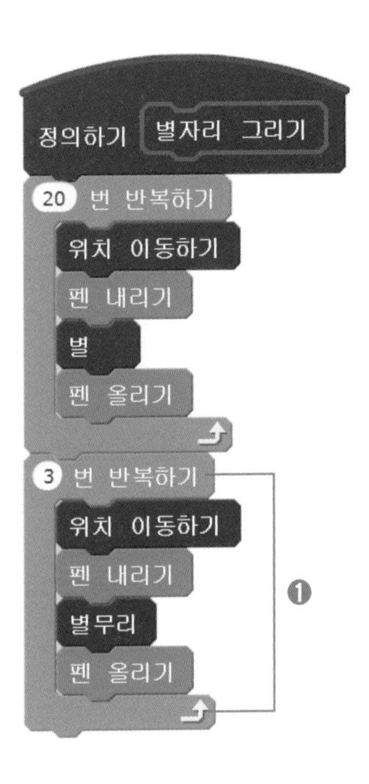

10 별자리 그리기의 정의하기 블록을 완성할 차례네요. 별 그리기 다음에 별무리 3개 그리기를 추가합니다.

❶ 반복문을 활용하여 위치를 이동하고 별무리 그리기를 3번 반복하세요.

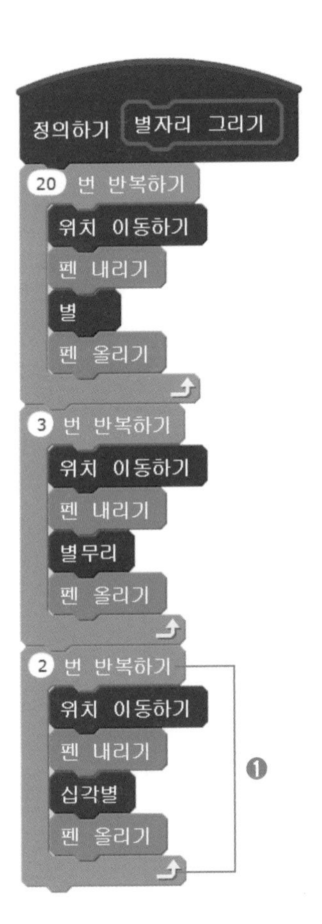

11 별십각별 그리기를 추가합니다.

❶ 반복문을 활용하여 위치를 이동하고 십각별 그리기를 2번 반복하세요.

12 오각별 그리기를 추가합니다.

❶ 반복문을 활용하여 위치를 이동하고 오각별 그리기를 3번 반복하세요.

별

```
정의하기 별자리 그리기
20 번 반복하기
    위치 이동하기
    펜 내리기
    별
    펜 올리기
3 번 반복하기
    위치 이동하기
    펜 내리기
    별무리
    펜 올리기
2 번 반복하기
    위치 이동하기
    펜 내리기
    십각별
    펜 올리기
3 번 반복하기            ❶
    위치 이동하기
    펜 내리기
    오각별
    펜 올리기
```

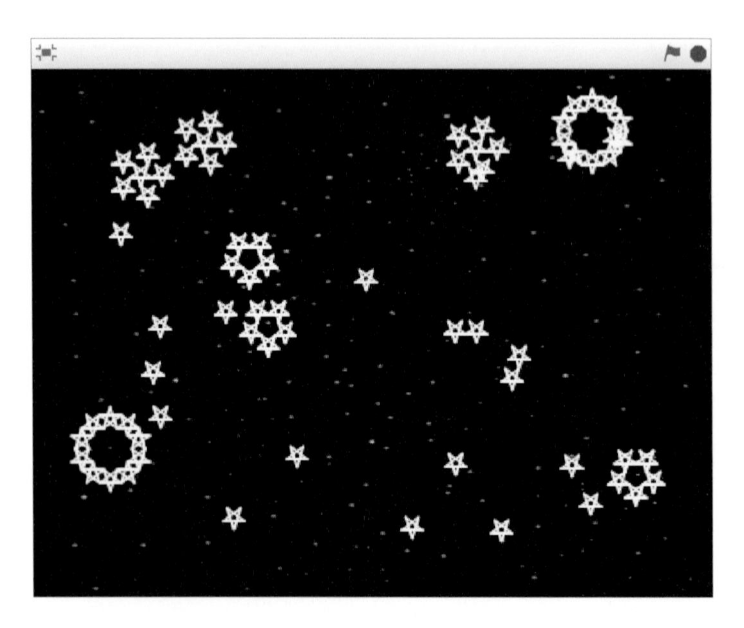

13 업그레이드된 프로젝트가 완성되었습니다.

정리하기

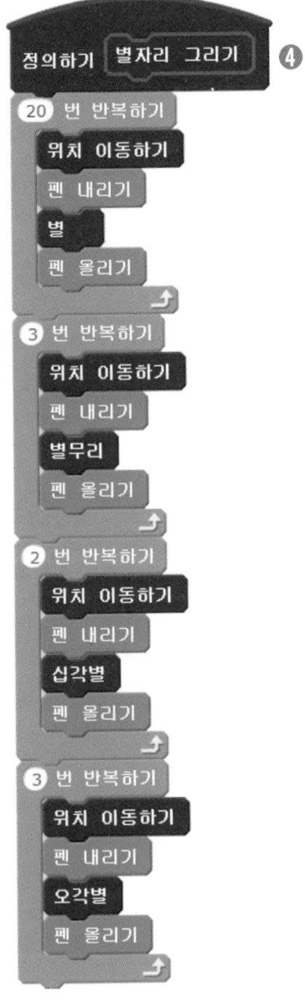

01 별

❶ 별 스프라이트의 보이기 상태와 크기, 방향을 초기화하고, 펜 그리기와 관련된 상태도 함께 초기화합니다.

❷ 크기가 점점 작아집니다.

❸ 별자리 그리기 블록이 실행됩니다.

❹ 별자리 그리기가 실행되면 매번 위치를 이동하면서 별이 20회, 별무리가 3회, 십각별이 2회, 오각별이 3회 그려지도록 반복문을 구성하세요.

❺ 위치 이동하기는 스프라이트가 임의의 위치로 이동하는 기능입니다.

❻ 별무리는 모두 6개의 별이 그려지며 내부에 1개의 별이 있고, 그 외부를 5개의 별이 둘러싸고 있어요.

❼ 십각별은 10개의 별이 십각형 형태로 연결되어 있어요.

❽ 오각별은 5개의 별이 오각형 형태로 연결되어 있어요.

❾ 별자리 그리기가 종료된 후 크기를 다시 점점 커지도록 하세요.

❿ 숨기기 상태로 변경되어 프로젝트가 완료됩니다.

SECTION

12

바나나 위치 지도 만들기

UNIT 01

프로젝트 살펴보기

웹 주소 : https://scratch.mit.edu/projects/66103834/

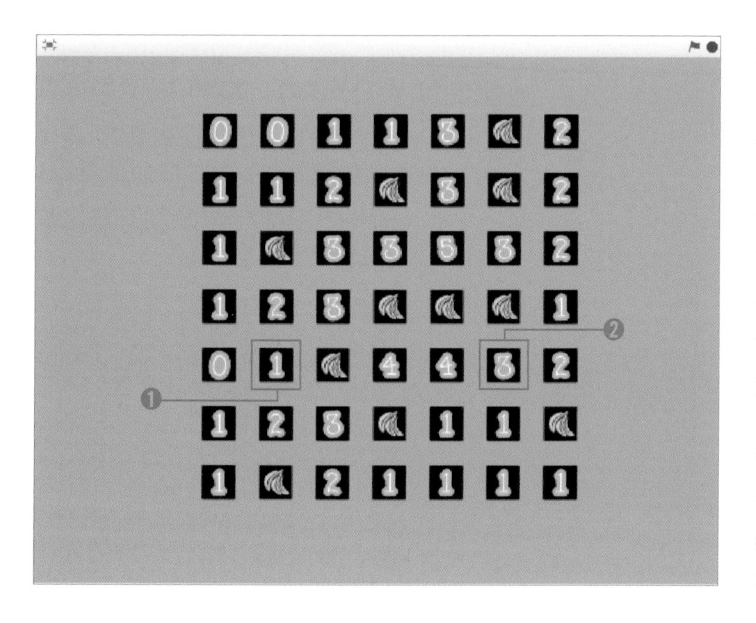

01 이번 섹션에서는 조금 더 고급 프로그래밍에 도전합니다. 프로젝트의 제목은 '바나나 위치 지도 만들기'입니다. 가로 7칸, 세로 7칸의 밭에 바나나가 생기면 바나나의 위치를 숫자로 표현하는 것입니다. 어떤 밭의 주변 8곳 중에서 바나나가 있는 밭의 개수만큼의 숫자를 해당 밭에 표시해주면 됩니다.

❶ 주변 8개의 밭 중에서 바나나가 있는 곳은 오른쪽 1곳 뿐이므로 1로 표시합니다.

❷ 주변 8개의 밭 중에서 3군데 밭에 바나나가 있으므로 3으로 표시합니다.

02 이번 프로젝트에서 무대는 하늘색의 단색 배경으로 채워집니다. 그림판을 이용해서 직접 그리면 쉽게 표현할 수 있어요.

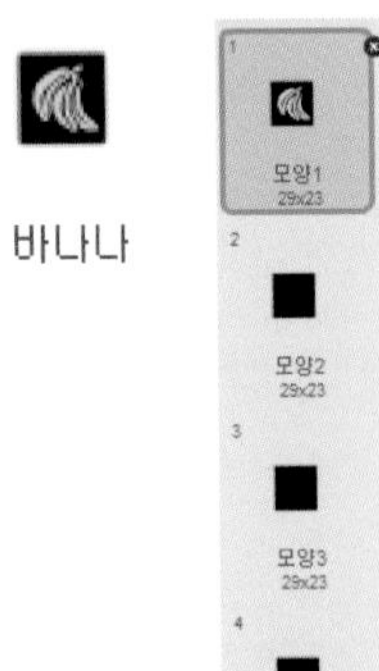

03 프로젝트에는 총 2개의 스프라이트가 사용됩니다. 먼저 바나나 스프라이트는 4개의 모양을 가지고 있어요. 모양1은 바나나가 그려져 있고, 모양2~4는 동일한 모양이네요. 동일한 모양을 왜 3개씩이나 사용했을까요? 프로젝트를 만들어가면서 함께 고민해 봅시다.

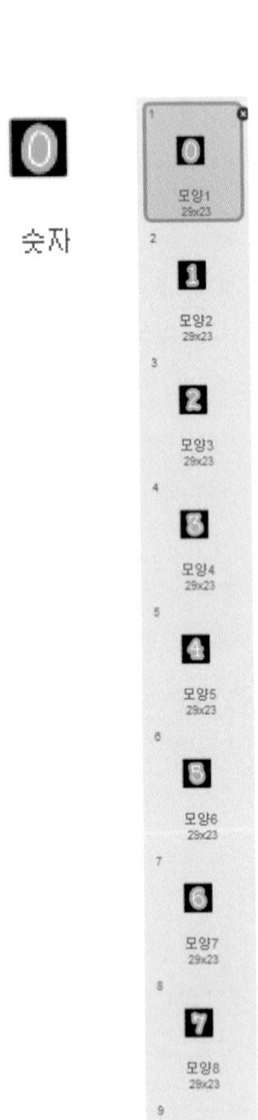

04 숫자 스프라이트는 0~8까지의 숫자가 써있는 9개의 모양을 가지고 있어요. 바나나 밭의 숫자를 표현하기 위해 9개의 모양을 가지도록 만들어줘야 합니다.

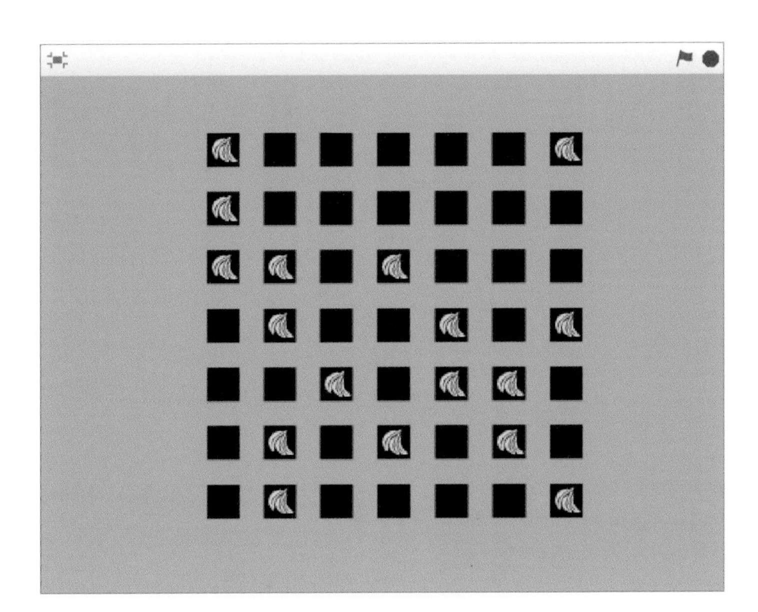

05 프로젝트가 시작되면 먼저 바나나가 랜덤으로 배치됩니다.

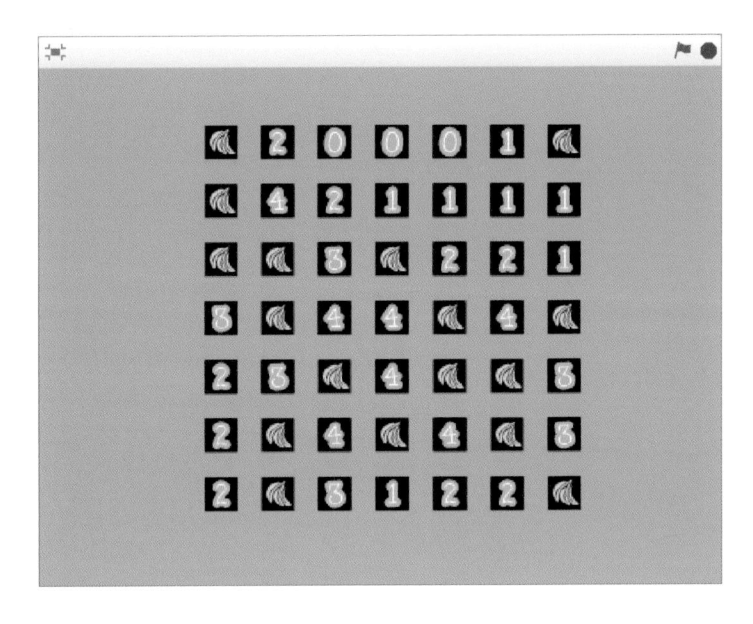

06 바나나가 배치되면 숫자 스프라이트가 바나나가 없는 밭만을 골라서 주변 밭의 바나나 개수를 파악하고 그 수에 맞춰 숫자를 배치하면 프로젝트가 완성됩니다. 여태까지 만들었던 프로젝트보다는 조금 더 많은 고민과 생각을 필요로 하죠. 그래도 포기하지 말고 천천히 함께 만들어 볼까요?

UNIT 02 프로젝트 제작하기

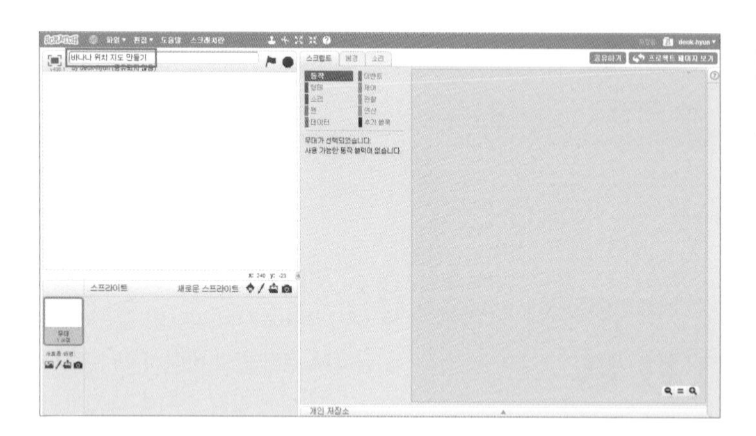

01

새로운 프로젝트를 시작합니다. 프로젝트 이름을 '바나나 위치 지도 만들기'로 수정하세요. 고양이 스프라이트는 삭제합니다.

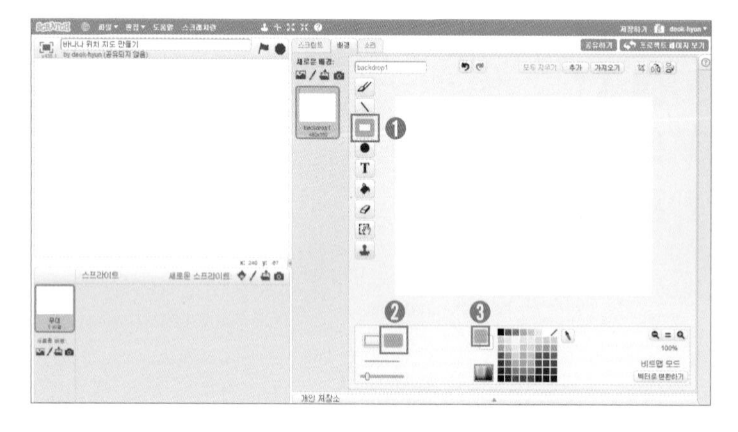

02

하늘색 바탕의 무대 배경을 먼저 그려줍니다. 무대를 선택한 후 배경 탭을 클릭하세요.

❶ 사각형(▬) 아이콘을 클릭합니다.

❷ 내부가 채워진 사각형을 선택하세요.

❸ 하늘색 색상을 선택해 주세요.

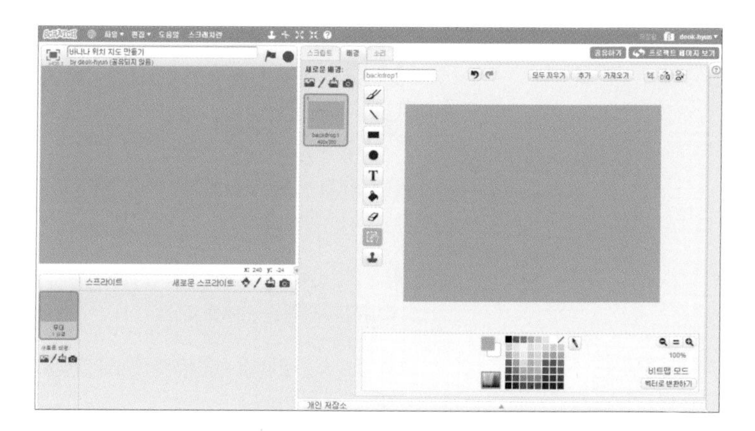

03

무대 크기만한 사각형을 그리면, 무대 전체가 하늘색으로 변경됩니다.

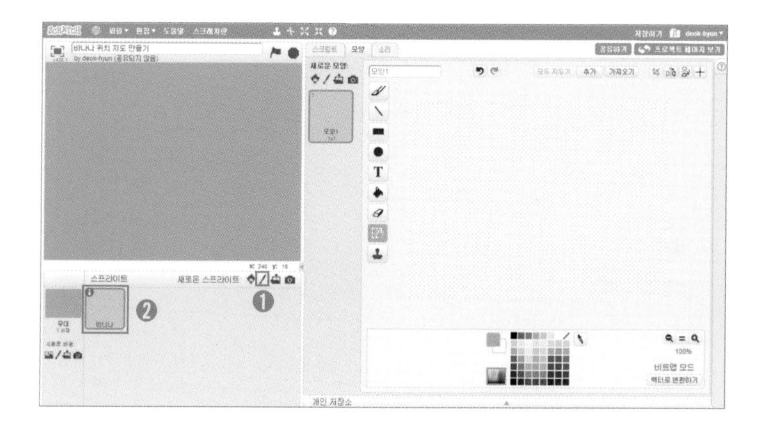

04

무대가 완성되었으니 스프라이트를 만들 차례입니다. 먼저 바나나 스프라이트를 만들어볼까요?

❶ 새로운 스프라이트 메뉴에서 새 스프라이트 색칠(/)을 클릭합니다.

❷ 빈 스프라이트가 만들어지면, 스프라이트의 이름을 '바나나'로 변경하세요.

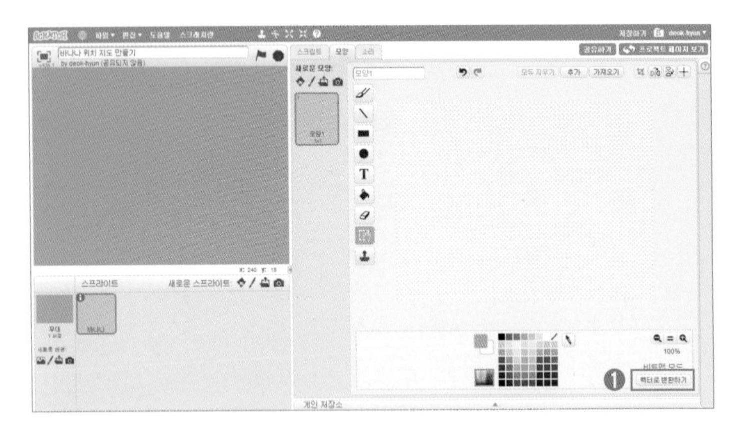

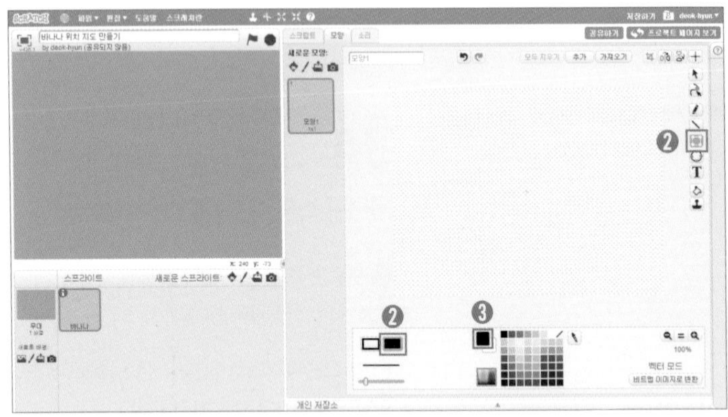

05 벡터 모드로 전환한 후, 검은색 사각형을 그릴 수 있도록 하세요.

❶ 벡터로 변환하기 버튼을 클릭해 벡터 모드로 전환합니다.

❷ 사각형(□) 아이콘을 클릭한 후, 내부가 채워진 사각형을 선택하세요.

❸ 검은색을 클릭해 검은색 사각형을 그리기 위한 준비를 합니다.

선생님 TIP

비트맵 모드가 아닌 벡터 모드에서 작업해야 이미지의 이동과 수정이 편리합니다. 학생들에게 안내하여 벡터 모드에서 작업하도록 해주세요.

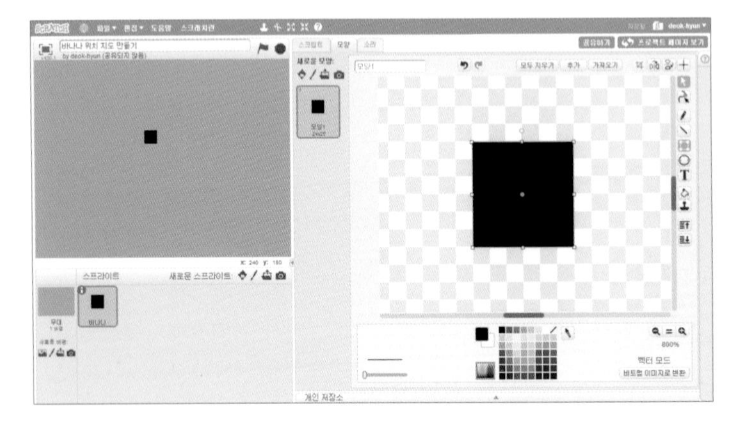

06 그림판을 최대로 확대했을 때 모양 중심을 기준으로 가로 6칸, 세로 6칸인 정사각형을 그려주세요.

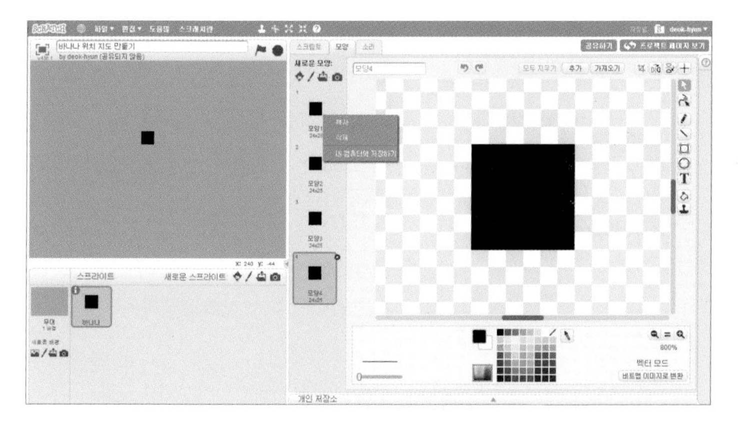

07 동일한 모양을 3개 더 복사해, 총 4개의 모양을 만들어 주세요.

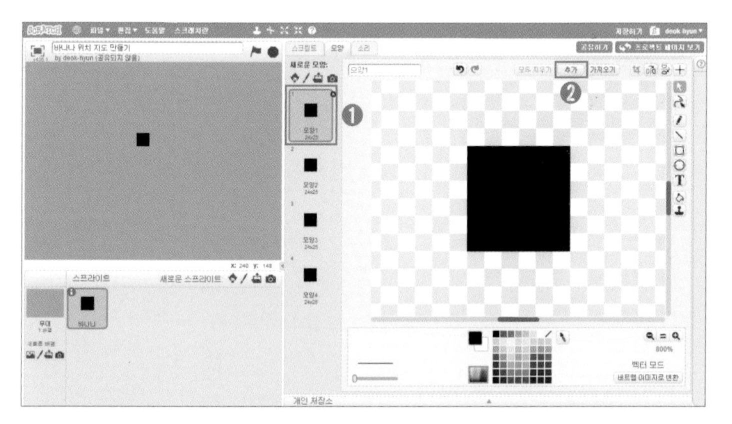

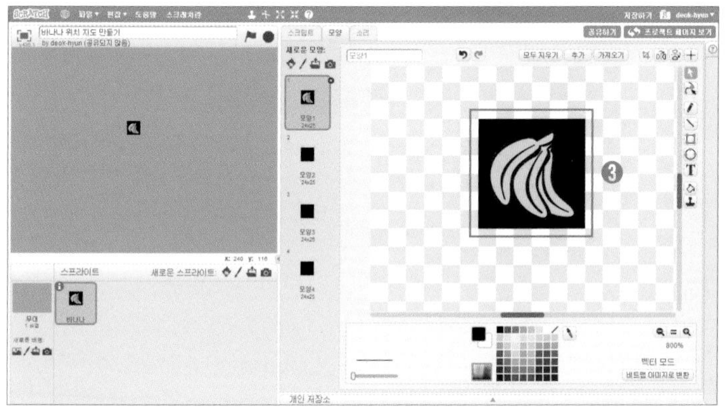

08 모양1을 선택한 후, 추가 버튼을 클릭해 모양 저장소가 나타나면 바나나 모양을 클릭해 모양1에 바나나를 추가합니다.

❶ 모양1이 선택되었는지 확인하세요.

❷ 추가 버튼을 클릭하여 모양 저장소가 나타나면 바나나 모양을 추가합니다.

❸ 바나나 이미지의 크기를 줄여 검은색 사각형 안에 위치시켜 주세요.

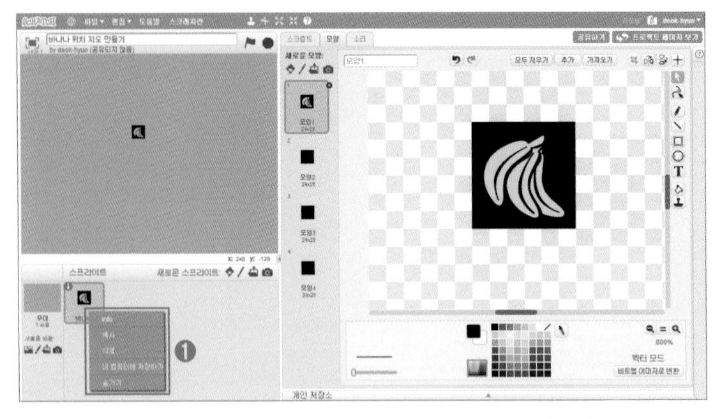

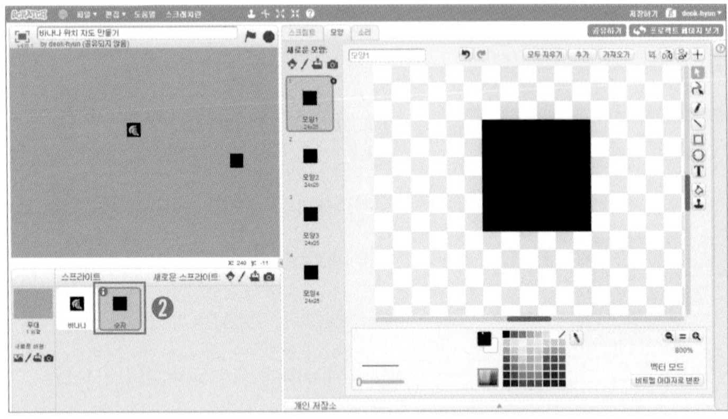

09 숫자 스프라이트도 바나나 스프라이트에 사용된 검은색 사각형 모양을 그대로 사용합니다. 바나나 스프라이트를 복사해 숫자 스프라이트를 만들어주세요.

❶ 바나나 스프라이트에서 마우스 오른쪽 버튼을 클릭한 후, 복사를 선택하세요.

❷ 스프라이트의 이름을 '숫자'로 변경하고, 모양1에 있는 바나나 이미지를 삭제하세요.

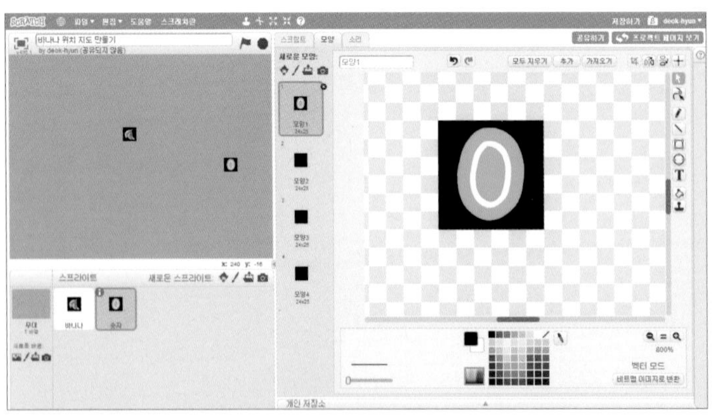

10 모양1에 숫자 0 모양의 이미지를 추가한 뒤 크기에 맞도록 조절하세요.

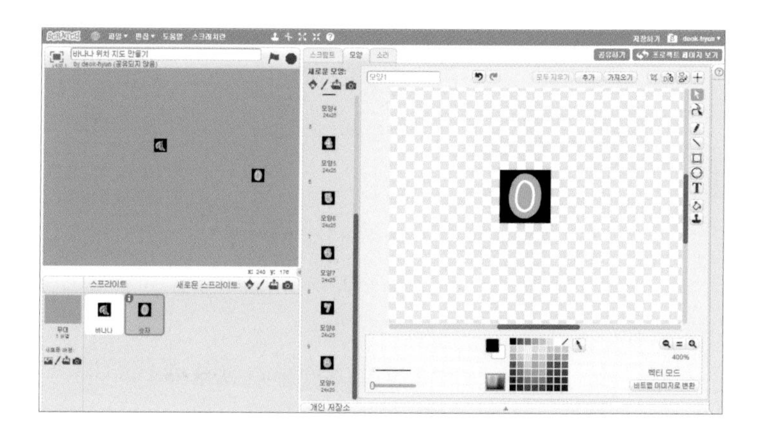

11 동일한 방법으로 숫자 0~8까지의 모양을 완성하세요.

바나나

12 두 스프라이트의 모양이 완성되었습니다. 이제 바나나 스프라이트로 돌아가서 바나나 밭을 만들어 봅시다. 먼저 바나나 스프라이트가 가로 7칸, 세로 7칸인 총 49칸의 밭을 차례로 이동할 수 있는 스크립트를 만들어 보세요.

❶ 프로젝트가 시작되면 왼쪽 위에 있는 첫 번째 밭 위치로 이동할 수 있도록 초기화합니다.

❷ 7번 반복하는 반복문을 이중으로 사용하여 총 49칸의 밭을 이동합니다.

❸ 가로 7칸의 밭을 이동하는 부분입니다.

❹ 가로 7칸의 밭 이동이 끝나면 아래로 한 칸 내려와 제일 왼쪽 칸의 밭으로 이동하는 부분입니다.

바나나

```
클릭했을 때
숨기기 ❶
x: -110 y: 130 로 이동하기
지우기 ❷
7 번 반복하기
    7 번 반복하기
        도장찍기 ❸
        x좌표를 40 만큼 바꾸기
    x좌표를 -110 (으)로 정하기
    y좌표를 -40 만큼 바꾸기
```

13 도장찍기 기능을 활용해 바나나 스프라이트가 실행 창에 찍히도록 해주세요.

❶ 스프라이트가 보이지 않도록 숨기기 상태로 초기화합니다.

❷ 지우기를 사용하여 이전 실행의 흔적을 지워주세요.

❸ 이동하기 전에 도장을 찍어 바나나 스프라이트의 흔적을 남깁니다.

선생님 TIP

스프라이트가 숨기기 상태에서 복제하기를 실행하면, 숨기기 상태 그래도 복제가되어 복제본도 실행창에 나타나지 않습니다. 하지만 도장찍기 기능은 숨기기 상태에서 실행되어도, 원래 형태가 보여지도록 실행 창에 효과가 나타나게 됩니다. 그래서 도장찍기를 사용할 때는 숨기기 상태로 초기화해도 상관이 없는 것이죠.

바나나

```
클릭했을 때
숨기기
x: -110 y: 130 로 이동하기
지우기
7 번 반복하기
    7 번 반복하기
        모양을 1 부터 4 사이의 난수 (으)로 바꾸기 ❶
        도장찍기
        x좌표를 40 만큼 바꾸기
    x좌표를 -110 (으)로 정하기
    y좌표를 -40 만큼 바꾸기
바나나 배치 완료 ▼ 방송하기 ❷
```

14 앞의 스크립트를 실행하면 모양1인 바나나 모양만 도장이 찍히네요. 이 문제를 해결하기 위해서는 어떤 블록이 추가되어야 할까요?

❶ 도장찍기를 실행하기 전에 1~4번 사이의 임의의 모양으로 변경한 뒤, 도장찍기를 실행하세요.

❷ 바나나 스프라이트의 배치가 완료되면 메시지를 보내 숫자 스프라이트가 배치되도록 하세요.

학생 TIP

바나나 스프라이트의 모양을 바나나 모양 1개와 검은색 빈 칸 모양 1개, 총 2개로만 구성하면 위 스크립트에서 밭에 바나나가 생길 확률이 50%가 됩니다. 하지만 검은색 빈 칸 모양을 3개로 함으로써 밭에 바나나가 표시될 확률을 25%로 낮추었어요. 밭에 너무 많은 바나나가 표시되지 않도록 바나나 스프라이트의 모양을 4개로 한 것입니다.

숫자

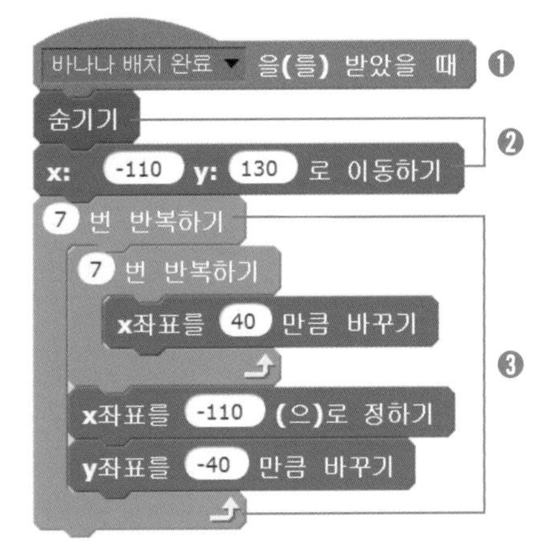

15 메시지를 받은 숫자 스프라이트는 바나나 스프라이트와 동일하게 이동하세요.

❶ 바나나 스프라이트로부터 메시지를 받으면 스크립트를 실행하기 시작합니다.

❷ 숨기기 상태로 초기화하고, 처음 위치로 이동해 주세요.

❸ 가로 7칸, 세로 7칸, 총 49칸의 밭을 차례대로 이동하네요. 바나나 스프라이트의 움직임과 동일합니다.

숫자

```
바나나 배치 완료 을(를) 받았을 때
숨기기
x: -110 y: 130 로 이동하기
7 번 반복하기
    7 번 반복하기
        만약 < < [ ] 색에 닿았는가? > 가(이) 아니다 > 라면   ❶
        x좌표를 40 만큼 바꾸기
    x좌표를 -110 (으)로 정하기
    y좌표를 -40 만큼 바꾸기
```

16 바나나가 없는 곳에서만 숫자 스프라이트가 나타날 수 있도록 조건문을 만드세요.

❶ 특정 위치로 이동하면, 바나나와 닿았는지를 체크하여, 닿지 않았을 때만 숫자 스프라이트가 나타나도록 합니다.

숫자

```
바나나 배치 완료 ▼ 을(를) 받았을 때
숨기기
x: -110 y: 130 로 이동하기
7 번 반복하기
  7 번 반복하기
    만약 < < [ ] 색에 닿았는가? > 가(이) 아니다 > 라면
      숫자 도장찍기 ❶
    x좌표를 40 만큼 바꾸기
  x좌표를 -110 (으)로 정하기
  y좌표를 -40 만큼 바꾸기
```

17 추가블록 카테고리에서 사용자 정의 블록을 생성하여 숫자 스프라이트가 도장찍기를 실행하도록 하세요.

❶ 숫자 도장찍기라는 사용자 정의 블록을 생성하고, 조건문의 실행 부분에 결합합니다.

숫자

```
정의하기 숫자 도장찍기
바나나 개수 ▼ 을(를) 0 로 정하기
y좌표를 40 만큼 바꾸기 ❶
x좌표를 40 만큼 바꾸기 ❷
y좌표를 -40 만큼 바꾸기 ❸
y좌표를 -40 만큼 바꾸기 ❹
x좌표를 -40 만큼 바꾸기 ❺
x좌표를 -40 만큼 바꾸기 ❻
y좌표를 40 만큼 바꾸기 ❼
y좌표를 40 만큼 바꾸기 ❽
x좌표를 40 만큼 바꾸기 ┐
y좌표를 -40 만큼 바꾸기 ┘ ❾
```

❽	❶	❷
❼	자기 위치	❸
❻	❺	❹

18 숫자 도장찍기가 실행되면 숫자 스프라이트가 자신의 위치에서 위의 칸부터 시작해 시계 방향으로 8군데의 밭을 이동한 후 원래 자신의 위치로 돌아오도록 블록을 결합하세요. 또한 바나나의 개수를 확인해 저장할 수 있는 변수를 생성한 후 초기화하세요.

❶~❽ 번의 위치로 이동합니다.

❾ 원래의 자기 위치로 돌아옵니다.

숫자

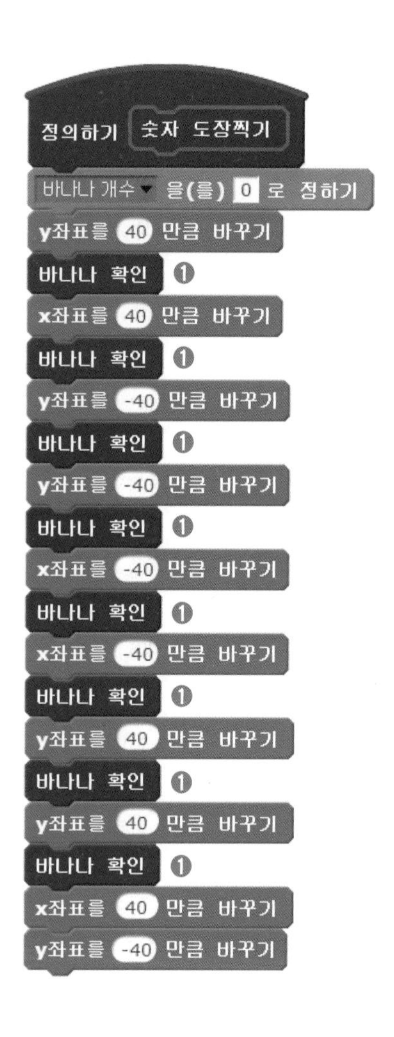

19

바나나 확인이라는 사용자 정의 블록을 만든 뒤, 자신 주변의 위치로 이동할 때마다 바나나가 있는지 확인하도록 합니다.

❶ 자신의 위치에서 주변 8군데의 밭으로 이동할 때마다 바나나 확인 블록을 실행하여, 바나나가 있는지 없는지를 체크하세요.

숫자

20

바나나 확인의 정의하기 부분을 완성하세요. 바나나에 닿았다면 바나나 개수 변수값을 증가시키도록 합니다.

❶ 바나나에 닿았는지를 체크합니다.

❷ 바나나에 닿으면 변수값을 1 증가시켜 숫자 스프라이트가 몇 번째 모양으로 변경되어야 할지를 결정할 때 참고하도록 합니다.

숫자

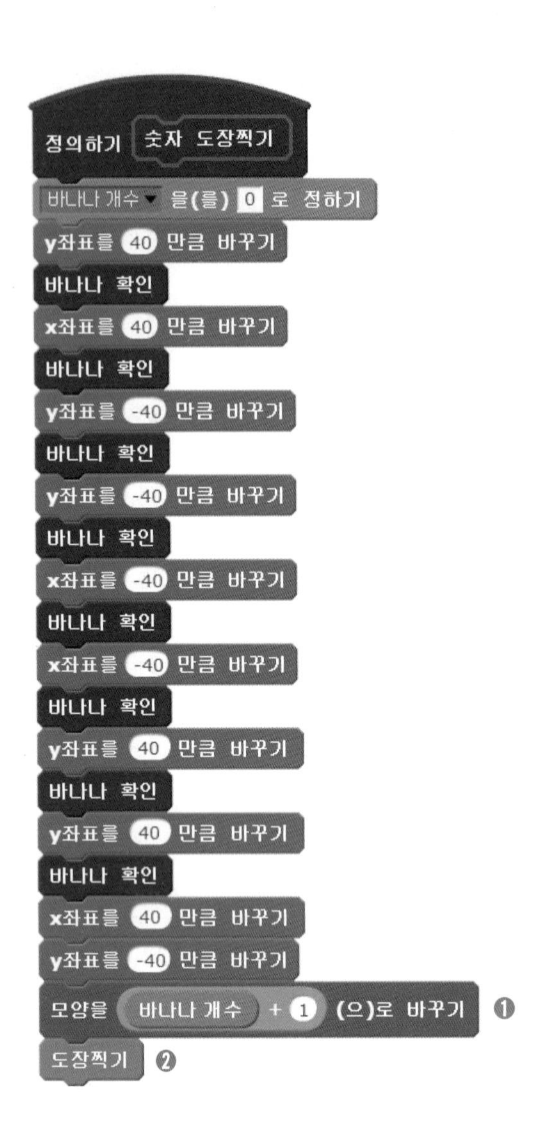

21 바나나 개수 변수를 활용해 숫자 스프라이트의 모양을 알맞게 변경하고, 변경된 모양으로 도장찍기를 실행하세요.

❶ 바나나 확인 과정을 거쳐 알게된 바나나 개수 데이터는 '바나나 개수' 변수에 저장됩니다. 이 데이터를 활용하여 숫자에 맞는 모양으로 변경해주세요.

❷ 변경된 모양을 도장찍기 합니다.

학 생 TIP

숫자 스프라이트는 0~8까지의 9개의 숫자로 이루어진 9개의 모양을 가지고 있어요. 1번 모양은 숫자 0이고, 2번 모양은 숫자 1입니다. 이렇게 해서 마직만 9번 모양이 숫자 8이 되는 것이죠. 실제 숫자와 모양 번호가 1개씩 차이가 나기 때문에 스크립트의 마지막 부분에서 모양을 변경할 때는 확인한 바나나 개수에 1을 더한 모양 번호로 스프라이트를 변경해야 합니다. 1을 더하지 않으면 원하는 모양으로 변경되지 않으니 주의해주세요.

선생님 TIP

숫자 스프라이트는 각자의 위치에 상관없이 자신 주변 8군데 밭을 모두 확인합니다. 그런데 49개의 밭 중 모서리 부분의 24개의 밭은 주변의 밭이 꼭 8군데는 아니게 되죠. 어떤 위치는 주변에 밭이 3개뿐일수도 있고, 어떤 위치는 5개뿐이기도 합니다. 하지만 이 경우에도 8군데를 다 체크해도 상관없습니다. 나머지 빈 공간을 체크하더라도, 어차피 바나나는 없기 때문에 결과에 영향을 미치지는 않는 것이죠. 이 24개의 밭을 각각 따르게 제어하는 것보다 모든 위치에서 8군데를 체크하도록 하는 것이 더 간단하게 프로젝트를 완성할 수 있는 방법입니다.

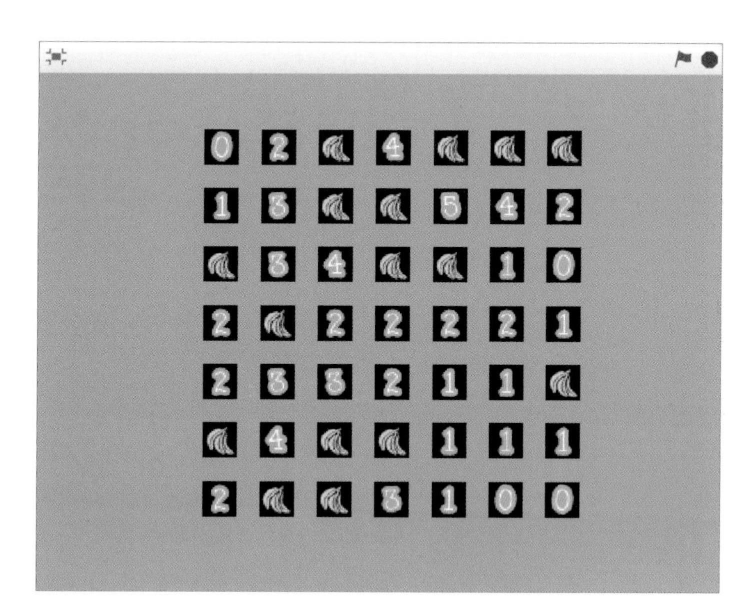

22 프로젝트가 완성되었습니다. 바나나의 개수가 정확하게 표현되었는지 확인해 주세요.

UNIT 03

프로젝트 업그레이드 하기

웹 주소 : https://scratch.mit.edu/projects/66067594/

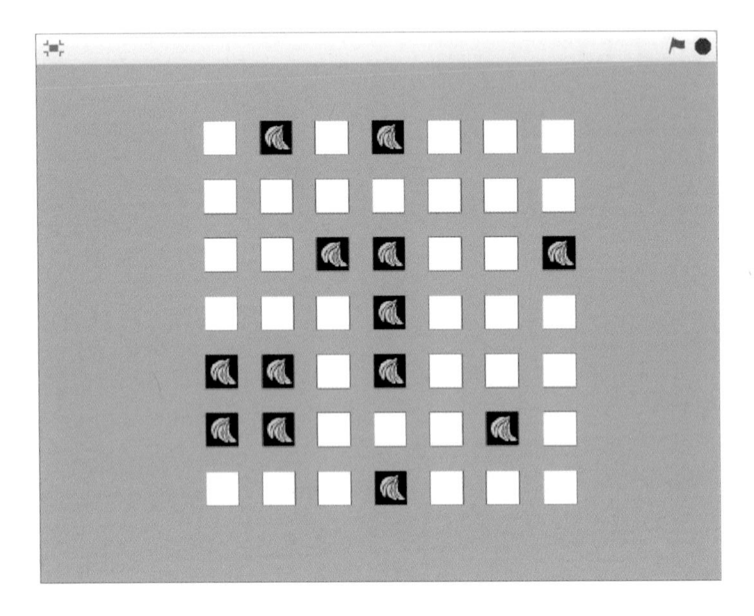

01 프로젝트의 기본 부분을 잘 완성했나요? 이제 조금 더 업그레이드된 기능을 추가하려고 합니다. 먼저 프로젝트를 함께 살펴볼게요. 프로젝트를 시작하면 바나나와 숫자가 배치된 뒤에 숫자 부분이 흰색 사각형으로 덮이게 되죠. 바나나 부분은 덮이지 않고 그대로 있습니다.

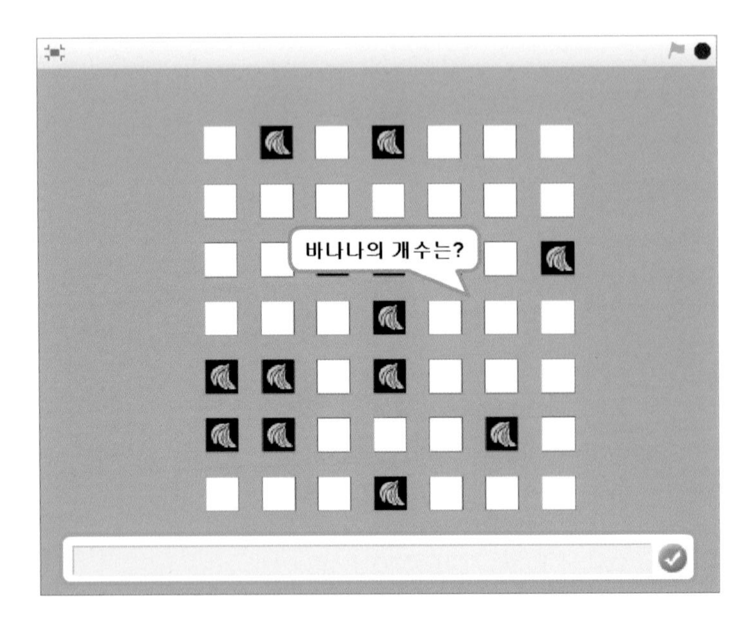

02 흰색 칸을 클릭하면 '바나나의 개수는?'이라는 질문이 등장합니다. 그럼 사용자는 흰색 칸 밑에 숨겨진 숫자가 몇 인지를 주변 바나나 개수를 세어 맞히는 것이죠.

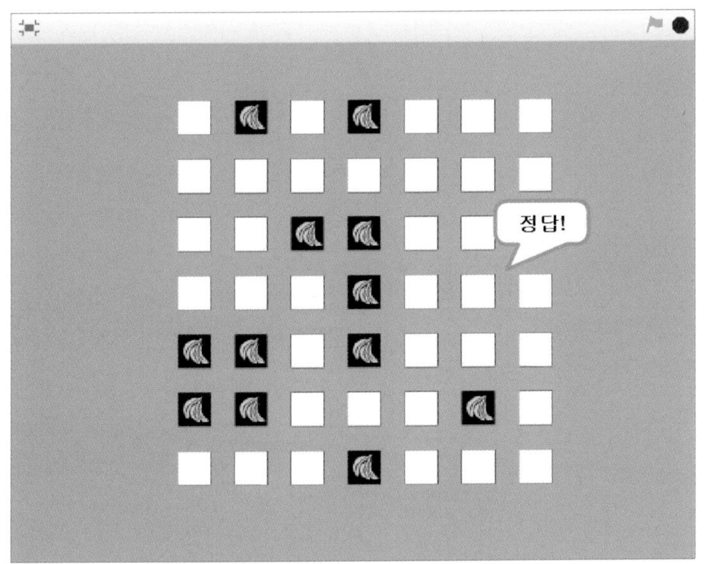

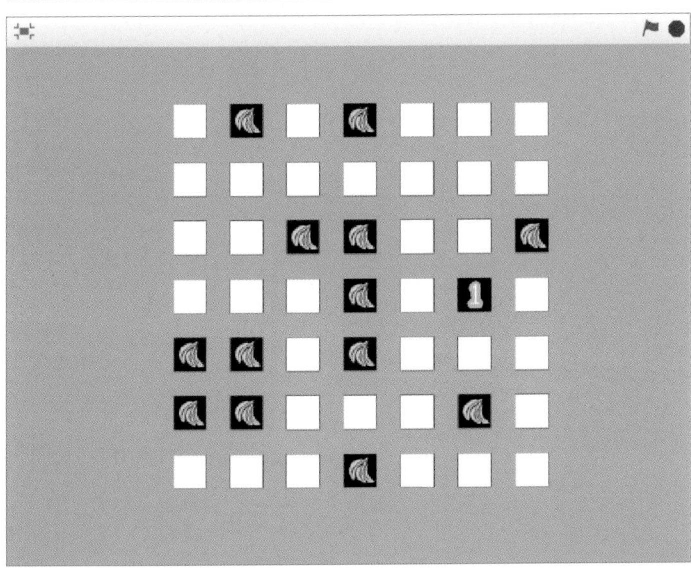

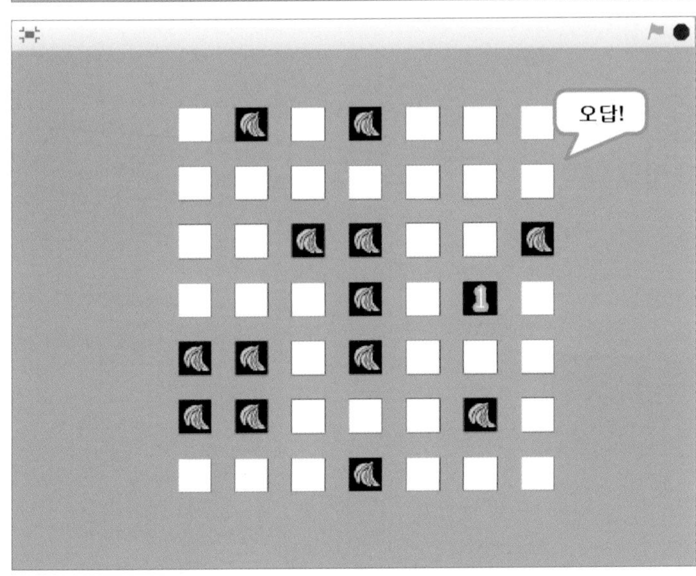

03 입력한 답이 정답이면, '정답!'이라고 말한 뒤 흰색 칸이 없어지면서 숫자가 나타납니다. 입력한 답이 맞지 않으면 '오답!'이라고 말하고, 흰색 칸은 없어지지 않고 그대로 있어요. 다시 클릭해서 맞춰야 하는 것이죠. 이번에도 어려운 내용들이 조금 포함되어 있습니다. 하지만 미리 걱정하지 말고, 차근차근 프로젝트 업그레이드에 도전해 봅시다.

숫자

```
바나나 배치 완료 ▼ 을(를) 받았을 때
모두 ▼ 번째 항목을 바나나 ▼ 에서 삭제하기 ❶
숨기기
x: -110 y: 130 로 이동하기
7 번 반복하기
    7 번 반복하기
        만약 < <■ 색에 닿았는가?> 가(이) 아니다 > 라면
            숫자 도장찍기
        x좌표를 40 만큼 바꾸기
    x좌표를 -110 (으)로 정하기
    y좌표를 -40 만큼 바꾸기
숫자 배치 완료 ▼ 방송하기 ❷
```

```
정의하기 숫자 도장찍기
바나나 개수 ▼ 을(를) 0 로 정하기
y좌표를 40 만큼 바꾸기
바나나 확인
x좌표를 40 만큼 바꾸기
바나나 확인
y좌표를 -40 만큼 바꾸기
바나나 확인
y좌표를 -40 만큼 바꾸기
바나나 확인
x좌표를 -40 만큼 바꾸기
바나나 확인
x좌표를 -40 만큼 바꾸기
바나나 확인
y좌표를 40 만큼 바꾸기
바나나 확인
y좌표를 40 만큼 바꾸기
바나나 확인
x좌표를 40 만큼 바꾸기
y좌표를 -40 만큼 바꾸기
바나나 개수 항목을 바나나 ▼ 에 추가하기 ❸
모양을 (바나나 개수 + 1) (으)로 바꾸기
도장찍기
```

04 숫자 스프라이트를 도장찍기 할 때마다 바나나의 개수를 저장하기 위한 리스트를 만들어주세요.

❶ 숫자 스프라이트의 처음 부분에서 바나나 리스트의 모든 항목을 삭제하여 초기화합니다.

❷ 숫자 스프라이트의 스크립트 실행이 완료되면 '숫자 배치 완료'라는 메시지를 보내주세요.

❸ 도장찍기가 실행될 때마다 바나나 개수를 바나나 리스트에 저장하여, 숫자 스프라이트의 데이터를 활용합니다.

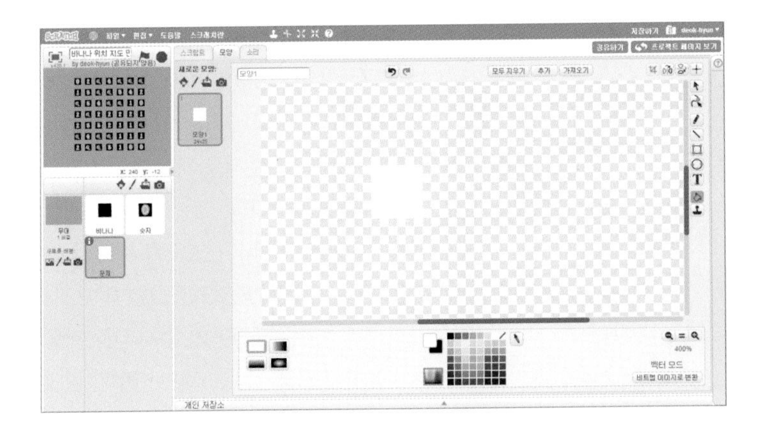

05 바나나 스프라이트나 숫자 스프라이트와 동일한 크기의 흰색 사각형으로 구성된 문제 스프라이트를 만들어 주세요.

문제

```
숫자 배치 완료 ▼ 을(를) 받았을 때
숨기기
x: -110 y: 130 로 이동하기
7 번 반복하기
    7 번 반복하기
        바나나 확인 ❶
        x좌표를 40 만큼 바꾸기
    x좌표를 -110 (으)로 정하기
    y좌표를 -40 만큼 바꾸기
```

06 문제 스프라이트도 기본적인 이동은 동일합니다. 49개의 칸을 차례로 이동하면서 바나나와 닿았는지를 확인합니다.

❶ 바나나 확인이라는 사용자 정의 블록을 생성하여 이동하는 위치마다 실행하도록 하세요.

학생 TIP

사용자 정의 블록은 변수나 리스트처럼 스프라이트들 간에 공유되지 않아요. 한 스프라이트에서 만든 사용자 정의 블록은 다른 스프라이트에서 사용할 수 없습니다. 만약 동일한 사용자 정의 블록을 사용하고 싶다면 다시 한 번 만들어야 하는 번거로움이 있지요.

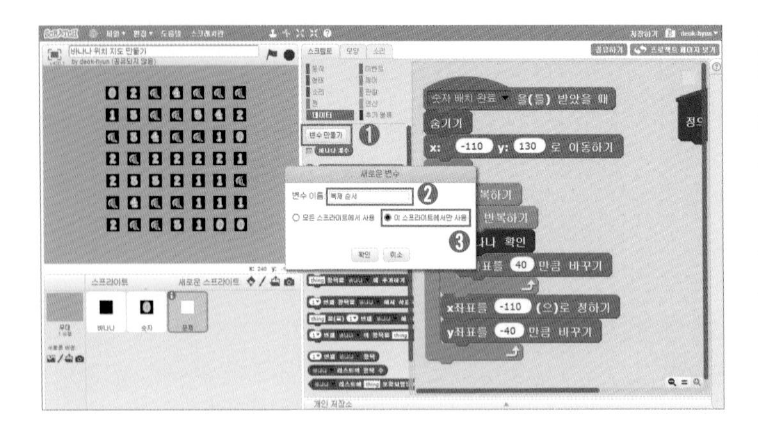

07

문제 스프라이트의 위치에 바나나가 없으면 자기 자신을 복제하려고 합니다. 이 때 자신이 몇 번째 복제된 것인지 순서를 저장해두기 위해 변수를 생성합니다. 그런데 만약 49칸 중 16칸에 바나나가 있다면 복제가 되는 칸은 33칸이 되겠죠? 그럼 이 33개의 칸이 모두 자신만의 순서 데이터를 저장하기 위해서는 33개의 변수가 필요할까요? 다시 리스트를 만들어야 할까요? 복제하기를 활용할 경우 복제본마다 데이터를 따로 관리할 수 있는 '지역변수' 기능을 활용합니다.

❶ 데이터 블록 카테고리에서 '변수 만들기' 버튼을 클릭합니다.

❷ 변수 이름에 '복제 순서'를 입력하세요.

❸ 변수 이름 밑에 있는 선택사항에서 '모든 스프라이트에서 사용'이 아닌 '이 스프라이트에서만 사용'을 선택한 후 확인을 누르세요.

학생 TIP

전역변수와 지역변수!

변수에는 2가지 종류가 있습니다. 흔히 전역변수와 지역변수라고 말합니다. 변수를 만들 때 '모든 스프라이트에서 사용'을 선택하면 전역변수가 만들어지고, '이 스프라이트에서만 사용'을 선택하면 지역변수가 만들어져요.

전역변수는 모든 스프라이트에서 저장, 수정, 접근 등이 가능한 변수입니다. A 스프라이트에서 만든 변수를 B 스프라이트가 수정하거나 접근하여 사용할 수 있는 것이죠. 하지만 지역변수는 그 변수를 만든 스프라이트에서만 수정이 가능합니다. 만약 A 스프라이트에서 지역변수를 만들었다면 B 스프라이트에서 이 변수에 접근하여 사용하는 것은 가능하지만, 수정은 할 수 없습니다. 이것이 전역변수과 지역변수의 가장 기본적인 차이입니다.

하지만 스크래치에서 전역변수와 지역변수의 가장 큰 차이는 복제하기와의 관계에 있죠. 한 스프라이트에서 전역변수는 원본과 복제본이 동일한 변수값을 공유합니다. 원본에서 전역변수를 수정하면 그 수정된 내용이 복제본에도 적용되는 것이죠. 하지만 지역변수는 원본과 복제본이 각각 고유한 변수값을 가지도록 합니다. 지역변수를 사용할 경우, 원본에서 이 변수값을 수정하여도 복제본에게까지 적용되지는 않습니다. 복제본은 복제될 당시 자신에게 적용된 지역변수값을 그대로 유지하기 때문이죠.

복제하기 기능을 사용할 때 지역변수를 잘 활용하면 고급 기능을 쉽게 만들 수 있으니 잘 알아두세요.

문제

```
숫자 배치 완료 ▼ 을(를) 받았을 때
복제 순서 ▼ 을(를) 0 로 정하기 ❶
숨기기
x: -110 y: 130 로 이동하기
7 번 반복하기
    7 번 반복하기
        바나나 확인
        x좌표를 40 만큼 바꾸기
    x좌표를 -110 (으)로 정하기
    y좌표를 -40 만큼 바꾸기
```

```
정의하기 바나나 확인 ❷
만약 < < [ ] 색에 닿았는가? > 가(이) 아니다 > 라면
    복제 순서 ▼ 을(를) 1 만큼 바꾸기 ❸
    나 자신 ▼ 복제하기
```

08 새로 만든 지역변수를 초기화하고, 바나나에 닿지 않으면 변수값을 증가시킨 뒤 복제하기를 실행하세요.

❶ 스크립트 시작 부분에서 복제 순서 변수값을 0으로 초기화합니다.

❷ 바나나 확인 블록이 실행되면, 문제 스프라이트가 바나나에 닿았는지를 확인합니다.

❸ 바나나에 닿지 않았다면, 지역변수값을 1 증가시키고 복제하기를 실행하세요.

선생님 TIP

위 스크립트에서 복제하기 전에 지역변수인 복제 순서 변수를 증가시키면 원본의 변수값이 증가하고, 복제본은 복제할 당시의 변수값을 계속해서 유지합니다. 즉 복제본은 자신이 몇 번째로 복제된 복제본인지에 대한 고유의 데이터를 가지고 있는 것이죠. 다시 원본의 변수값이 증가하더라도, 한번 복제된 복제본은 지역변수로 인해 원본의 변수값 변동에 영향을 받지 않기 때문에 자신의 변수값을 그대로 유지합니다.

문제

09 복제된 스프라이트는 원본과 같이 숨기기 상태이기 때문에 보이기 상태로 변경해 주세요.

10 복제된 스프라이트를 클릭하면 '바나나의 개수는?'이라는 질문을 하도록 합니다. 사용자가 입력한 대답을 리스트에서 정답을 찾아 비교하도록 하세요.

❶ 묻고 기다리기 블록으로 질문을 하도록 만들어 줍니다.

❷ 자신이 몇 번째에 복제된 복제본인지에 대한 데이터를 복제 순서 변수에서 얻어, 이를 바나나 항목의 순서로 활용해 대답과 비교합니다. 숫자 스프라이트가 도장을 찍을 때마다 리스트에 추가된 순서와 문제 스프라이트가 복제될 때마다 저장된 순서 정보가 일치하기 때문에 이를 활용하여 정답을 확인할 수 있어요.

학생 TIP

숫자 스프라이트와 도장찍은 개수와, 위치는 문제 스프라이트가 복제한 개수, 위치와 정확하게 일치합니다. 두 스프라이트 모두 바나나와 닿지 않는 밭에서만 도장찍기와 복제하기를 실행했기 때문이죠. 숫자 스프라이트가 도장을 찍을 때마다 자신이 숫자 몇인지에 대한 정보를 바나나 리스트에 차례대로 추가하여 저장했어요. 이때 리스트의 순서는 도장찍기로 생겨난 순서이고, 항목의 내용은 자신이 몇 번 인지를 알려주는 것이죠.
문제 스프라이트는 복제를 하기 전에 자신의 고유 순서 데이터를 가지기 위해 지역변수를 사용했어요. 따라서 각 복제본은 자신이 몇 번째에 복제된 것인지에 대한 정보를 가지게 되는 것이죠. 이 정보를 활용하면 문제 스프라이트 복제본 밑에 있는 숫자 스프라이트가 몇 번의 모습을 하고 있는지를 리스트를 통해 알 수 있게 되는 것입니다.
조금 복잡하지만 리스트의 특성과 스크립트를 이해하면 쉽게 이해할 수 있는 부분입니다.

문제

```
이 스프라이트를 클릭했을 때
바나나의 개수는? 묻고 기다리기
만약 (복제 순서 번째 바나나 항목) = (대답) 라면
    정답! 을(를) 2 초동안 말하기      ❶
    이 복제본 삭제하기
아니면
    오답! 을(를) 2 초동안 말하기      ❷
```

11 정답일 경우와 오답일 경우에 각각 필요한 내용을 입력해 주세요.

❶ 정답일 경우 '정답!'을 2초간 말하고, 복제본을 삭제합니다.

❷ 오답일 경우에는 '오답!'을 2초간 말한 뒤, 복제본은 삭제되지 않고 그대로 유지됩니다.

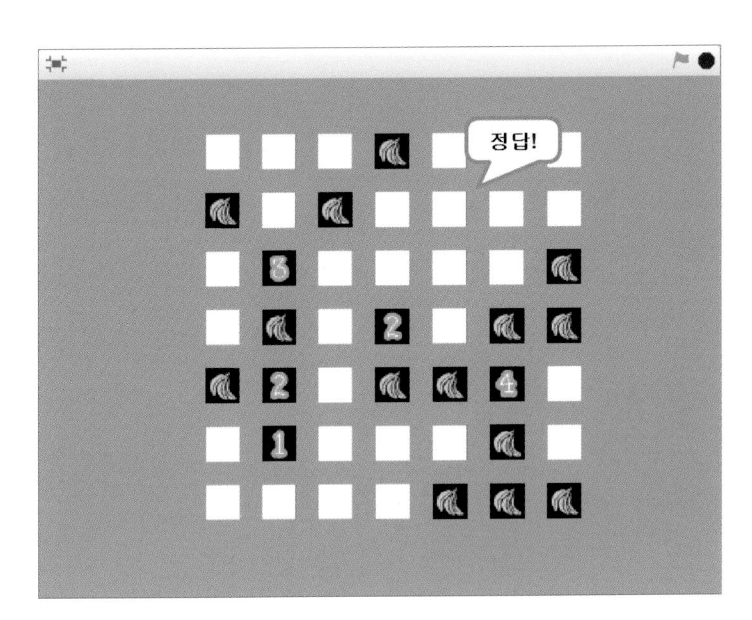

12 업그레이드 된 프로젝트가 완성되었습니다.

UNIT 04

정리하기

바나나

```
클릭했을 때
숨기기
x: -110 y: 130 로 이동하기        ❶
지우기
7 번 반복하기                     ❷
  7 번 반복하기
    모양을 1 부터 4 사이의 난수 (으)로 바꾸기    ❸
    도장찍기
    x좌표를 40 만큼 바꾸기                       ❹
  x좌표를 -110 (으)로 정하기
  y좌표를 -40 만큼 바꾸기
바나나 배치 완료 ▼ 방송하기        ❺
```

01 바나나

❶ 숨기기 상태로 초기화한 뒤, 처음 위치로 이동합니다. 도장찍기 흔적을 지우기 위해 지우기도 실행하세요.

❷ 49 칸의 밭을 이동하기 위해 이중 반복문을 사용했어요.

❸ 바나나 모양과 검은색 빈 칸 모양 중 임의의 모양을 선택한 뒤 도장찍기를 실행합니다.

❹ 도장찍기 실행 후에는 오른쪽으로 이동하고, 한 줄이 끝나면 아래 줄로 이동하세요.

❺ 모든 스크립트가 완료되면 숫자 스프라이트에 메시지를 전달합니다.

숫자

02 숫자

❶ 바나나 리스트를 비어있는 상태로 초기화합니다.

❷ 바나나와 닿지 않았을 경우에만 숫자 도장찍기 블록을 실행하세요.

❸ 자신의 주변 8곳을 이동하며 바나나의 개수를 확인합니다.

❹ 바나나의 개수 데이터를 리스트에 저장합니다.

❺ 바나나의 개수에 따라 모양을 변경하고 도장찍기를 실행하세요.

❻ 숫자 스프라이트의 스크립트가 모두 실행되면 문제 스프라이트에 메시지를 전달합니다.

```
바나나 배치 완료 ▾ 을(를) 받았을 때
모두 ▾ 번째 항목을 바나나 ▾ 에서 삭제하기   ❶
숨기기
x: -110 y: 130 로 이동하기
7 번 반복하기
    7 번 반복하기
        만약 < < [ ] 색에 닿았는가? > 가(이) 아니다 > 라면   ❷
            숫자 도장찍기
        x좌표를 40 만큼 바꾸기
    x좌표를 -110 (으)로 정하기
    y좌표를 -40 만큼 바꾸기
숫자 배치 완료 ▾ 방송하기   ❻

정의하기 숫자 도장찍기   ❸
바나나 개수 ▾ 을(를) 0 로 정하기
y좌표를 40 만큼 바꾸기
바나나 확인
x좌표를 40 만큼 바꾸기
바나나 확인
y좌표를 -40 만큼 바꾸기
바나나 확인
y좌표를 -40 만큼 바꾸기
바나나 확인
x좌표를 -40 만큼 바꾸기
바나나 확인
x좌표를 -40 만큼 바꾸기
바나나 확인
y좌표를 40 만큼 바꾸기
바나나 확인
y좌표를 40 만큼 바꾸기
바나나 확인
x좌표를 40 만큼 바꾸기
y좌표를 -40 만큼 바꾸기
바나나 개수 항목을 바나나 ▾ 에 추가하기   ❹
모양을 (바나나 개수 + 1) (으)로 바꾸기   ❺
도장찍기

정의하기 바나나 확인
만약 < [ ] 색에 닿았는가? > 라면
    바나나 개수 ▾ 을(를) 1 만큼 바꾸기
```

문제

```
숫자 배치 완료 ▼ 을(를) 받았을 때  ❶
복제 순서 ▼ 을(를) 0 로 정하기  ❷
숨기기
x: -110 y: 130 로 이동하기
7 번 반복하기
    7 번 반복하기
        바나나 확인  ❸
        x좌표를 40 만큼 바꾸기
    x좌표를 -110 (으)로 정하기
    y좌표를 -40 만큼 바꾸기

정의하기 바나나 확인
만약 < 색에 닿았는가? 가(이) 아니다 > 라면
    복제 순서 ▼ 을(를) 1 만큼 바꾸기  ❹
    나 자신 ▼ 복제하기

복제되었을 때
보이기  ❺

이 스프라이트를 클릭했을 때
바나나의 개수는? 묻고 기다리기  ❻
만약 < (복제 순서) 번째 바나나 ▼ 항목 = 대답 > 라면  ❼
    정답! 을(를) 2 초동안 말하기  ❽
    이 복제본 삭제하기
아니면
    오답! 을(를) 2 초동안 말하기  ❾
```

03 문제

❶ 메시지를 전달받으면 스크립트를 실행합니다.

❷ 지역변수인 복제 순서 변수값을 0으로 초기화했어요.

❸ 49 칸의 밭 위치에서 각각 바나나를 확인하세요.

❹ 바나나와 닿지 않았다면 지역변수 값을 증가시키고, 복제하기를 실행합니다.

❺ 복제된 복제본은 보이기 상태로 변경되어야겠죠?

❻ 복제본을 클릭하면 질문을 묻고, 사용자가 대답을 입력하도록 하세요.

❼ 복제 순서 변수값과 리스트를 활용하여 사용자가 입력한 대답이 정답인지를 확인합니다.

❽ 정답이면 '정답!'을 말하고, 복제본을 삭제하여 실행 창에서 사라지도록 하세요.

❾ 정답이 아니라면 '오답!'이라고 말하고, 복제본은 계속해서 남아있게 됩니다.

오토플립 시계

UNIT 01

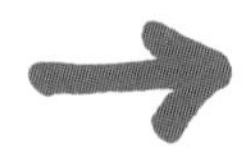

프로젝트 살펴보기

웹 주소 : https://scratch.mit.edu/projects/66103882/

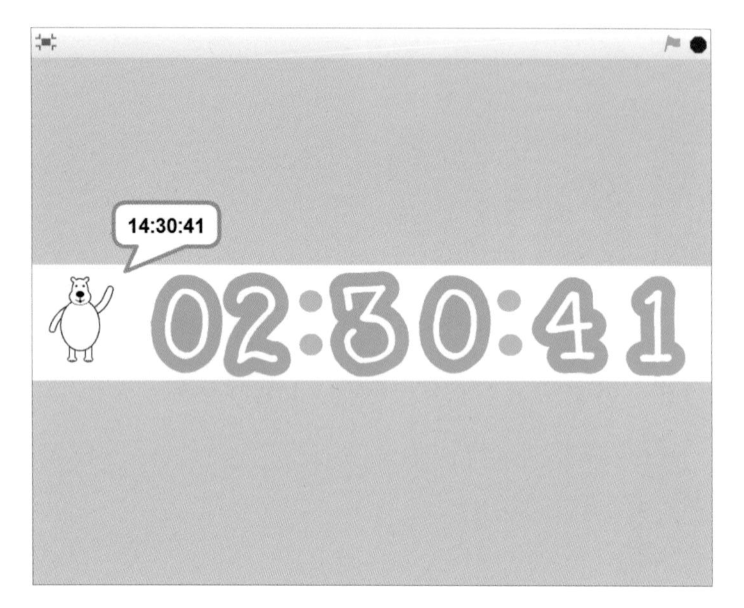

01 section06에서 아날로그 시계를 만들었던 것 기억하나요? 시간 데이터를 얻을 수 있는 관찰 블록을 활용하여 아날로그 시계를 완성했었죠. 이번 섹션에서는 아날로그 시계보다 조금 더 발전된 오토플립 시계를 만들어 봅시다. 오토플립 시계는 시간을 알려주는 숫자판이 위에서 아래로 내려오면서 시간이 변경되는 시계를 말합니다. 먼저 프로젝트를 살펴보도록 할까요?

02 이번 프로젝트에는 총 8개의 스프라이트가 등장합니다. 전체 시간을 알려주는 곰 스프라이트와 화면을 가리고 있는 배경 역할의 스프라이트, 그리고 시, 분, 초를 알려주는 숫자 스프라이트가 각 2개씩해서 모두 8개의 스프라이트입니다. 스프라이트가 좀 많은 것 같지만 실제로 시간을 표현하는 숫자 형태의 6개 스프라이트는 기본 구조가 모두 동일해요. 기본 구조에서 차이가 나타나는 부분만 변경하면 되는 것이죠.

02:36:10

02 39 25
02:39:25

03 숫자 스프라이트들을 조금 더 자세히 살펴보면 다음과 같은 형태로 이루어져 있어요. 위쪽에 있는 숫자들이 스프라이트의 원본이고, 아래쪽에 있는 숫자들은 원본에서 복제한 복제본입니다. 원본은 보이지 않는 위쪽에 위치하고, 각 시간에 맞게 복제본을 만들어내면 복제본이 밑으로 내려와 보여지는 것이죠.

02 39 10
02:39:10
09

04 이렇게 시간이 변경되어 새로운 복제본이 만들어지면 기존에 있던 복제본은 밑으로 이동한 뒤 삭제됩니다. 새로 만들어진 복제본이 원본 자리에서 밑으로 내려와 빈 공간을 다시 채우게 되는 것이죠. 원리는 복잡하지 않지만, 실제 오토플립 시계처럼 자연스럽게 표현하기 위해서는 고민해야할 부분들이 좀 있어요. 함께 고민하면서 과제를 풀어가도록 할까요?

UNIT 02

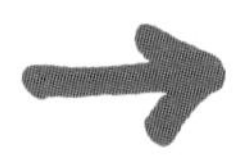

프로젝트 제작하기

01 새로운 프로젝트를 시작합니다. 프로젝트의 제목은 '오토플립 시계'로 변경해 주세요. 고양이 스프라이트는 삭제해야겠죠?

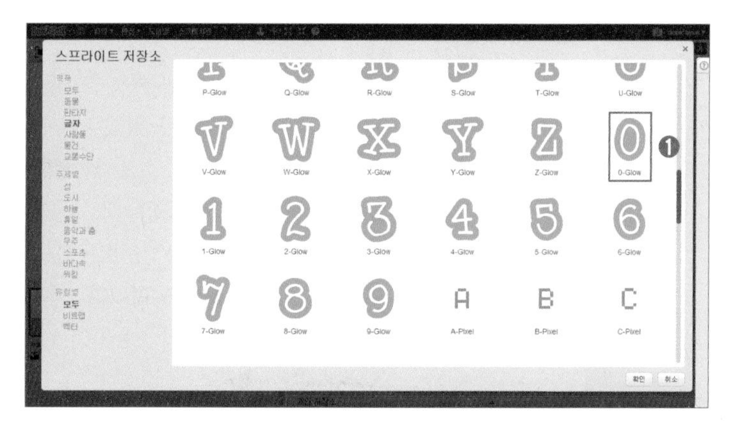

02 스프라이트를 추가해볼까요? 먼저 시간을 표현하는 숫자 중 십의 자리 부분을 만들어 봅시다. 시간은 0~11의 숫자로 표현합니다. 즉, 십의 자리에서 사용하는 숫자는 0과 1뿐이죠. 0과 1을 모양으로 가진 스프라이트를 완성해주세요.

❶ 스프라이트 저장소에서 숫자 0 스프라이트를 추가합니다.

❷ 모양 저장소에서 숫자 1 이미지를 다음 모양으로 추가하세요.

❸ 0과 1을 모양으로 가지는 스프라이트가 완성되었습니다. 스프라이트의 이름을 '시(십단위)'로 변경합니다.

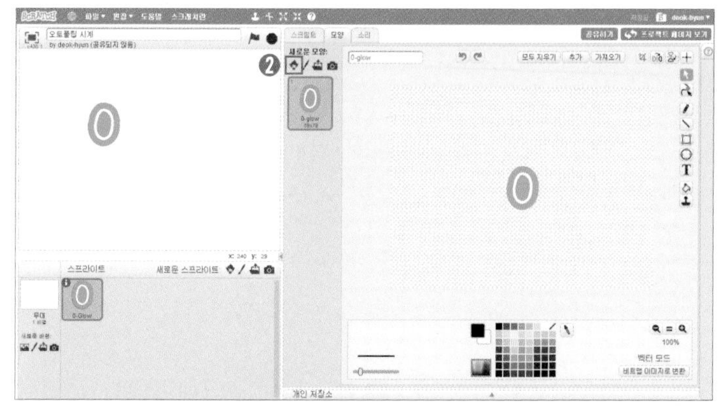

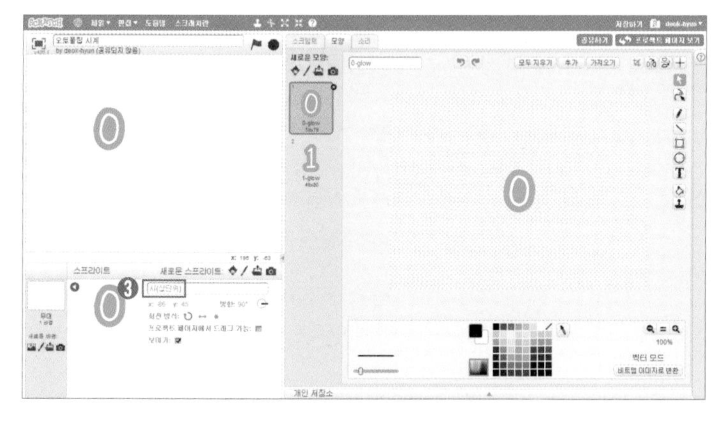

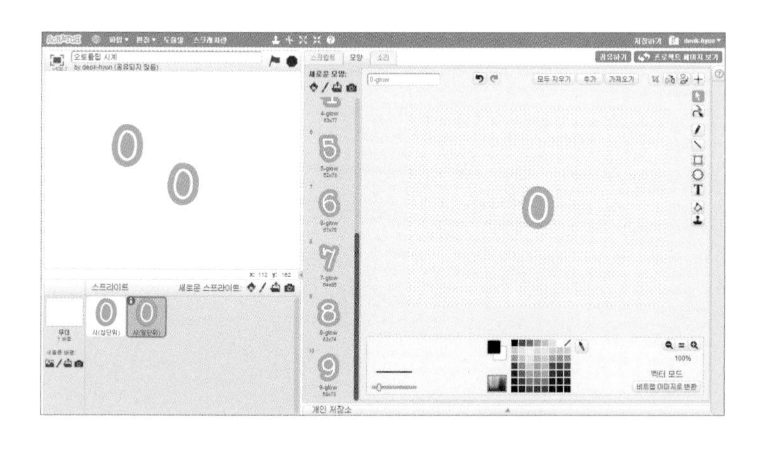

03 시간에서 시 부분의 일의 자리를 담당할 스프라이트도 만들어 주세요. 이 스프라이트는 0~9까지의 10개의 모양을 모두 가지고 있어야 합니다. 스프라이트의 이름은 '시(일단위)'로 해주세요.

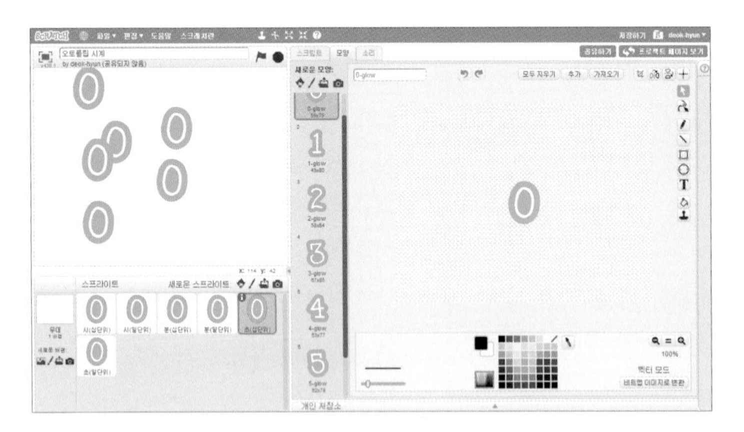

04 같은 방식으로 분(십단위), 분(일단위), 초(십단위), 초(일단위) 스프라이트도 만들 수 있겠네요. 분(십단위)와 초(십단위) 스프라이트는 0~5까지의 숫자만 사용합니다. 분(일단위)와 초(일단위) 스프라이트는 0~9까지의 숫자를 모두 사용합니다. 각각의 모양 배열에 주의해서 스프라이트를 완성하세요.

선생님 TIP

각 스프라이트에서 모양의 순서는 숫자의 크기 순대로 배열합니다. 0이 모양번호 1번이 되도록 하고, 그 다음부터 1, 2, 3의 순서로 배열하도록 안내해주세요.

초(일단위)

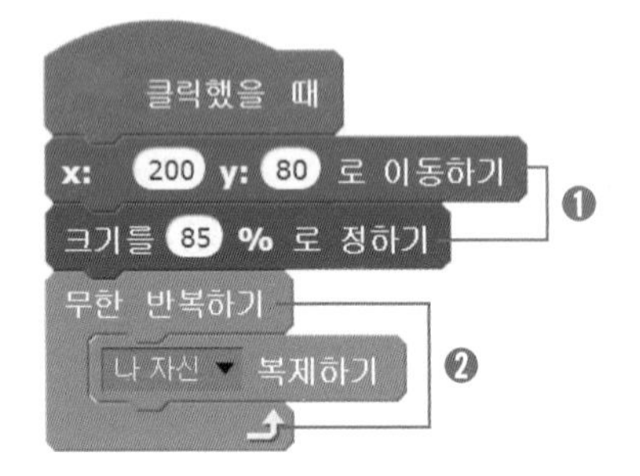

05 6개의 스프라이트에서 공통적으로 사용될 기본 구조를 먼저 만들어볼까요?

❶ 스프라이트의 위치와 크기를 초기화합니다. 특히 크기는 6개의 시간 표현 스프라이트가 무대 위에 위치시키기 위해 85%로 정해주세요.

❷ 스프라이트의 원본은 현재 위치에서 계속해서 복제본을 만들어내야겠죠?

초(일단위)

```
클릭했을 때
x: 200 y: 80 로 이동하기
크기를 85 % 로 정하기
무한 반복하기
  만약 < > 라면 ❶
    모양을 9-glow ▼ (으)로 바꾸기 ❷
    나 자신 ▼ 복제하기
```

06 하지만 복제본이 빠른 속도로 계속 만들어 지는 것은 아닙니다. 어떤 조건에 따라 조건이 성립할 때만 복제하기가 실행되어야 합니다. 조건문이 필요한 순간이네요.

❶ 조건문을 활용하여 특정 조건을 만족할 때만 복제하기가 실행되도록 하세요.

❷ 복제하기 전에는 현재 시간에 맞도록 스프라이트의 모양을 변경하는 작업이 먼저 일어나도록 해주세요.

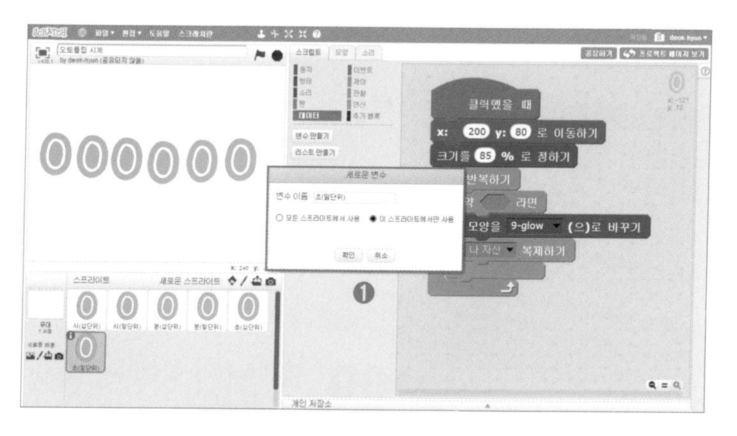

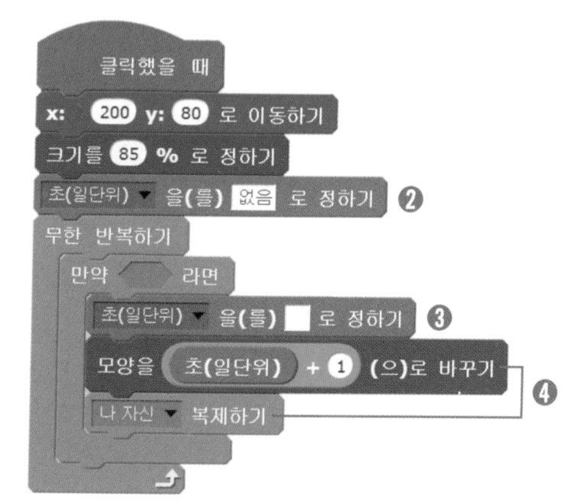

초(일단위)

07 각 스프라이트의 원본과 복제본은 자기 자신의 시간 데이터를 가지고 있어야 합니다. 자신이 어떤 시간인지에 대한 정보가 있어야 이를 현재 시간과 비교해서 복제가 되야 하는지, 혹은 복제본이 삭제가 되어야 하는지를 판단할 수 있기 때문이죠. 즉, 원본과 복제본들이 모두 자기 자신에 대한 시간 정보를 고유하게 갖도록 하기 위해서 변수가 필요해요.

❶ 원본과 복제본이 각자 고유한 시간 정보를 가지기 위해서 지역변수를 만들어주세요. 변수의 이름은 '초(일단위)'로 하여 스프라이트 이름과 일치시킵니다.

❷ 생성된 지역 변수를 '없음'이라는 값으로 초기화합니다.

❸ 복제하기가 실행될 수 있는 조건이 완료되었다면, 변수를 현재 시간 데이터로 정합니다.

❹ 이 시간 데이터를 활용하여 시간에 맞는 적절한 숫자 모양으로 변경한 뒤 복제하기를 실행하세요.

학생 TIP

스프라이트의 모양이 0부터 배열되어 있기 때문에 실제 숫자와 모양 번호가 1의 차이를 두고 있어요. 시간 데이터 변수에 1을 더한 모양 번호로 스프라이트를 변경해야 오류가 발생하지 않아요.

```
클릭했을 때
x: 200 y: 80 로 이동하기
크기를 85 % 로 정하기
초(일단위) 을(를) 없음 로 정하기
무한 반복하기
    만약 < <(초(일단위)) = [ ]> 가(이) 아니다 > 라면   ❷ ❶
        초(일단위) 을(를) [ ] 로 정하기
        모양을 (초(일단위)) + (1) (으)로 바꾸기   ❷
        나 자신 복제하기
```

08 복제하기는 어떤 조건일 때 실행되어야 할까요? 원본이 새로운 복제본을 만들어 내는 것은 자신이 가지고 있는 시간 데이터가 새로 갱신되었을 때입니다. 즉, 내가 가진 시간 정보와 현재 시간 정보가 일치하지 않으면, 시간이 변경된 것이기 때문에 새로운 복제본이 필요해 지는 것이죠.

❶ 자신의 시간 데이터와 현재 시간 정보가 일치하지 않을 때 조건문을 실행합니다.

❷ 빈 칸은 모두 현재 시간 정보가 들어갈 자리입니다. 일단은 비워두도록 하세요.

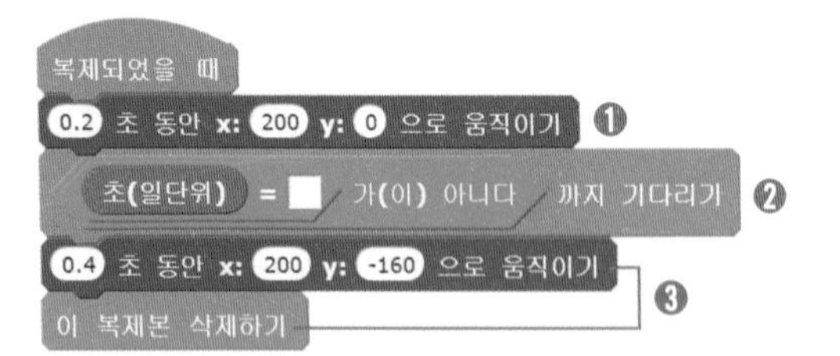

09 복제하기가 실행되어 복제본이 만들어지면 복제본은 어떻게 동작해야 되는지를 살펴볼까요? 먼저 복제본은 원본의 위치에서 밑으로 내려와 사용자가 볼 수 있는 중앙으로 이동합니다. 이 위치에서 새로운 복제본이 만들어질 때까지 대기하다가, 새로운 복제본이 만들어지면 아래로 이동한 후 삭제되는 것이죠.

❶ 복제본이 만들어지면 아래쪽 무대 중앙으로 이동합니다.

❷ 새로운 복제본이 만들어질 때까지 대기하세요. 즉, 현재 복제본이 가지고 있는 시간 데이터(복제 당시 갱신된 원본의 시간 데이터)가 현재 시간 정보와 일치하지 않을 때 새로운 복제본이 생기고, 기존에 있던 복제본은 자리를 비켜주어야 합니다.

❸ 다시 아래로 이동한 후 삭제됩니다.

초(일단위)

```
클릭했을 때
x: -140 y: 80 로 이동하기 ❶
크기를 85 % 로 정하기
시(십단위) ▾ 을(를) 없음 로 정하기
무한 반복하기 ❷
  만약 < 시(십단위) = [ ] > 가(이) 아니다 라면
    시(십단위) ▾ 을(를) [ ] 로 정하기
    모양을 ( 시(십단위) + 1 ) (으)로 바꾸기 ❷
    나 자신 ▾ 복제하기

복제되었을 때
0.2 초 동안 x: -140 y: 0 으로 움직이기      ❸
< 시(십단위) = [ ] > 가(이) 아니다 까지 기다리기
0.4 초 동안 x: -140 y: -160 으로 움직이기
이 복제본 삭제하기
```

10 스프라이트를 구성하는 기본적인 구조가 완성되었습니다. 각 스프라이트는 초기화 위치와, 이동할 위치, 지역변수의 이름과 값만 다르고 전체적인 구조는 동일합니다. 빈 칸으로 남겨놓은 현재 시간 정보 부분을 제외하고, 나머지 부분을 참고하여 다른 스프라이트의 구조를 만들어 주세요. 먼저 시(십단위) 스프라이트의 구조를 만들어볼까요?

❶ x좌표의 위치를 조정하여 초기화하세요.

❷ 시(십단위)라는 지역변수를 만들어서 활용했어요.

❸ 복제본의 이동 위치도 x좌표값만 수정해 주면 나머지 기본구조는 동일해요.

11 시(일단위), 분(십단위), 분(일단위), 초(십단위) 스프라이트도 기본 구조를 만드세요. x좌표값과 지역변수만 다를 뿐 나머지 구조는 동일합니다.

❶ 시(일단위) 스프라이트의 기본구조

❷ 분(십단위) 스프라이트의 기본구조

❸ 분(일단위) 스프라이트의 기본구조

❹ 초(십단위) 스프라이트의 기본구조

0

시(일단위)

❶

```
클릭했을 때
x: -80 y: 80 로 이동하기
크기를 85 % 로 정하기
시(일단위) 을(를) 없음 로 정하기
무한 반복하기
  만약 시(일단위) = [ ] 가(이) 아니다 라면
    시(일단위) 을(를) [ ] 로 정하기
    모양을 시(일단위) + 1 (으)로 바꾸기
    나 자신 복제하기

복제되었을 때
0.2 초 동안 x: -80 y: 0 으로 움직이기
시(일단위) = [ ] 가(이) 아니다 까지 기다리기
0.4 초 동안 x: -80 y: -160 으로 움직이기
이 복제본 삭제하기
```

0

분(십단위)

❷

```
클릭했을 때
x: 0 y: 80 로 이동하기
크기를 85 % 로 정하기
분(십단위) 을(를) 없음 로 정하기
무한 반복하기
  만약 분(십단위) = [ ] 가(이) 아니다 라면
    분(십단위) 을(를) [ ] 로 정하기
    모양을 분(십단위) + 1 (으)로 바꾸기
    나 자신 복제하기

복제되었을 때
0.2 초 동안 x: 0 y: 0 으로 움직이기
분(십단위) = [ ] 가(이) 아니다 까지 기다리기
0.4 초 동안 x: 0 y: -160 으로 움직이기
이 복제본 삭제하기
```

분(일단위)

❸

```
클릭했을 때
x: 60 y: 80 로 이동하기
크기를 85 % 로 정하기
분(일단위) ▼ 을(를) 없음 로 정하기
무한 반복하기
    만약 < (분(일단위)) = [ ] 가(이) 아니다 > 라면
        분(일단위) ▼ 을(를) [ ] 로 정하기
        모양을 ((분(일단위)) + 1) (으)로 바꾸기
        나 자신 ▼ 복제하기
```

```
복제되었을 때
0.2 초 동안 x: 60 y: 0 으로 움직이기
< (분(일단위)) = [ ] 가(이) 아니다 > 까지 기다리기
0.4 초 동안 x: 60 y: -160 으로 움직이기
이 복제본 삭제하기
```

초(십단위)

❹

```
클릭했을 때
x: 140 y: 80 로 이동하기
크기를 85 % 로 정하기
초(십단위) ▼ 을(를) 없음 로 정하기
무한 반복하기
    만약 < (초(십단위)) = [ ] 가(이) 아니다 > 라면
        초(십단위) ▼ 을(를) [ ] 로 정하기
        모양을 ((초(십단위)) + 1) (으)로 바꾸기
        나 자신 ▼ 복제하기
```

```
복제되었을 때
0.2 초 동안 x: 140 y: 0 으로 움직이기
< (초(십단위)) = [ ] 가(이) 아니다 > 까지 기다리기
0.4 초 동안 x: 140 y: -160 으로 움직이기
이 복제본 삭제하기
```

초(일단위)

```
클릭했을 때
x: 200 y: 80 로 이동하기
크기를 85 % 로 정하기
초(일단위) 을(를) 없음 로 정하기
무한 반복하기
    만약 초(일단위) = 3 번째 글자 ( 현재 초 / 10 ) 가(이) 아니다 라면
        초(일단위) 을(를) 3 번째 글자 ( 현재 초 / 10 ) 로 정하기
        모양을 초(일단위) + 1 (으)로 바꾸기
        나 자신 복제하기

복제되었을 때
0.2 초 동안 x: 200 y: 0 으로 움직이기
초(일단위) = 3 번째 글자 ( 현재 초 / 10 ) 가(이) 아니다 까지 기다리기
0.4 초 동안 x: 200 y: -160 으로 움직이기
이 복제본 삭제하기
```

12

기본구조가 모두 완성되었어요. 이제 남은 빈 칸은 각 스프라이트의 현재 시간 정보를 구해 채워주어야 합니다. 각 스프라이트의 현재 시간 정보를 어떻게 만들 수 있을까요? 먼저 초(일단위) 스프라이트를 완성해보세요.

❶ 현재 초 블록은 현재 시간에서 초의 값을 출력합니다. 출력 형태는 0~59까지의 60개의 숫자 중 하나입니다. 이를 10으로 나누면 0.0~5.9의 숫자 형태로 변형되죠.

❷ 이 변형된 형태에서 초(일단위)에 필요한 숫자는 정수자리와 점을 제외한 3번째 글자입니다. 이 블록을 활용해 원하는 정보만을 얻어낼 수 있어요.

학생 TIP

현재 초 블록을 사용하면 0~59까지의 숫자 중 현재 시간과 일치하는 숫자가 출력됩니다. 문제는 0~9까지는 1자리 숫자가 출력되고, 10~59까지는 2자리 숫자가 출력된다는 점이죠. 어떤 상황에서도 일정한 형태를 가질 수 있도록 출력된 값을 10으로 나누어 0.0~5.9의 형태로 변경했어요. 이제 여기에서 앞의 정수자리와 점을 제외한 마지막 3번째 글자만을 얻어내면 원하는 정보를 골라낼 수 있어요.

( ) 번째 글자 ( ) 는 문자열에 포함된 점까지도 포함하여 글자수를 체크합니다. 점은 제외된다고 생각해 3번째 글자대신 2번째 글자를 출력하지 않도록 주의하세요.

초(십단위)

```
클릭했을 때
x: 140 y: 80 로 이동하기
크기를 85 % 로 정하기
초(십단위) 을(를) 없음 로 정하기
무한 반복하기
  만약 < 초(십단위) = 1 번째 글자 ( 현재 초 / 10 ) 가(이) 아니다 > 라면
    초(십단위) 을(를) 1 번째 글자 ( 현재 초 / 10 ) 로 정하기
    모양을 ( 초(십단위) + 1 ) (으)로 바꾸기
    나 자신 복제하기

복제되었을 때
0.2 초 동안 x: 140 y: 0 으로 움직이기
< 초(십단위) = 1 번째 글자 ( 현재 초 / 10 ) 가(이) 아니다 > 까지 기다리기
0.4 초 동안 x: 140 y: -160 으로 움직이기
이 복제본 삭제하기
```

13 초(일단위) 스프라이트를 완성했다면, 초(십단위) 스프라이트는 앞에서 얻어낸 정보를 활용하면 됩니다. 초(일단위)가 3번째 글자를 골라냈으니, 초(십단위)는 맨 앞자리인 1번째 글자를 골라내 사용하면 되겠네요.

❶ 현재 초 에서 출력된 숫자를 10으로 나눈 뒤, 여기에서 1번째 글자를 뽑아 현재 시간 정보를 얻어냅니다.

분(일단위)

```
클릭했을 때
x: 60 y: 80 로 이동하기
크기를 85 % 로 정하기
분(일단위) 을(를) 없음 로 정하기
무한 반복하기
  만약 < 분(일단위) = 3 번째 글자 ( 현재 분 / 10 ) 가(이) 아니다 > 라면
    분(일단위) 을(를) 3 번째 글자 ( 현재 분 / 10 ) 로 정하기
    모양을 ( 분(일단위) + 1 ) (으)로 바꾸기
    나 자신 복제하기

복제되었을 때
0.2 초 동안 x: 60 y: 0 으로 움직이기
< 분(일단위) = 3 번째 글자 ( 현재 분 / 10 ) 가(이) 아니다 > 까지 기다리기
0.4 초 동안 x: 60 y: -160 으로 움직이기
이 복제본 삭제하기
```

분(십단위)

```
클릭했을 때
x: 0 y: 80 로 이동하기
크기를 85 % 로 정하기
분(십단위) 을(를) 없음 로 정하기
무한 반복하기
  만약 < 분(십단위) = 1 번째 글자 ( 현재 분 / 10 ) 가(이) 아니다 > 라면
    분(십단위) 을(를) 1 번째 글자 ( 현재 분 / 10 ) 로 정하기
    모양을 ( 분(십단위) + 1 ) (으)로 바꾸기
    나 자신 복제하기

복제되었을 때
0.2 초 동안 x: 0 y: 0 으로 움직이기
< 분(십단위) = 1 번째 글자 ( 현재 분 / 10 ) 가(이) 아니다 > 까지 기다리기
0.4 초 동안 x: 0 y: -160 으로 움직이기
이 복제본 삭제하기
```

14 분(십단위)와 분(일단위) 스프라이트는 초(십단위)와 초(일단위)와 구조뿐 아니라 원리도 동일합니다. 현재 초 부분을 현재 분 으로 수정하면 쉽게 스크립트를 완성할 수 있어요.

❶ 현재 분 의 값을 10으로 나눈 뒤 3번째 글자를 골라내 필요한 현재 시간 정보를 출력합니다.

❷ 현재 분 의 값을 10으로 나눈 뒤 1번째 글자를 골라내 필요한 현재 시간 정보를 출력합니다.

시(일단위)

```
클릭했을 때
x: -80 y: 80 로 이동하기
크기를 85 % 로 정하기
시(일단위) 을(를) 없음 로 정하기
무한 반복하기
  만약 < 시(일단위) = 3 번째 글자 ( 현재 시 나누기 12 의 나머지 / 10 ) 가(이) 아니다 > 라면   ①
    시(일단위) 을(를) 3 번째 글자 ( 현재 시 나누기 12 의 나머지 / 10 ) 로 정하기
    모양을 시(일단위) + 1 (으)로 바꾸기
    나 자신 복제하기

복제되었을 때
0.2 초 동안 x: -80 y: 0 으로 움직이기
< 시(일단위) = 3 번째 글자 ( 현재 시 나누기 12 의 나머지 / 10 ) 가(이) 아니다 > 까지 기다리기
0.4 초 동안 x: -80 y: -160 으로 움직이기
이 복제본 삭제하기
```

시(십단위)

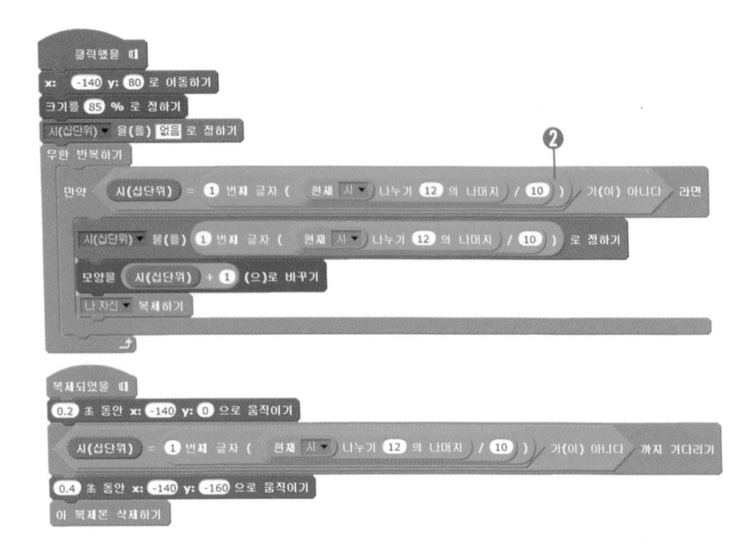

15 마지막으로 남은 2개의 스프라이트도 완성해봅시다.

시(십단위)와 시(일단위) 스프라이트에서 현재 시간 정보를 얻기 위해서는 분이나 초와는 조금 다르게 접근해야 해요. (현재 초▾)와 (현재 분▾)는 0~59까지의 숫자 중 하나가 출력되지만 (현재 시▾)는 0~23까지의 숫자 중 하나가 출력되기 때문입니다. 또한 시간의 순환주기가 12시간이기 때문에 이를 활용하는 것이 중요해요.

❶ (현재 시▾)는 0~23까지의 숫자 중 현재 시간에 맞는 숫자 하나가 출력됩니다. 이를 12로 나눈 나머지는 0~11로 표현되는 숫자가 되죠. 이를 10으로 나누어 3번째 글자를 골라내면 원하는 정보를 얻을 수 있어요.

❷ (현재 시▾)를 12로 나눈 나머지를 다시 10으로 나누어 1번째 글자를 골라내면 원하는 정보를 얻을 수 있습니다.

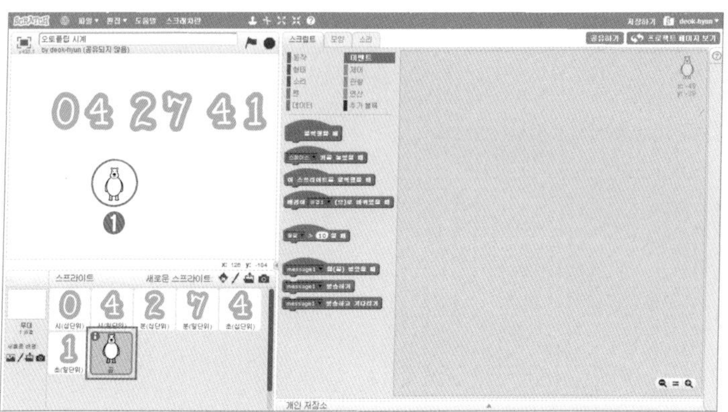

16 시간을 말해주는 곰 스프라이트를 추가합니다. 스프라이트 저장소에서 Bear2 스프라이트를 추가하고, 이름을 '곰'으로 변경해주세요.

❶ 곰 스프라이트의 크기를 축소해 다른 숫자 스프라이트와 비슷한 크기로 만들어 주세요.

곰

17 현재 시간을 말하도록 하는 것은 이미 section06에서 아날로그 시계 프로젝트를 제작할 때 만들어 봤었죠? 이번에는 여러분들 힘으로 완성해 볼까요?

❶ 위치를 초기화합니다.

❷ 결합하기 블록을 활용하면 현재 시간을 원하는 형태로 말할 수 있어요.

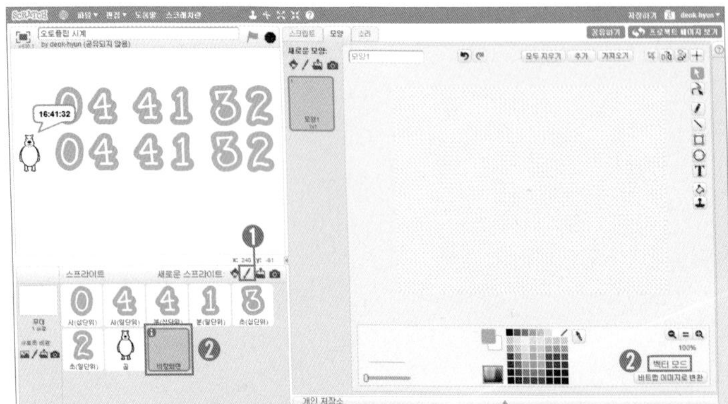

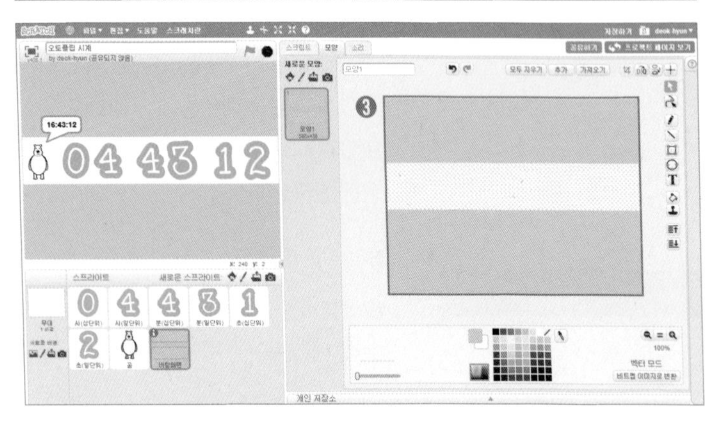

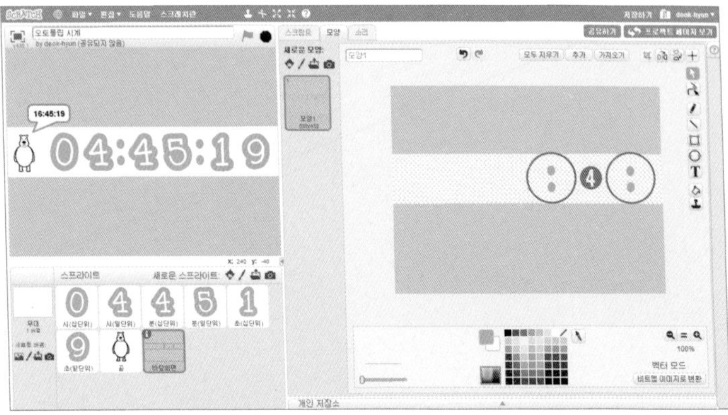

18 현재까지 만들어진 프로젝트를 실행하면 다음과 같은 모습이 나타납니다. 이제 보이지 않아야 할 부분을 찾아서 가려주도록 하세요. 배경처럼 사용될 새로운 스프라이트를 만들어 볼까요?

❶ 새로운 스프라이트를 만들기 위해 새 스프라이트 색칠( )을 클릭합니다.

❷ 스프라이트 이름을 바탕화면으로 수정한 후, 그림판을 벡터 모드로 변경하세요.

❸ 원하는 색을 선택하고, 직사각형 2개를 아래, 위로 그려서 불필요한 부분을 가려줍니다.

❹ 숫자 스프라이트와 유사한 색깔을 선택한 후 원을 그려서 시, 분, 초 사이에 구분점을 만들어 주세요.

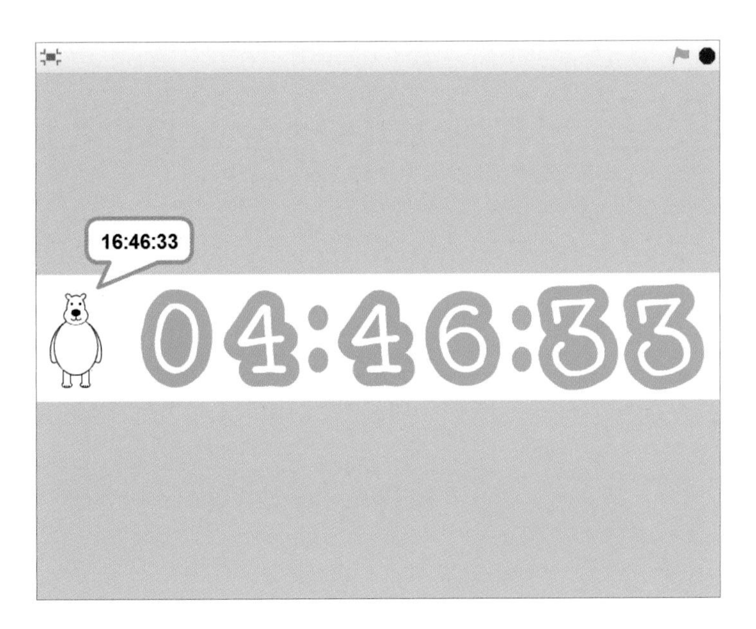

19 오토플립 시계 프로젝트가 완성되었어요.

UNIT 03 프로젝트 업그레이드 하기

웹 주소 : https://scratch.mit.edu/projects/69855212/

01 업그레이된 프로젝트를 살펴볼까요? 곰 스프라이트가 밑으로 이동하고, 빈 자리에는 오전/오후를 구분하기 위한 AM/PM 표시가 나타낼 수 있는 스프라이트가 새로 생겨났습니다. 기본 구조는 다른 숫자 스프라이트들과 유사하니 현재 시간 정보를 어떻게 표현할지만 찾아낸다면 쉽게 만들 수 있어요.

02 곰 스프라이트의 위치를 아래쪽으로 이동시켜 다시 초기화합니다.

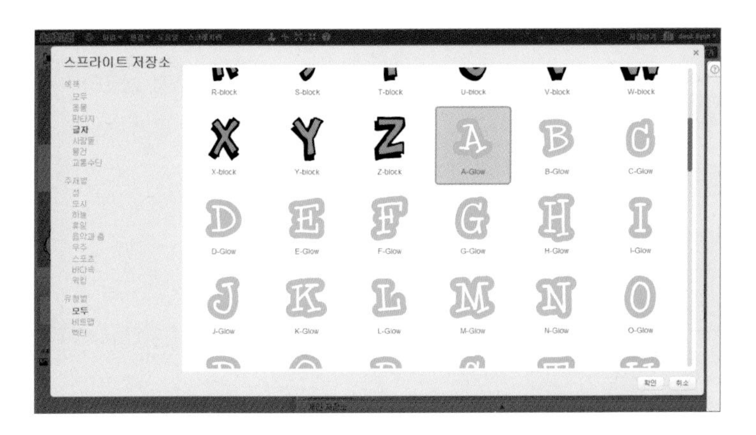

03 스프라이트 저장소에서 A 모양 스프라이트를 추가합니다.

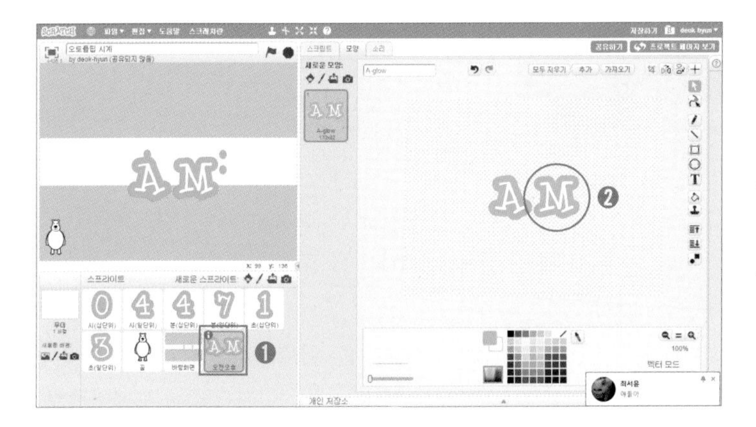

04 스프라이트의 이름을 수정하고, 원하는 형태의 모양으로 만들어줍니다.

❶ 스프라이트의 이름을 오전오후로 수정하세요.

❷ 그림판에서 추가 버튼을 클릭한 후 M 이미지를 추가하여 AM을 완성합니다.

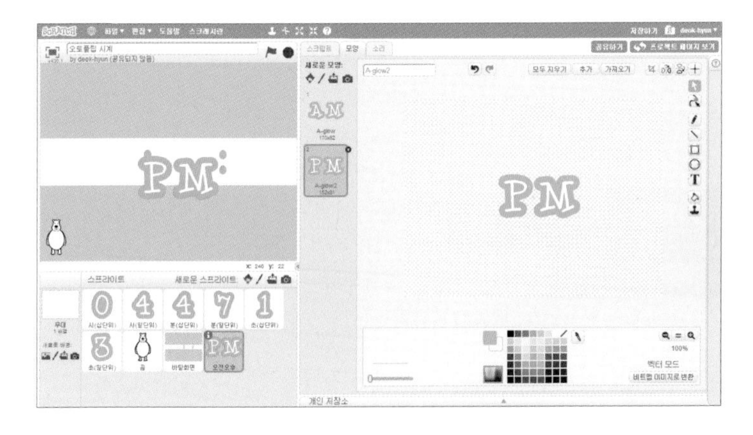

05 AM 모양을 복사한 뒤, A 이미지를 P로 변경하여 PM 모양도 완성하세요.

오전오후

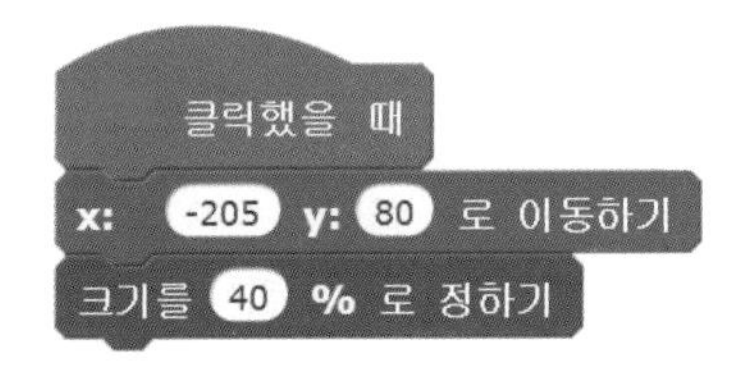

06 오전오후 스프라이트의 위치와 크기를 초기화합니다.

오전오후

```
클릭했을 때
x: -205 y: 80 로 이동하기
크기를 40 % 로 정하기
오전오후 ▼ 을(를) 없음 로 정하기
무한 반복하기
  만약 오전오후 = [ ] 가(이) 아니다 라면
    오전오후 ▼ 을(를) [ ] 로 정하기
    모양을 오전오후 + 1 (으)로 바꾸기
    나 자신 ▼ 복제하기

복제되었을 때
0.2 초 동안 x: -205 y: 0 으로 움직이기
오전오후 = [ ] 가(이) 아니다 까지 기다리기
0.4 초 동안 x: -205 y: -160 으로 움직이기
이 복제본 삭제하기
```

07

'오전오후'라는 지역변수를 생성한 뒤, 다른 숫자 스프라이트에 사용된 구조를 그대로 활용하세요.

오전오후

```
클릭했을 때
x: -205 y: 80 로 이동하기
크기를 40 % 로 정하기
오전오후 ▼ 을(를) 없음 로 정하기
무한 반복하기
  만약 오전오후 = 1 번째 글자 ( 현재 시 ▼ / 12 ) 가(이) 아니다 라면   ❶
    오전오후 ▼ 을(를) 1 번째 글자 ( 현재 시 ▼ / 12 ) 로 정하기
    모양을 오전오후 + 1 (으)로 바꾸기
    나 자신 ▼ 복제하기

복제되었을 때
0.2 초 동안 x: -205 y: 0 으로 움직이기
오전오후 = 1 번째 글자 ( 현재 시 ▼ / 12 ) 가(이) 아니다 까지 기다리기
0.4 초 동안 x: -205 y: -160 으로 움직이기
이 복제본 삭제하기
```

08

현재 시간 정보 부분을 어떻게 구성할지 판단하여 나머지 부분을 완성하세요.

❶ (현재 시 ▼)는 0~23까지의 숫자 중 현재 시간과 일치하는 숫자를 출력하는 블록입니다. 오전오후를 표현하기 위해서는 (현재 시 ▼)를 12로 나눠주어야 합니다. (현재 시 ▼)를 12로 나누면 기존에 0~23까지 표현되던 숫자가 0.X ~ 1.X의 형태로 변경되죠. 1번째 글자가 0이라면 오전을 의미하고, 1이라면 오후를 의미하는 것이 됩니다.

09 업그레이드된 프로젝트가 완성되었습니다.

UNIT 04

정리하기

01 오전오후

오전오후

```
클릭했을 때
x: -205 y: 80 로 이동하기          ❷
크기를 40 % 로 정하기
오전오후 을(를) 없음 로 정하기
무한 반복하기
    만약 < 오전오후 = 1 번째 글자 ( 현재 시 / 12 ) 가(이) 아니다 > 라면          ❸
        오전오후 을(를) 1 번째 글자 ( 현재 시 / 12 ) 로 정하기
        모양을 오전오후 + 1 (으)로 바꾸기
        나 자신 복제하기

복제되었을 때
0.2 초 동안 x: -205 y: 0 으로 움직이기          ❹
< 오전오후 = 1 번째 글자 ( 현재 시 / 12 ) 가(이) 아니다 > 까지 기다리기
0.4 초 동안 x: -205 y: -160 으로 움직이기          ❺
이 복제본 삭제하기
```

❶ 이번 프로젝트에 사용된 스프라이트 중 시간을 표현하는 7개의 스프라이트가 모두 동일한 구조로 이루어져 있어요. 이 기본 구조를 잘 익혀두면 다른 스프라이트는 손쉽게 완성할 수 있겠죠?

❷ 위치와 크기, 지역변수값을 초기화합니다.

❸ 자신의 시간 데이터와 현재 시간 정보가 일치하지 않으면 시간 데이터를 최신화시키고, 모양을 변경하여 복제하기를 실행합니다. 현재 시간 정보는 현재 시간을 12로 나눈 뒤 1번째 글자를 골라내 얻으면 간단하죠.

❹ 복제본은 중앙 위치로 이동하여 사용자에게 보여지고, 새로운 복제본이 생성될 때까지 그 상태를 유지해요.

❺ 새로운 복제본이 생겨서 대기 상태가 종료되면 아래로 이동한 뒤 삭제됩니다.

시(십단위)

```
클릭했을 때
x: -140 y: 80 로 이동하기
크기를 85 % 로 정하기
시(십단위) 을(를) 없음 로 정하기
무한 반복하기
  만약 < 시(십단위) = 1 번째 글자 ( 현재 시 나누기 12 의 나머지 / 10 ) 가(이) 아니다 > 라면
    시(십단위) 을(를) 1 번째 글자 ( 현재 시 나누기 12 의 나머지 / 10 ) 로 정하기
    모양을 시(십단위) + 1 (으)로 바꾸기
    나 자신 복제하기

복제되었을 때
0.2 초 동안 x: -140 y: 0 으로 움직이기
< 시(십단위) = 1 번째 글자 ( 현재 시 나누기 12 의 나머지 / 10 ) 가(이) 아니다 > 까지 기다리기
0.4 초 동안 x: -140 y: -160 으로 움직이기
이 복제본 삭제하기
```

02 시(십단위)

❶ 현재 시간을 12로 나눈 나머지를 다시 10으로 나누어 1번째 글자를 통해 현재 시간 정보를 얻어냈어요.

시(일단위)

```
클릭했을 때
x: -80 y: 80 로 이동하기
크기를 85 % 로 정하기
시(일단위) 을(를) 없음 로 정하기
무한 반복하기
  만약 < 시(일단위) = 3 번째 글자 ( 현재 시 나누기 12 의 나머지 / 10 ) 가(이) 아니다 > 라면
    시(일단위) 을(를) 3 번째 글자 ( 현재 시 나누기 12 의 나머지 / 10 ) 로 정하기
    모양을 시(일단위) + 1 (으)로 바꾸기
    나 자신 복제하기

복제되었을 때
0.2 초 동안 x: -80 y: 0 으로 움직이기
< 시(일단위) = 3 번째 글자 ( 현재 시 나누기 12 의 나머지 / 10 ) 가(이) 아니다 > 까지 기다리기
0.4 초 동안 x: -80 y: -160 으로 움직이기
이 복제본 삭제하기
```

03 시(일단위)

❶ 현재 시간을 12로 나눈 나머지를 다시 10으로 나누어 3번째 글자를 통해 현재 시간 정보를 얻어냈어요.

04 분(십단위)

❶ 현재 분을 10로 나누어 1번째 글자를 출력하면 현재 시간 정보를 얻을 수 있어요.

분(십단위)

```
클릭했을 때
x: 0 y: 80 로 이동하기
크기를 85 % 로 정하기
분(십단위) ▼ 을(를) 없음 로 정하기
무한 반복하기
    만약 분(십단위) = 1 번째 글자 ( 현재 분 ▼ / 10 ) 가(이) 아니다 라면   ❶
        분(십단위) ▼ 을(를) 1 번째 글자 ( 현재 분 ▼ / 10 ) 로 정하기
        모양을 분(십단위) + 1 (으)로 바꾸기
        나 자신 ▼ 복제하기

복제되었을 때
0.2 초 동안 x: 0 y: 0 으로 움직이기
분(십단위) = 1 번째 글자 ( 현재 분 ▼ / 10 ) 가(이) 아니다 까지 기다리기
0.4 초 동안 x: 0 y: -160 으로 움직이기
이 복제본 삭제하기
```

05 분(일단위)

❶ 현재 분을 10로 나누어 3번째 글자를 출력하면 현재 시간 정보를 얻을 수 있어요.

분(일단위)

```
클릭했을 때
x: 60 y: 80 로 이동하기
크기를 85 % 로 정하기
분(일단위) ▼ 을(를) 없음 로 정하기
무한 반복하기
    만약 분(일단위) = 3 번째 글자 ( 현재 분 ▼ / 10 ) 가(이) 아니다 라면   ❶
        분(일단위) ▼ 을(를) 3 번째 글자 ( 현재 분 ▼ / 10 ) 로 정하기
        모양을 분(일단위) + 1 (으)로 바꾸기
        나 자신 ▼ 복제하기

복제되었을 때
0.2 초 동안 x: 60 y: 0 으로 움직이기
분(일단위) = 3 번째 글자 ( 현재 분 ▼ / 10 ) 가(이) 아니다 까지 기다리기
0.4 초 동안 x: 60 y: -160 으로 움직이기
이 복제본 삭제하기
```

초(십단위)

```
클릭했을 때
x: 140 y: 80 로 이동하기
크기를 85 % 로 정하기
초(십단위) 을(를) 없음 로 정하기
무한 반복하기
    만약 < < 초(십단위) = 1 번째 글자 ( 현재 초 / 10 ) > 가(이) 아니다 > 라면
        초(십단위) 을(를) 1 번째 글자 ( 현재 초 / 10 ) 로 정하기
        모양을 ( 초(십단위) + 1 ) (으)로 바꾸기
        나 자신 복제하기

복제되었을 때
0.2 초 동안 x: 140 y: 0 으로 움직이기
< < 초(십단위) = 1 번째 글자 ( 현재 초 / 10 ) > 가(이) 아니다 > 까지 기다리기
0.4 초 동안 x: 140 y: -160 으로 움직이기
이 복제본 삭제하기
```

06 초(십단위)

❶ 현재 초를 10로 나누어 1번째 글자를 출력하면 현재 시간 정보를 얻을 수 있어요.

초(일단위)

```
클릭했을 때
x: 200 y: 80 로 이동하기
크기를 85 % 로 정하기
초(일단위) 을(를) 없음 로 정하기
무한 반복하기
    만약 < < 초(일단위) = 3 번째 글자 ( 현재 초 / 10 ) > 가(이) 아니다 > 라면
        초(일단위) 을(를) 3 번째 글자 ( 현재 초 / 10 ) 로 정하기
        모양을 ( 초(일단위) + 1 ) (으)로 바꾸기
        나 자신 복제하기

복제되었을 때
0.2 초 동안 x: 200 y: 0 으로 움직이기
< < 초(일단위) = 3 번째 글자 ( 현재 초 / 10 ) > 가(이) 아니다 > 까지 기다리기
0.4 초 동안 x: 200 y: -160 으로 움직이기
이 복제본 삭제하기
```

07 초(일단위)

❶ 현재 초를 10로 나누어 3번째 글자를 출력하면 현재 시간 정보를 얻을 수 있어요.

09 곰

❶ 위치를 초기화합니다.

❷ 결합하기 블록을 활용하여 현재 시간을 원하는 형태로 말하도록 하세요.

저자 협의
인지 생략

누구나 쉽게 할 수 있는 프로그래밍 Scratch

스크래치

1판 1쇄 인쇄 2015년 8월 1일 **1판 1쇄 발행** 2015년 8월 5일
1판 2쇄 인쇄 2016년 7월 5일 **1판 2쇄 발행** 2016년 7월 10일

지 은 이 정덕현
발 행 인 이미옥
발 행 처 디지털북스
정 가 18,000원
등 록 일 1999년 9월 3일
동록번호 220-90-18139
주 소 (04987) 서울 광진구 능동로 32길 159
전화번호 (02) 447-3157~8
팩스번호 (02) 447-3159

ISBN 978-89-6088-165-5 (93560)
D-15-14